维修电工职业技能
鉴定考试题解

（初、中级）

主　编

刘　森

编著者

陈继荣　居永梅

耿玉岐　张　灏

金盾出版社

内 容 提 要

本书为职业技能培训类教材的配套用书。主要内容包括两部分，共6章。第1部分为理论知识问答，共3章，分别为基础知识、专业知识和相关知识，收录了初、中级维修电工理论知识问题近500个，并作出简明解答；第2部分为试题汇编，共3章，列出了初、中级维修电工自测试题、操作试题以及相应的模拟考卷样例。

本书可供准备参加职业技能鉴定考试的人员阅读。

图书在版编目（CIP）数据

维修电工职业技能鉴定考试题解（初、中级）/刘森主编.
--北京：金盾出版社，2010.5
ISBN 978-7-5082-6212-3

Ⅰ.①维… Ⅱ.①刘… Ⅲ.①电工—维修—职业技能鉴定—解题 Ⅳ.①TM07-44

中国版本图书馆CIP数据核字（2010）第026060号

金盾出版社出版、总发行

北京太平路5号（地铁万寿路站往南）
邮政编码：100036　电话：68214039　83219215
传真：68276683　网址：www.jdcbs.cn
封面印刷：北京印刷一厂
正文印刷：北京华正印刷厂
装订：北京华正印刷厂
各地新华书店经销
开本：787×1092 1/32　印张：11.25　字数：270千字
2010年5月第1版第1次印刷
印数：1～8000册　定价：20.00元

前　言

为了配合国家职业标准、职业技能培训教材及与其相关的国家题库内容的更新，我们重新编写了车工、铣工、钳工、冷作钣金工、电焊工、气焊工、电工、维修电工等工种的职业技能培训教材及配套的职业技能鉴定辅导材料。其中，《维修电工职业技能鉴定考试题解（初、中级）》是专门为准备参加维修电工国家职业技能鉴定考核的人员而编写的，旨在帮助他们取得国家颁发的职业资格证书。

全书根据国家职业标准对初、中级维修电工的理论知识、操作技能以及组织考核办法的规定，针对核心知识和技能要求的分布，精选了几百个问题，并作出相应的解答供读者选读。此外，为配合对问题的理解和检验掌握程度，还精选了足够多的自测题，供读者自我测评。操作部分的自测题应在实际工作中有意识地加强实训。

鉴于作者水平所限，书中难免出错，敬请批评指正。

作　者

目　　录

第1部分 维修电工职业技能
鉴定理论知识问答

第1部分依据原国家劳动和社会保障部培训就业司发布的国家职业技能鉴定考核的理论知识要求,分别就初、中级维修电工考核的理论知识列出核心问题并作出解答,供读者选阅。

理论知识包括三部分,即基础知识、专业知识和相关知识。在理论考核中,基础知识占 20%,专业知识占 70%,相关知识占 10%。

基础知识包括:电工识图,交、直流电路,电工测量知识。

专业知识包括:电工仪表,电工材料,变压器,电动机,高、低压电器,电力拖动,照明及动力线路,电气安全,晶体管电路知识。

相关知识包括:钳工基本知识、相关工种工艺、生产技术管理知识。

1 基 础 知 识

1.1 电工识图

1. 电气图主要类型有哪几种?

答 某项工程或设备的完整的电气图中,按其所提供的信息内容,一般可分为概略类型图和详细类型图两大类。

概略类型的电气图主要有系统图或框图、功能图、功能表图等,详细类型电气图主要有电路图、接线图或接线表、位置图等。

通常将系统图和框图、电路图、功能表图和接线图称为电气图的主要组成部分。

2. 什么是系统图和框图?

答 系统图或框图是用符号或带注释的围框概略表示系统的组成、相互关系及其主要特征的一种简图,又称为互连图,如图1.1、图1.2所示。

它表示单元之间的连接情况,不包括单元内部的连接关系。

电气系统图或框图是对整体方案概略地描述,是电气系统进一步设计的依据,同时又是操作和维修时的参考。

3. 什么是电路图?

答 电路图是用国家统一规定的电气图形符号和文字符号表示电路中电气设备(或元器件)相互连接顺序的图形。电路图又称为电气原理图或原理接线图。

电路图是根据系统图和框图来详细表达其内容的。电路图主要用来表明电路的组成和相互联系以及分析计算电路特性。它不表明元器件的实际位置,如图1.3所示。

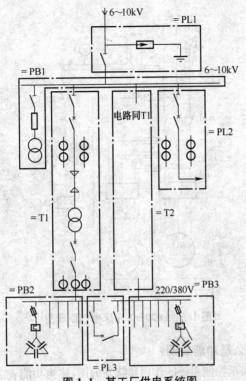

图 1.1　某工厂供电系统图

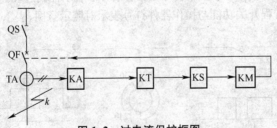

图 1.2　过电流保护框图

KA ——电流继电器　　KT ——时间继电器

KS ——信号继电器　　KM ——中间继电器

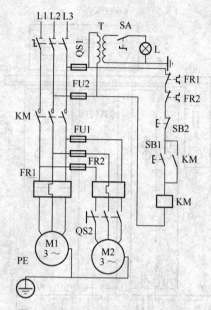

图 1.3　C620—1 车床电气原理图

4. 什么是功能表图？

答　表示控制系统的作用和状态的图，称为功能表图。它往往采用图形符号和文字符号相结合的办法表示控制过程。图 1.4 为某行程开关功能与操作器件符号表示对照示意图，表 1.1 为其功能表。

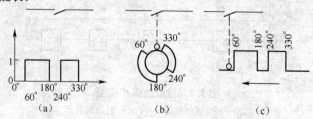

图 1.4　某行程开关功能表图

表 1.1　某行程开关触头运行方式表

角度(°)	0~60	60~180	180~240	240~330	330~360
触头动态	0	1	0	1	0

注:0 表示触头断开,1 表示触头闭合。

5. 电气图中,电路或元件是用什么方法布局的?

答　在电气图中,电路或元件的布局方法有两种,即功能布局法和位置布局法。

功能布局法只考虑电路及元件表达其功能关系,而不考虑其位置的布局。大部分电气图,如系统图、框图、电路图、功能图都采用这种布局方法。布局时按工作顺序从上到下或从左到右进行布局,如图 1.1 所示为系统功能布局。

位置布局法采用与元器件实际位置对应一致的布局方法。接线图、电缆配置图多采用这种方法布局,以便实际操作准确无误。

6. 电气符号有哪几种?

答　电气符号有图形符号、文字符号和回路符号三种,各种电路图都是用电气符号表示电路构成的。

7. 图形符号是怎样组成的?

答　图形符号由基本符号、一般符号、符号要素和限定符号四种形式组成。

基本符号——用来表示电路的某些特征,如"—"、"~"表直流电、交流电;"+"、"—"表示正、负极;"N"表示中线等。

一般符号——用来表示一类产品,如"○"表示电动机,"ᑕ"表示线圈、"ᔕ"表示变压器等。

符号要素——具有确定意义的简单图形,必须与其他图形组合构成一个设备或概念的完整符号称为符号要素,如三极管的符号ᖴ是由符号要素"⊢"、"╱"、"↘"组合而成的。

限定符号——用来提供附加信息的符号。限定符号不能单独使用。如"—⊅—"的箭线表示可变电阻,"⊅—"表示热敏电阻等。

8. 什么是项目和项目代号?

答 电气图上用一个图形符号表示的元件、部件、组件、功能单元、设备等统称为项目。

项目代号是用来识别图形、图表、表格中的项目种类、项目层次关系、实际位置等信息的一种特定代码。一个完整的项目代号包括 4 个代号段,其名称和前缀符号见表 1.2。

表 1.2 代号分段名称及前缀符号

分段	名称	前缀符号	分段	名称	前缀符号
第 1 段	高层代号	=	第 3 段	种类代号	—
第 2 段	位置代号	+	第 4 段	端子代号	:

9. 什么是高层代号?

答 系统或设备中对于给定代号的项目而言,任何较高层次的项目代号称为高层代号。例如对所属的变电所而言,电力系统就是高层代号,对变电所所属的某一开关而言,变电所就是高层代号。高层代号具有项目总代号的含义,其命名是相对的,要在图中加以说明。

10. 什么是位置代号?

答 项目在系统中的实际位置的代号称为位置代号。位置代号通常用自行规定的拉丁字母及数字表示。例如安装在 202 室第 B 列控制屏的第 3 个位置可表示为+202+B+3 或+202B3。

11. 什么是种类代号?

答 用于识别项目种类的代号称为种类代号。根据元件的结构和功能,项目种类用单字母表示,如表 1.3 所示。

表 1.3　元件种类代号

元件种类	单字母代号	元件种类	单字母代号
组件或部件	A	测量设备	P
电量与非电量转换件	B	电力开关器	Q
电容器	C	电阻	R
二进制元件	D	控制、记忆开关器	S
其他元器件	E	变压器(互感器)	T
保护器件	F	调制器	U
电源发生器	G	电子管、晶体管	V
信号器件	H	输送导线	W
继电器	K	端子	X
电感、电抗	L	电器操作机械件	Y
电动机	M	终端	Z
模拟元件	N		

注:电压互感器仍可以用旧符号 LH 表示。

种类代号的形式多为字母加数字形式,如－K5 表示第 5 个继电器。代号＝W2－K3 表示某 2 号线路 W2 保护的第 3 个继电器。其中"－"为种类代号段的前缀符号,"K"为项目种类(继电器)的字母代码,"3"为同一项目种类的序号。

12. 什么是端子代号?

答　用于成套柜、屏内外电路进行电气连接的接线端子的代号称为端子代号。一般端子板的代号用"X"表示,X1 表示第一排端子板;X1:1,X1:2,…表示第一排子板上 1 号、2 号……端子(接柱)。

13. 如何识读一个完整的项目代号"＝T4＋D25－K3:18"?

答　这是一个完整的项目代号,它由四个代号段组成。

项目的高层代号为＝T4,表示 4 号变压器;

项目的位置代号为＋D25,表示第 25 号数字电路器件;

项目的种类代号为－K3,表示第 3 号继电器;

项目的端子代号为：18,表示第 18 号接线端子。

14. 生产机械设备的电气图主要有哪几种类型? 各自表达的内容是什么?

答 一般的机械设备都具有用电设备。其电气图主要有:电气原理图(电路图)、安装接线图和平面布置图三种类型。

电路图能够充分表达电气设备的电气原理,是电气安装、调试和维修的理论依据,如图 1.5(a)所示。

接线图只用来表示电气设备和电器元件的位置、配线方式和接线方式,如图 1.5(b)所示。

平面布置图是在控制板上电器元件的实际安装位置的简图,如图 1.5(c)所示。

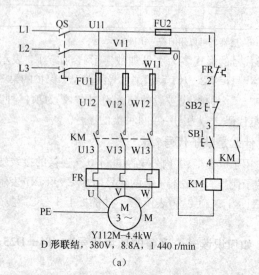

(a)

图 1.5 具有过载保护的自锁正转控制线路

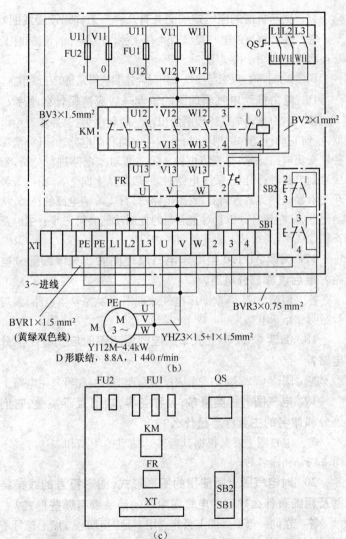

图 1.5 具有过载保护的自锁正转控制线路(续)

(a)电路图 (b)接线图 (c)布置图

15. 生产机械的电气接线图共有几种？怎样识读接线图？

答　生产机械的电气接线图共有 3 种,分别是:单元接线图、互连接线图和端子接线图。

识读接线图时,应当与接线表相配合才能获得完整的接线信息。

16. 电力拖动电气原理图的识读一般应遵循什么顺序？

答　电力拖动电气原理图的识读一般顺序为:第一步看用电器,了解它的性能和适用条件;分清主电路和副电路,并且分清哪些是交流电路、哪些是直流电路。第二步对主电路进行分析,然后对副电路进行分析;看主电路时,一般是从上向下看,由电源经开关沿导线向负载方向看;看副电路时,首先看清电源的种类,从上到下、从左到右分析它对主电路的控制功能。第三步看主电路安装接线图,要按从上到下的顺序进行。

17. 阅读 M7120 型磨床电气原理图时要先读哪部分电路？最后读哪部分电路？

答　阅读 M7120 型磨床电气原理图时要先看主电路,最后看照明和指示电路。

18. 阅读 C522 型立式车床控制原理图时应先看哪部分电路？

答　阅读 C522 型立式车床控制原理图时应先看其主电路。

19. 电气图的种类繁多,名称各异,功能互不重叠,它们划分和命名的主要标志是什么？

答　电气图主要是根据其所表达信息的类型和表达方式不同来划分和命名的。

20. 对电气图上所使用的图形形式,图形符号的线条类别及粗细有什么规定？电气图中线的箭头都有哪些形式？

答　在同一张电气图上只能选用一种图形形式,图形符号所使用的线型和粗细应基本一致。

电气图中线的箭头有两种形式,开口式为 ➤ ,闭口式为➡。前者用于表示能流和信息流的方向（如电流流向）；后者用于表示可变物理量，如可变电阻➡。两种箭头在电气图中都得到应用。

21. 项目代号为：＝T4＋D25－K6：A1，表示什么意思？

答 该项目代号表示继电器 A1 号端子。

22. 识读电气图的基本步骤有哪些？

答 识读电气图主要是根据图的具体要求，按图中所提供的信息流向逐级进行分析。识读电气图一般步骤如下：

(1)首先看图样说明，了解工程项目的总体要求。看图时，一般应先从标题栏起，阅读按照从说明书和技术要求到图形、元件明细表，从总体到局部，从电源到负载，从主电路到副电路，从电路到元件，从上到下，从左到右的顺序来看。

(2)看原理图（原理接线图）时，要分清主、副电路，分清电源的性质以及各电路的功能。

(3)看接线图时先看主电路后看副电路。看主电路从电源引入端开始，顺序经开关、线路到负载；看副电路时，从电源一端到另一端按元件连接顺序依次对回路进行分析。

1.2 直流电路

1. 什么是电路？电路是怎样组成的？电路有哪些工作状态？

答 电流所流经的路径称为电路，主要有直流电路和交流电路两大类。

一个完整的电路通常由电源、开关、负载（用电器）用导线连接而成的闭合回路。不包含电源在内的电路称为一段电路或外电路。电路有三种工作状态：通路、断路和短路。正常情况下，电路处于通路状态下工作。

2. 什么是电流和电流强度？

答 带电粒子（可以是正电荷，也可以是负电荷）的定向移动

称为电流。单位时间内通过导体某一横截面的电量称为电流强度(简称电流)I,即

$$I = Q/t \quad (A)$$

式中　I——通过横截面的电流强度(A);

　　　Q——通过横截面的电量(C);

　　　t——通电时间(s)。

规定正电荷定向移动方向为电流的方向。

3. 什么是电阻定律?

答　电阻定律的内容是:金属材料的电阻 R 与导体的长度 L 成正比,与导体的横截面积 S 成反比,即

$$R = \rho L/S \quad (\Omega)$$

式中　R——导体电阻(Ω);

　　　L——导体长度(m);

　　　S——横截面积(m^2);

　　　ρ——材料的电阻率($\Omega \cdot m$)。

4. 若将一段电阻为 R 的导线均匀拉长至原来的 2 倍,其电阻应是多少?

答　若将导线拉长至原来的 2 倍,则其横截面积只有原来的 1/2。根据电阻定律,由于长度增加,造成电阻增加到原有的 2 倍;面积减小一半,又使电阻增加到原有的 2 倍;合起来,电阻应为原来的 4 倍($4R$)。

5. 什么是电动势?

答　电动势是衡量电源力(非电场力)移动电荷做功能力的物理量。电动势等于非电场力将单位正电荷从电源负极经电源内部移到电极所做的功,用 E 表示,其表达式为

$$E = W_{电源力}/Q \quad (V)$$

式中　E——电动势(V);

　　$W_{电源力}$——电源力所做的功(J);

　　　Q——移动的电荷量(C)。

电动势 E 的方向规定为在电源内部从负极指向正极,即从低电位到高电位方向。

6. 什么是电压?

答 电压是衡量电场力对电荷做功本领大小的物理量。A,B 两点之间的电压 U_{AB} 数值上等于单位正电荷在电场力作用下,由 A 点移动到 B 点电场力所做的功,即

$$U_{AB}=W/Q \quad (V)$$

式中 U_{AB}——A,B 两点之间电压(V);

W——电场力所做的功(J);

Q——电量(C)。

电压的方向是从高电位指向低电位方向。

7. 什么是电位和电位差?

答 电路上某一点与参考点间的电压称为电位。通常把参考点的电位称为零电位,故 A 点的电位 U_{AO} 表示为 U_A 即可。电位是相对值。

任意两点 A,B 电位之差称为电位差 $U_{AB}=U_A-U_B$,即是 A,B 两点的电压。电位差(电压)是绝对值,与参考点无关。

8. 欧姆定律的内容是什么?

答 欧姆定律的内容是:通过一段电路上的电流 I,与电路两端的电压 U_{AB} 成正比,与电路的电阻 R 成反比,即

$$I=U_{AB}/R$$

9. 一直流电通过一段粗细不均匀的导体时,其电流是否随截面积变化?

答 直流电通过一段粗细不均匀导体时,各个截面上的电流不变,但电流密度会发生变化,截面积小处电流密度大。

10. 电压 $U_{ab}=10V$ 的含义是什么?

答 电压 $U_{ab}=10V$ 表示电场力将单位正电荷 1C 从 a 点移动到 b 点所做的功是 10J。

11. 全电路欧姆定律的内容是什么?

答 包含有电源的闭合电路称为全电路。若以 r 表示内阻, R 为外电阻, E 为电源电动势,则通过回路的电流 I 与电动势成正比,与总电阻成反比:

$$I = E/(R + r)$$

即是全电路欧姆定律的数学表达式。

由上式可知,外电路上的电压降可写成

$$U = IR = E - Ir$$

当电源电动势和内阻不变时,外电路电压 U 随电流的增大而减小(即外电阻 R 减小,总电流 I 加大,导致电压降低)。

12. 若内阻 $r = 0.1\Omega$,电动势 $E = 1.5V$,电源两端接一个电阻 $R = 1.4\Omega$,计算电阻上的电压降和内阻上的电压降各是多少 V?

答 电流 $I = E/(r + R) = 1.5/(0.1 + 1.4) = 1(A)$

电阻 R 上的电压降 $U_R = IR = 1 \times 1.4 = 1.4(V)$

内阻 r 上的电压降 $U_r = Ir = 1 \times 0.1 = 0.1(V)$

13. 串联电阻电路具有什么特点?

答 串联电阻电路具有如下的特点:

(1)流经各电阻的电流都相等,即

$$I = I_1 = I_2 = \cdots = I_n$$

(2)电路上总电压等于各电阻两端电压之和,即

$$U = U_1 + U_2 + \cdots + U_n$$

(3)等效电阻等于各串联电阻之和,即

$$R = R_1 + R_2 + \cdots + R_n$$

(4)各电阻上分配的电压与各电阻值成正比,即

$$U_1/R_1 = U_2/R_2 = \cdots = U_n/R_n = U/R$$

据此,若 R_1, R_2, R_3 串联,测得 $U_1 > U_3 > U_2$,则必有 $R_1 > R_3 > R_2$。

14. 在电阻 R 上串联一电阻后,若要使 R 上的电压为串联总电压的 $1/n$,则所串联电阻的阻值应为多少?

答 串联之后,电阻 R 上的压降 U_R 为总压降 U 的 $1/n$,则串联后总压降 U 为 U_R 的 n 倍,即 nU_R。分配给 R 的电压为 U_R,那么分配给串接电阻上的压降 U' 为 $nU_R - U_R = (n-1)U_R$。根据串联时电压与电阻成正比的特点,可知串接电阻的阻值应为 $(n-1)R$。

15. 并联电阻电路有哪些特点?

答 并联电阻电路具有如下特点:

(1)并联电路中各电阻两端电压相等,即

$$U = U_1 = U_2 = \cdots = U_n$$

(2)并联电路总电流等于各电阻电流之和,即

$$I = I_1 + I_2 + \cdots + I_n$$

(3)并联电路的等效电阻的倒数等于并联电阻倒数之和,即

$$1/R = 1/R_1 + 1/R_2 + \cdots + 1/R_n$$

(4)并联电路中,各支路所分配的电流与支路电阻成反比,即

$$IR = I_1R_1 = I_2R_2 = \cdots = I_nR_n$$

16. 两个电阻 $R_1 : R_2 = 2 : 3$,将它们并联接入电路后,它们两端电压之比和电流之比是多少?

答 根据并联电路特点(1),两电阻端电压比为 $1:1$;根据并联电路特点(4),两电阻电流之比为 $3:2$。

17. 电阻 R_1,R_2 串联接在电源上,电阻 R_1,R_2 上消耗的功率 P_1,P_2 与电阻有什么关系?

答 串联电流 $I = U/(R_1 + R_2)$

消耗在 R_1 上的功率 $P_1 = I^2R_1$

消耗在 R_2 上的功率 $P_2 = I^2R_2$

$$P_1/P_2 = R_1/R_2$$

即串联电阻消耗的功率与其电阻成正比。电阻大的消耗功率高。

18. 两个 220V,40W 的电灯泡串联到 220V 电源上,各

灯泡的实际功率是多少？

答 每个电灯泡的电阻
$$R_0 = U_0^2/P_0 = 220^2/40 = 1210(\Omega)$$

两灯泡串联总电阻等于两电阻之和，即
$$R = 2 \cdot R_0 = 2 \times 1210 = 2420(\Omega)$$

流过的电流
$$I = U/R = 220/2420 = 0.091(A)$$

每个灯泡实际功率 $P = I^2 R_0 = (0.091)^2 \times 1210 = 10(W)$

19. 4 只 16 Ω 电阻并联的等效电阻是多少？

答 由 $$1/R = 1/R_1 + 1/R_2 + 1/R_3 + 1/R_4$$
$$= 4 \times \frac{1}{16} = \frac{1}{4}$$

所以，并联等效电阻 $R = 4\Omega$。

20. 什么是电容器？

答 电容器是用来储存电量的装置，通常由两块金属板中间夹有绝缘材料构成。

电容器两极板分别与直流电源正负极相连时，两金属板就带上等量的异性电荷。所带电量 Q 与两板间电压 U 的比值，称为电容器的电容 C，即
$$C = Q/U \quad (F)$$

式中 C——单位为法拉(F)；

Q——单位为库仑(C)；

U——单位为伏特(V)。

电容器的电容大小取决于其构造，它表示电容器的储电能力，与是否接通电源无关。电容器具有隔直流、通交流的作用。

21. 电容器的串联有什么特点？

答 电容器的串联有如下特点：

(1)每个电容器上带电量相等，即
$$Q_1 = Q_2 = \cdots = Q_n$$

(2)总电压等于各电容器上电压之和,即
$$U=U_1+U_2+\cdots+U_n$$
(3)串联等效电容的倒数等于各电容倒数之和,即
$$1/C=1/C_1+1/C_2+\cdots+1/C_n$$
(4)每个电容器所分得的电压与其电容量成反比,即
$$CU=C_1U_1=C_2U_2=\cdots=C_nU_n$$

22. 电容器的并联有什么特点?

答　电容器的并联有如下特点:

(1)各电容两端的电压相等,即
$$U=U_1=U_2=\cdots=U_n$$
(2)总电量等于各电容器上电量之和,即
$$Q=Q_1+Q_2+\cdots+Q_n$$
(3)并联的等效电容量等于各电容量之和,即
$$C=C_1+C_2+\cdots+C_n$$
(4)各电容器所分得的电量与其电容量成正比,即
$$Q_1/Q_2=C_1/C_2=\cdots$$

23. 什么是基尔霍夫定律?

答　对于复杂的直流电路,一般无法用欧姆定律来计算,必须采用基尔霍夫定律。

基尔霍夫定律包括第一定律(电流定律)和第二定律(电压定律)。

基尔霍夫第一定律的内容是:任意时刻流入任意一个节点(或闭合曲面)的电流,必然等于流出该节点的电流。若流入电流为正值,流出电流为负值,则节点电流定律可表述成任意时刻流经任一节点的电流的代数和为零,即
$$\sum I=0$$

基尔霍夫第二定律的内容是:在任意闭合回路中,各段线路的电压降代数和为零,即
$$\sum E=0$$

其中,电动势方向与电压降一致时取正值,反之取负值。

24. 怎样计算电功和电功率?

答 电流流过负载时所做的功称为电功,计算公式为

$$W = UIt \quad (J)$$

式中　W——电功(J);

　　　U——电压(V);

　　　I——电流(A);

　　　t——电流流过的时间(s)。

若负载是电阻 R,则电功也可以改写成

$$W = I^2Rt \quad 或 \quad W = \frac{U^2}{R}t$$

对于其他形式的负载,则不能用后两种形式计算电功。

单位时间内的电功称为电功率 P,对于电阻而言有

$$P = W/t = UI = \frac{U^2}{R} = I^2R$$

25. 什么是电流磁场?

答 在电流的周围存在的由于电流流通所产生的磁场称为电流磁场。电工常见的电流磁场是通电导体所产生的磁场。

通电直导线磁场和通电线圈磁场的方向,可用右手螺旋法则来确定,如图 1.6、图 1.7 所示。

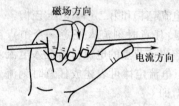

图 1.6　直导线电流磁场方向　　　图 1.7　通电线圈磁场方向
　　(右手弯曲手指指向)　　　　　　(右手大拇指指向)

26. 什么是磁通? 什么是磁通密度?

答 垂直地穿过某截面的磁力线数目,称为穿过该截面的磁

通,用代号 Φ 表示。磁通 Φ 的单位是韦伯(Wb)。

穿过单位面积上的磁通,称为磁通密度 B,即

$$B=\Phi/S$$

Φ 为穿过面积 S 的总磁通。磁通密度 B 的单位是特斯拉(T),$1T=1Wb/m^2$。

27. 什么是磁感应强度?

答 磁通密度 B 又称为磁感应强度,它反映了磁场对其他物体作用的强烈程度。

28. 什么是磁导率?

答 介质对磁场影响的物理量称为磁导率。磁导率的单位为亨/米(H/m)。

若以真空磁导率 μ_0 为基础,其他物质的磁导率 μ 与 μ_0 之比作为该物质的相对磁导率 μ_r,即

$$\mu_r=\mu/\mu_0$$

μ_r 为纯数。

根据相对磁导率的大小可将磁介质分为三类:第 1 类 μ_r 略小于 1,称为逆磁物质,如铜、银等;由于它们的存在,磁场比在真空中还弱。第 2 类 μ_r 略大于 1,称为顺磁物质,如铝。第 3 类 μ_r 远大于 1,称为铁磁物质。铁磁物质的存在可以大大加强磁场效应,如铁、钴、镍等,它们是电工材料中最常用的提供磁路(如变压器铁心等)的物质。

29. 磁场对通电直导体的作用力怎样计算?

答 磁场对通电导体的作用力称为电磁力。当通电直导体和磁场垂直时,电磁力的大小与电流、导体的有效长度和所在位置的磁通密度成正比,即

$$F=BIL \quad (N)$$

式中　F——电磁力(N);

　　　B——磁通密度(T);

I——电流(A)；

L——导体在磁场中有效长度(m)。

电磁力的方向用左手定则来判断。将左手伸平，掌心正对磁场北极，四指表示电流方向，大拇指的指向即为导体受力的方向，如图1.8所示。

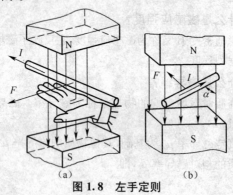

图1.8　左手定则

通电直导体与磁场平行时，受力为零。

载流导体在磁场中受到作用力是构成电动机的基本原理。

30. 在 $B=0.4T$ 的均匀磁场中，放一根长 $L=0.5m$，$I=5A$ 的载流导体，导体与磁场方向垂直，因此导体受力是多大？

答　$F=BIL=0.4\times5\times0.5=1(N)$

此导体受电磁力为1牛顿。

31. 什么是电磁感应？

答　变化着的磁场能够在导体中产生感应电动势，这种现象称为电磁感应。电磁感应是发电机的基本原理。

32. 什么是楞次定律？

答　楞次定律的内容是：感应电流产生的磁通总是阻碍原磁通的变化。当线圈中的磁通增加时，感应电流产生的磁通与原磁通方向相反；当线圈中的磁通减少时，感应电流产生的磁通则与原磁通方向相同。

利用楞次定律可以确定感应电动势的方向。

33. 感应电动势的大小怎样计算？

答 感应电动势的大小由法拉第电磁感应定律确定如下：

$$e = -N\Delta\Phi/\Delta t \quad (V)$$

式中 e——感应电动势(V)；

　　N——线圈匝数；

　　$\Delta\Phi$——线圈磁通变化量(Wb)；

　　Δt——磁通变化时间(s)。

负号表示与磁通变化 $\Delta\Phi$ 相反。

一般说来，磁通变化率 $\Delta\Phi/\Delta t$ 与电流变化率成正比。可见感应电动势只与线圈的匝数和通电电流变化率 $\Delta I/\Delta t$ 有关，与线圈材料的电阻无关。

34. 什么是电感？线圈的电感与什么因素有关？

答 通电线圈的电流发生变化时，必然会在线圈产生感应电动势。由线圈本身电流变化而产生的电动势称为自感电动势。自感电动势的大小与电流变化率成正比，即

$$e_{\mathrm{L}} = -L\frac{\Delta I}{\Delta t} \quad (V)$$

式中 e_{L}——自感电动势(V)；

　　L——自感系数(H)；

　　$\Delta I/\Delta t$——电流变化率。

线圈的自感系数又称为线圈的电感。电感反映了线圈阻碍电流变化的能力(即产生感应电动势的能力)，是与线圈的几何尺寸和介质的磁导率有关的固有结构参数，与线圈是否通电无关。

35. 什么是磁路欧姆定律？

答 允许磁力线通过而形成的闭合回路称为磁路，如图 1.9 所示。变压器的铁心即是典型的磁路。

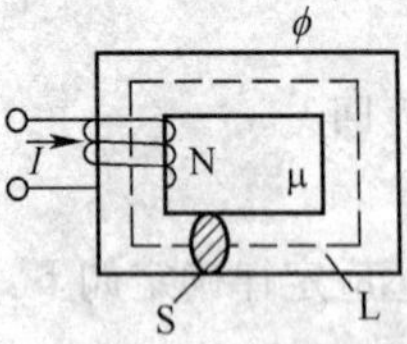

磁路中的磁通 Φ 与磁通势 NI 成正比，与磁阻 R_m 成反比，称为磁路欧姆定律，即

$$\Phi = NI/R_m \quad (\text{Wb})$$

式中　Φ——磁通(Wb)；

N——线圈匝数；

I——电流强度(A)；

R_m——磁阻(1/H)。

图 1.9　磁路的
欧姆定律

R_m 取决于磁路材料和几何尺寸，即

$$R_m = L/\mu S \quad (1/\text{H})$$

式中　R_m——磁阻(1/H)；

L——磁路长度(m)；

S——磁路截面积(m^2)；

μ——材料的磁导率(H/m)。

36. 什么是二端网络?

答　任何具有两个输出端的电路都称为二端网络。包含有电源的称为有源二端网络，不包含电源的称为无源二端网络。例如，用电时，把用电设备接在开关的两个输出端，不论输出端连接着多么复杂的用电系统，我们都称之为一个有源网络。

37. 戴维南定理的内容是什么?

答　戴维南定理的内容是：任何一个有源二端网络都可以用一个有恒定电动势 E 和内阻 r_0 串联的等效电压源来代替。其中的恒定电动势 E 等于有源二端网络的开路电压，而内阻 r_0 等于网络内所有电源不起作用时(即电压源短路，或电流源开路)的无源二端网络的等效电阻。

运用戴维南定理求解复杂电路中某一支路问题较为方便。

38. 一含源二端网络，测得其开路电压为 100V 短路电流为 10A，当接入 10Ω 的负载电阻时，负载电流是多少?

答　根据戴维南定理，含源二端网络电动势 $E = 100V$，内阻

$$r_0 = \frac{E}{I_0} = \frac{100\text{V}}{10\text{A}} = 10\Omega, \text{接入负载 } R = 10\Omega \text{ 时,电流 } I \text{ 为}$$

$$I = E/(R + r_0) = 100/(10 + 10) = 5(\text{A})$$

39. 一含源二端网络,测得其开路电压为 10V,短路电流为 5A,若把它用一个电源来代替,其等效电动势和内阻是多少?

答 等效电动势 E 为 10V,内阻 $r_0 = \dfrac{E}{I_0} = \dfrac{10}{5} = 2(\Omega)$。

40. 一电流源的内阻为 2Ω,把它等效换成 10V 的电压源时,电流源源电流是多少?

答 一个有源二端网络也可以用有恒定电流 I_0 和内阻 r_0 的恒流源来代替。恒流源的电流 I_0 即是恒压源的短路电流,根据戴维南定理,此恒流源的电流 I_0 为

$$I_0 = \frac{E}{R_0} = \frac{10}{2} = 5(\text{A})$$

即恒流源电流 5A、内阻 2Ω,与恒压源电压 10V、内阻 2Ω 是等效的。

41. 电动势为 10V、内阻为 2Ω 的电压源变换成电流源时,电流源的电流和内阻是多少?

答 电动势 10V、内阻 2Ω 变换成恒流源时,电流源电流为 5A,内阻为 2Ω。

1.3 交流电路

1. 什么是正弦交流电?

答 电流的大小和方向随着时间按正弦规律变化的称为正弦交流电。正弦交流电的表达式为

$$e = E_m \sin(\omega t + \varphi_0)$$

$$u = U_m \sin(\omega t + \varphi_0)$$

$$i = I_m \sin(\omega t + \varphi_0)$$

式中　e,u,i——瞬时值；

E_m,U_m,I_m——最大值；

ω——角频率；

φ_0——初相位。

正弦交流的最大值、周期(频率)和初相位称为正弦交流电三要素。

2. 交流电的周期 T 和频率 f(角频率ω)是什么关系?

答　周期 T 表示交流电量重复变化一次所需的时间 T，单位为 s。频率是指每秒钟交流电量重复变化的次数 f，单位为 Hz。周期和频率互为倒数，即

$$f=1/T \quad 或 \quad T=1/f$$

我国供电频率为 50Hz，即每秒交变 50 次。

角频率 ω 表示交流电每秒钟变化的弧度数，单位为 rad/s。交流电一周内变化了 2π 弧度，故

$$\omega=2\pi/T=2\pi f$$

3. 识读 $i=\sin314t, u=100\sin(628t+60°)$ 所提供的交流信息。

答　$(1)i=\sin314t$ 为正弦交流电流；

电流最大值 $I_m=1A$；

角频率 $\omega=314$rad/s，若换成周期 T，则 $T=2\pi/\omega=2\pi/314=0.02s$，或 $f=\dfrac{1}{T}=\dfrac{1}{0.02}=50$Hz；

初相位 $\varphi_0=0°$。

$(2)u=100\sin(628t+60°)$ 为正弦交流电压；

电压最大值 $U_m=100V$；

角频率 $\omega=628$rad/s，$T=\dfrac{2\pi}{\omega}=2\pi/628=0.01s$，$f=\dfrac{1}{T}=100$Hz；

初相位 $\varphi_0=60°$。

4. 什么是交流电的有效值？怎样计算有效值？

答 在相同时间内，通过相同的电阻，交流电所产生的热量与直流电产生的热量相等，则称该直流电流值为交流电流的有效值。交流电动势、电压和电流三者的有效值用 E, U, I 表示。

理论分析结果表明，交流电有效值同它们的最大值之间有如下关系：

$$E = E_m / \sqrt{2} = 0.707 E_m$$

$$U = U_m / \sqrt{2} = 0.707 U_m$$

$$I = I_m / \sqrt{2} = 0.707 I_m$$

式中 E_m, U_m, I_m 分别为交流电动势、电压和电流的最大值。

交流电有效值就是交流电压表和电流表读数的数值。它们是计量交流电做功本领的物理量。交流电有效值是等效的直流电数值，不随交流电的变化而变化。

5. 什么是交流电的平均值？

答 交流电的平均值是指交流电在半周期内的平均值（整个周期平均值恒为零）。这一平均值在工程计算中常常被采用，故有实用价值。

交流电动势、电压、电流都有平均值，用 E_{av}, U_{av}, I_{av} 表示，且

$$E_{av} = 2E_m / \pi \approx 0.637 E_m$$

$$U_{av} = 2U_m / \pi \approx 0.637 U_m$$

$$I_{av} = 2I_m / \pi \approx 0.637 U_m$$

交流电的平均值总是小于其有效值的，当然也小于其最大值。

6. 单相正弦交流电电压最大值为 311V，其有效值为多少？

答 电压有效值 $U = 0.707 U_m = 0.707 \times 311 = 220(V)$

7. 交流电纯电阻电路有什么特点？

答 纯电阻交流电路如图 1.10 所示。该电路具有如下特点：

(1)根据欧姆定律，电路中瞬时电流 i 与瞬时电压 u 成正比，

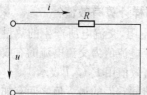

图 1.10 纯电阻电路

故流过负载的电流与负载两端电压是同相位的(即同时达到最大值或最小值)。

(2)电路的瞬时功率 $p=u \cdot i \geqslant 0$,即负载总是消耗电能的。

图 1.11 给出了该电路中电压、电流、功率曲线图及电流、电压矢量图。

若 $u=U_m \sin\omega t$,则 $i=I_m \sin\omega t$。

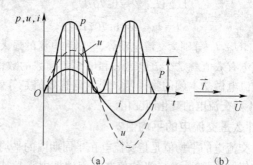

图 1.11　纯电阻电路中电压、电流、功率图

(a)曲线图　(b)矢量图

(3)电路中的平均功率(有功功率)P 等于电压有效值 U 与电流有效值 I 的乘积:$P=UI$。

纯电阻电路中不会出现无功功率的现象。

8. 纯电感电路有什么特点?

答　纯电感电路如图 1.12 所示。纯电感电路具有以下特点:

(1)由于自感电动势的存在,通过线圈的电流落后于电压 90°,而自感电动势则落后电压 180°,如图 1.13 所示。若 $u_L = \sin\omega t$,则 $i = I_m \sin(\omega t-90°)$。

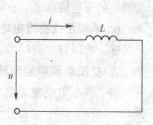

图 1.12　纯电感电路

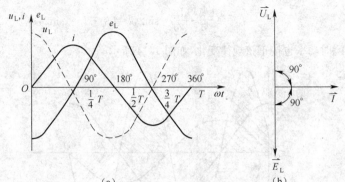

图 1.13 纯电感电路中电压、电流、自感电动势图

(a)曲线图　(b)矢量图

（2）电路中的感抗 X_L，单位为 Ω。X_L 与频率 f 和自感系数 L 成正比，即

$$X_L = 2\pi f L \quad (\Omega)$$

式中　X_L——感抗(Ω)；

　　　f——频率(Hz)；

　　　L——自感系数(H)。

纯电感电路中，可应用欧姆定律计算电流有效值 I_L

$$I_L = U_L / X_L \quad (A)$$

式中　I_L——通过线圈的电流有效值(A)；

　　　U_L——加在线圈两端的电压有效值(V)；

　　　X_L——线圈的感抗(Ω)。

（3）纯电感电路的功率

①瞬时功率与有功功率。纯电感电路的瞬时功率 P_L 等于瞬时电压与瞬时电流的乘积，即

$$P_L = u_L i = U_m \sin(\omega t + 90°) \cdot I_m \sin(\omega t)$$

$$= I_m U_m \sin\omega t \cos\omega t = \frac{U_m I_m}{2} \cdot 2\sin\omega t \cos\omega t$$

$$= \frac{U_m}{\sqrt{2}} \cdot \frac{I_m}{\sqrt{2}} \cdot \sin 2\omega t = U_L \cdot I_L \cdot \sin 2\omega t$$

瞬时功率也按正弦规律变化,如图 1.14 所示。

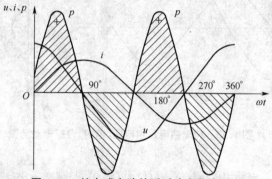

图 1.14　纯电感电路的瞬时功率曲线图

瞬时功率在第 1 个和第 3 个 1/4 周期为正,表示线圈从电源中获取能量,转化为磁场能;在第 2 个和第 4 个 1/4 周期,瞬时功率为负,表示电感将储存的能量转化为电能,送回电源。在一个周期内,瞬时功率平均值为零。在纯电感电路中,电流流过时不消耗能量,而是作能量的交换,故其有功功率为零。

②无功功率。纯电感电路中瞬时功率的最大值 $U_L I_L$ 叫做无功功率,用 Q_L 表示,即

$$Q_L = U_L I_L$$

无功功率表示进行能量交换时的最大值。

9. 纯电容电路有什么特点?

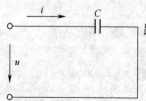

图 1.15　纯电容电路

　　答　图 1.15 所示为纯电容电路。纯电容电路具有如下特点:

　　(1)电流超前电压 90°,即

$$u = U_m \sin \omega t, i = I_m \sin(\omega t + 90°)$$

　　(2)容抗 X_C。电容对交流电的阻力称为容抗 X_C,它与频率和电容

成反比,即

$$X_C = 1/(2\pi fC)$$

式中　X_C——容抗(Ω);

　　　f——频率(Hz);

　　　C——电容(F)。

在电容电路中,计算电流有效值 I_C 时,可用欧姆定律

$$I_C = U_C/X_C$$

(3)功率

①瞬时功率

$$\begin{aligned}P_C &= u_C i_C = U_m\sin(\omega t) \cdot I_m\sin(\omega t + 90°) \\ &= I_m U_m\sin\omega t\cos\omega t \\ &= U_C \cdot I_C\sin 2\omega t\end{aligned}$$

其曲线如图 1.16 所示。

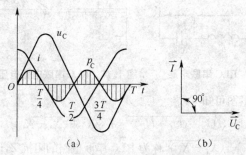

图 1.16　纯电容电路中电压、电流、功率图

(a)曲线图　(b)矢量图

从图中可知,在第 1 个和第 3 个 1/4 周期中 $P_C \geqslant 0$,在第 2 个和第 4 个 1/4 周期中,$P_C \leqslant 0$,在整个周期中,平均功率(有功功率)为零,即电流流经电容时,无能量消耗,只有电容充电、放电的能量转换。

②无功功率 Q_C。电容电路中瞬时功率最大值称为其无功功率 Q_C,即

$$Q_C = U_C \cdot I_C$$

10. RLC 串联电路有什么特点?

答 图 1.17 所示为 RLC 串联电路。串联电路具有如下特点:

(1)流过各元件的电流 I 相同。

(2)各元件的电压之矢量和等于总电压矢量,即

$$\vec{U} = \vec{U}_R + \vec{U}_L + \vec{U}_C$$

电阻上的电压降 U_R 与电流同相位,电感上的电压降 U_L 超前电流 $90°$,电容上的电压降 U_C 落后电流 $90°$。电压矢量图如图 1.18 所示。

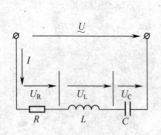

图 1.17 RLC 串联电路　　图 1.18 RLC 串联电路电压矢量图

由矢量图可知

$$U = \sqrt{U_R^2 + (U_L - U_C)^2} = I\sqrt{R^2 + (X_L - X_C)^2}$$

式中　$\sqrt{R^2 + (X_L - X_C)^2}$ 称为 RLC 串联电路的阻抗 Z,即

$$Z = \sqrt{R^2 + (X_L - X_C)^2}$$

于是有类似的欧姆定律形式

$$I = U/Z$$

(3)功率三角形

图 1.19 为 RLC 串联电路的功率三角形。将图 1.19(a)之电压三角形各边长除以电流 I,就得到与之相似的阻抗三角形,如图 1.19(b)所示。将电压三角形各边乘以电流 I 即得功率三角形,如图 1-19(c)所示。

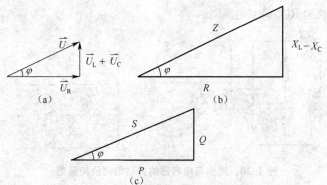

图 1.19 RLC 串联电路的电压、阻抗和功率三角形

(a)电压三角形 (b)阻抗三角形 (c)功率三角形

在功率三角形中，总电流乘以总电压称为视在功率 $S=UI$。在 RLC 串联电路中，电感和电容都不消耗功率，仅进行能量互换，这两部分功率统称为无功功率 $Q=I(U_L-U_C)$。在电阻上消耗的功率为有功功率 $P=IU_R$。视在功率等于有功功率和无功功率的矢量和，其大小 S 等于

$$S^2=P^2+Q^2$$

比值 $P/S=\cos\varphi$ 称为 RLC 串联电路的功率因数，它表明有功功率占全部从电网上获得的视在功率 S 的比重。$\cos\varphi$ 越高，说明用电的实际效益越好。

功率因数 $\cos\varphi$ 也可以通过阻抗三角形求得：

$$\cos\varphi=R/Z$$

例如，一个阻值为 3Ω、感抗 X_L 为 4Ω 的线圈，接入交流电时的功率因数，利用阻抗三角形可算出 $\cos\varphi=R/\sqrt{R^2+X_L^2}=\dfrac{3}{\sqrt{3^2+4^2}}=\dfrac{3}{5}=0.6$。

11. RLC 并联电路有什么特点？

答 由于电力系统的负载大部分为电阻与电感串联的感性负载，通常采用并联电容的办法来提高功率因数。图 1.20 所示

为典型 RLC 并联电路图。

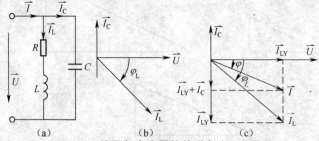

图 1.20　线圈与电容器的并联电路及矢量图

理论分析表明，这时电路总的无功功率是电容的无功功率与电感无功功率之差。并联电容之后，总的无功功率将减小，在有功功率保持不变的条件下，功率三角形中，P 与 S 的夹角 φ 将减小，从而 $\cos\varphi$ 提高，对系统运行有利。

12. 什么是三相电源的星形接法？其输出的线电压与相电压有什么关系？

答　三相星形接法也称为 Y 接法，是从发电机绕组的三个首端 U1,V1,W1 引出三根输电线，称为相线（火线）；末端 U2,V2,W2 接在一起引出一根输电线，称为中线（零线），三末端的连接点称为零点 N，如图 1.21 所示。

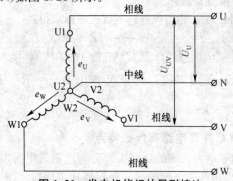

图 1.21　发电机绕组的星形接法

每个绕组两端的电压称为相电压,用 U_ϕ 表示,三相电压的有效值分别为 U_U,U_V,U_W。任意两端线(火线)之间电压称为线电压 U_L,其有效值用 U_{UV},U_{VW},U_{WU} 表示。在星形接法中,线电压是相电压的 $\sqrt{3}$ 倍,即 $U_L=\sqrt{3}U_\phi$,线电压高于相电压。

通常厂房的照明电源电压 220V,实际指的是相电压;供电动机的电压 380V 指的是线电压。$[\sqrt{3}\times220=380(\mathrm{V})]$。

13. 三相对称对称负载的星形接法中,线电流和相电流有什么关系?

答 三相对称负载的星形接法如图 1.22 所示。

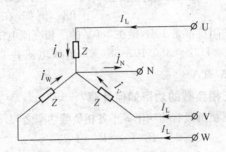

图 1.22 三相对称负载的星形接法

流过负载的电流称为相电流 I_ϕ,分别用 I_U,I_V,I_W 表示;通过相线的电流称为线电流 I_L,分别用 I_{LU},I_{LV},I_{LW} 表示。负载电流可按单相交流计算:$I\approx\dfrac{U}{Z}$。中线电流矢量 i_N 等于各相流矢量之和:$i_N=i_U+i_V+i_W$。在三相对称负载的星形接法中,中线电流 $I_N=0$,此时,各相电流都等于线电流,而且同相位,即 $I_L=I_\phi$。

14. 一台电动机的效率是 0.75,若输入功率为 2kW,电动机的额定功率是多少?

答 电动机的额定功率 $P_{额}=\eta P_{输入}$

$$P_{额}=0.75\times2.0=1.5(\mathrm{kW})$$

15. 三相负载的△接法中,线电流与相电流有什么关系?

答 图 1.23 为负载的△接法示意图。

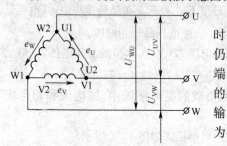

图 1.23 三相负载的△接法

三相负载作△连接时,各相负载两端的电压仍称为相电压,但负载两端的电压即是三相电源的线电压,(在三相四线输电系统中,线电压一般为 380V)。当负载对称时,线电流是相电流的 $\sqrt{3}$ 倍。例如,在△连接中,每相负载的阻抗都是 10Ω,接在 380V 的三相交流电中,则每相的电流均为 $I=U/Z=380/10=38(A)$,但线电流并非 38A,而是 $\sqrt{3}\times38=65.8(A)$。

16. 三相负载的功率如何计算?

答 三相负载有功功率等于各相负载功率之和,即

$$P=P_U+P_V+P_W$$

式中 $P_U=U_U I_U \cos\varphi_u$,$P_V=U_V I_V \cos\varphi_v$,$P_w=U_w I_w \cos\varphi_w$;

φ_u,φ_v,φ_w——各相电流与电压的相位差;

$\cos\varphi_u$,$\cos\varphi_v$,$\cos\varphi_w$——各相的功率因数。

三相无功功率等于各相电路无功功率之和,即

$$Q=Q_U+Q_V+Q_W$$
$$=U_V I_U \sin\varphi_U+U_V I_V \sin\varphi_V+U_w I_w \sin\varphi_w$$

三相负载的视在功率 $S=\sqrt{P^2+Q^2}$。

在变电站中,采用同步补偿机来调节电网的无功功率,补偿电网的功率因数。

2 专 业 知 识

2.1 电工仪表

1. 常用电工仪表有哪几类?

答 电工仪表有三大类:指示类仪表、比较类仪表和其他类(如数字式)仪表。

2. 电工指示类仪表的工作原理分为几类?

答 电工指示类仪表主要通过指针的偏转直接读出被测电气参数(如电压、电流、电阻)。根据仪表工作原理不同,可分为磁电系、电磁系、电动系和感应系四种系列的仪表。它们代表符号分别为Ω、ξ、⊕、Φ。

3. 电工指示类仪表按使用条件分为几组?

答 电工指示类仪表按使用环境状态分为三个组,各称为 A 组,B 组,C 组,分别用符号△、△、△表示。

三组使用条件的划分主要依据使用环境温度和湿度的高低与环境是否有盐雾等条件划分的。C 组适应于环境恶劣的条件下使用,B 组次之,A 组再次之。换言之,A 组使用条件要求最高,C 组最低。

4. 电磁系仪表测量机构主要特点是什么?

答 电磁系仪表表测量机构是利用可动铁片在固定线圈中的偏转带动指针偏转的。测量时,电流通过线圈而产生磁场,对铁片产生吸引力使之偏转。为了减少可动部分的摆动,利于尽快读数,还采用了阻尼装置。电磁系仪表指针偏转角与电流平方成正比,故其仪表的标度尺是不均匀的。

电磁系仪表可用于测量交、直流电。

5. 磁电系指示仪表工作原理是什么?

答 磁电系指示仪表是利用永磁体对置于其中的通电线框产生的转矩使之偏转来测量的。由于采用了永磁体,故只能用于测量直流电,测量的灵敏度较高。

直流电压表一般都采用磁电系仪表。

磁电系测量机构带半导体整流器而形成的仪表称为整流系仪表(万用表测交流电即为整流系仪表的原理)。

6. 常用电工仪表有哪些?

答 常用电工仪表有:

(1)电流表 电流表的内阻很小,使用时要断开电路,串接在电路中。电流表的量程有大有小,通常是通过并联分流电阻的方法,实现扩大量程的。

直流电流表使用时,还要注意电流正、负极性,电流表"+"极接在高电位上,防止接错,以免烧毁表头。

(2)钳形电流表 钳形电流表可以在不断开电路时,利用电路的电流产生的感应磁场(或通过电流互感器产生感应电流)带动指针偏转。其优点就是可以不断开电路测电流。

(3)电压表 电压表具有很高的电阻,使用时应并联在被测电压的两端。使用直流电压表时,需注意电压的正、负极性,电压表"+"极应接高电位上,防止接错,以免烧毁表头。电磁系电压表使用时,不分"+"、"-"极性,适用于交、直流两用电压测量。

扩大电压表的量程一般是通过串联分压电阻的办法来实现的。

(4)万用表 万用表可以测量交、直流电流,电压和电阻,测量范围广、携带方便、精度高,是维修电工使用最普遍的便携式综合电表。

用万用表欧姆挡测电阻时,所选的倍率挡应使指针处于表盘的中间段。测量时红表笔与表内电池的负极相连。

（5）**绝缘电阻表** 绝缘电阻表曾称为兆欧表、摇表，用于测量绝缘电阻，其读数以兆欧（MΩ）为单位。

绝缘电阻表的额定转速为 120r/min。

选择绝缘电阻表的原则是绝缘电阻表测量范围与被测绝缘电阻的范围相一致。

（6）**电桥** 电桥是利用比较法测量电路参数的，灵敏度和准确度很高。电桥的种类很多，最常用的是测电阻用的单臂电桥和双臂电桥。其中单臂电桥如 QJ23 型惠斯登电桥，双臂电桥如 QJ42 型凯尔文电桥，应用最普遍。

（7）**通用示波器** 示波器是一种直接在屏幕上显示电信号波形的仪器，可以直接观察信号的波形从而判断信号是否失真的设备。

7. T19—V 型仪表的型号中的字母代表什么？

答 T 表示互感式仪表，V 表示用于测量电压，故 T19—V 属于互感式电压表（非安装式）。

8. 万用表使用的注意事项有哪些？

答 （1）万用表的红色表笔插入"＋"极孔、黑色表笔插入"－"极孔。

（2）测量前应调整指针的零位（调到测电阻的挡位，两表笔对接，调节面板上的调节螺钉）。

（3）测量电流和电压时要调到规定挡位。测电流时，万用表与电路串联；测电压时，万用表与电路并联；测直流时，红笔接正极；测交流或电阻时不分正、负极。

（4）测量读数时应把刻度盘上某一数值范围与所选挡位相对应。

（5）每次测电阻之前指针都要调零。

（6）万用表用后，转换开关的位置应放在测交流电压最高挡位上，不可放在测电阻位置上，以免内部电池长时间供电而失效。

9. 绝缘电阻表使用有哪些注意事项？

答 （1）使用前应检查 0 点和∞点。将表放平，摇动手柄至规定转速,当 L 和 E 端开路时指针应在∞位置;L 和 E 端短路时,指针应在 0 位置。

(2)绝缘电阻表三个接线组,一般设备测量时用 L,E 两端。L 接设备的火线、E 接地端。只有电缆对地绝缘测量时,需接屏蔽端,以减少设备表面漏电对测量的影响。

(3)测绝缘电阻时必须在设备停电状态下进行。

(4)测量完后,不可立即触摸被测设备,应待设备充分放电之后,才可以动手拆卸接柱,以免被电容放电击伤。

10. 试述单臂电桥的使用方法。

答 以 QJ 23 型直流单臂电桥为例说明电桥的正确使用方法。电桥的操作面板如图 2.1 所示。单臂电桥适用于(1Ω～9.999MΩ)之间中等电阻值的测量,如小型交流电动机定子绕组、小型变压器一次绕组和直流电动机并励绕组的电阻。

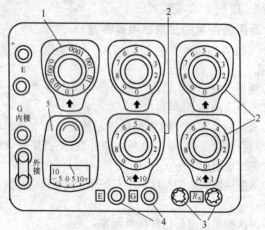

图 2.1　QJ23 型直流单臂电桥
1. 倍率转换开关　2. 比较臂转换开关　3. 被测电阻
接线端钮　4. 按钮开关　5. 检流计

(1)打开检流计机械锁扣,将检流计"外"接柱短路,用机械调零钮使检流计指针指向零位。

(2)用万用表粗测被测电阻,根据粗测值选择比例臂合适的倍率,然后调整比较臂使电桥读数与粗测值接近。

(3)将被测电阻接到电桥"R_x"的两个接柱上,并拧紧(不可只用线夹夹持接柱),保持接触良好。

(4)测量时,先按下电源组E,再按检流计接钮G,观察检流计指针偏转方向。若检流计指针偏向"+"端,则应增大比较臂电阻;偏向"-"端,则减小比较臂电阻。重复几次操作,当指针偏转角度较小时,可同时按E和G锁定进行调节,直到按下E和G时,检流计指针在零位上。此时比较臂的电阻值乘以比例臂倍率就是被测电阻R_x的精确值。

(5)测量结束后,应松开按钮E和G,拆下被测电阻,将比例臂置于空挡并将"内"接柱短接,锁住检流计,防止因振动而损坏。

(6)若使用外接检流计测量时,则要将电桥的"内"接柱短路,锁住内检流计,将外接检流计接在"外"接柱上进行测量。使用外接电源时,电压应符合电桥的要求。外接电压高于电桥规定值时,会烧毁桥臂电阻。

11. 怎样选择比例臂的挡位?

答 根据粗测电阻值的大小,测量时应保证第一个读数盘(×1000)的数值不为零。这样,比较臂的四挡电阻(×1000,×100,×10,×1)均能充分利用,提高测量的精度。例如,若测$R_x=12Ω$的电阻时,比例臂应选×0.01这一挡。其余类推。

12. 用单臂直流电桥测量直流电阻时,若发现检流计指针不指零,应如何调节?

答 若发现检流计指针不指零时的调节顺序是:先松开检流计按钮,再松开电源按钮,然后调节比较臂电阻,使检流计指零。

13. 使用检流计时发现灵敏度低,可采用什么方法改善?

答 检流计灵敏度低主要是受张丝过紧的影响造成的,只要适当放松张丝的张力,即可提高其灵敏度。

14. 使用检流计应注意什么?

答 (1)搬动检流计之前必须用导线将两接线柱短路,搬动时要轻拿轻放,以防止振动影响仪器的精度;

(2)不能用万用表或电桥直接测量检流计,以判断检流计线圈的通断,而要改用其他办法;

(3)在潮湿季节,对久置不用的电桥,最好能隔一定时间通电0.5h,以驱除机内潮气,防止元件受潮变质。

15. 直流双臂电桥主要应用于什么场合?

答 直流单臂电桥的测量范围在 $1\Omega\sim9.999M\Omega$ 之间。对于阻值在 1Ω 以下的电阻阻值的测定要采用直流双臂电桥,如大型电动机、变压器绕组、分流器及导线电阻等。常用的直流双臂电桥为 QJ42。双臂电桥采用双桥臂结构,可以较好地消除接线电阻和接触电阻的影响,测量精度较高。

16. 低频信号发生器的主要功能是什么?

答 低频信号发生器是用来产生标准低频正弦信号的信号源。低频信号发生器的低频振荡信号由 RC 振荡器产生的。

17. 使用低频信号发生器的一般顺序是什么?

答 使用低频信号发生器时,先将"电压调节"放在最小位置,再接通电源,然后再调节输出电压和波形。

18. 示波器荧光屏水平轴(X 轴)和垂直轴(Y 轴)显示什么物理量?

答 示波器荧光屏上画有坐标尺,水平方向的坐标轴为 X 轴,显示时间;垂直方向坐标轴为 Y 轴,显示电压的高低。刻度尺上每小格(div)所代表的时间长短(X 轴)或电压高低(Y 轴)是可以调整的。在"X"面板上和"Y"面板上分别有两个调整刻度值的旋钮,可供调节用,如图 2.2 所示。

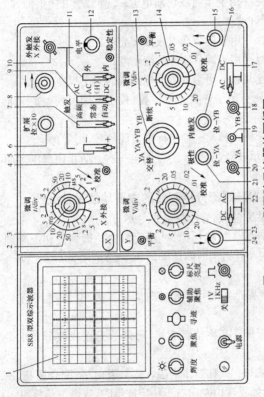

图 2.2 SR8 型双踪示波器的面板图

1. 荧光屏　2. X 轴位移　3. 微调旋钮　4. 校准　5. 触发极性开关　6. 扩展钮　7. 触发方式开关
8. 显示方式开关　9. 触发耦合开关　10. X 外接、外触发插座　11. 触发源选择开关　12. 触发电平调整旋钮　13. YA 通道衰减开关及微调旋钮　14. YB 通道衰减开关及微调旋钮　15. YB 位移　16. 内触发/拉-YB　17. YB 输入选择开关
18. YB 输入插座　19. 接地　20. YA 输入插座　21. 极性-YA　22. YA 输入选择开关　23. YA 通道衰减开关及微调旋钮　24. YA 位移

· 41 ·

19. 示波器显示部分各控制钮的作用是什么？

答　示波器板面上的控制钮有显示部分、X 轴和 Y 轴部分，如图 2.2 所示。显示部分位于控制板的左侧，主要控制钮的作用是：

(1)电源开关　用于接通或切断电源；不要频繁开闭电源，防止损坏示波器管灯丝；

(2)辉度旋钮　用于调节光点或波形亮度；

(3)聚焦旋钮　用于调节波形的清晰度；

(4)标尺亮度旋钮　用于调节坐标刻线的照亮程度；

(5)寻迹按钮　用于寻找光点位置，按下此钮可使偏离荧光屏的光迹回到显示区；

(6)校准信号输出插座　输出标准方波信号，用于自检。

长期不用的示波器，至少 3 个月通电一次。防止内部潮湿而影响示波器的性能。

20. 示波器"X 轴"部分控制钮的主要功能是什么？

答　示波器"X 轴"部分控制钮的主要功能是：

(1)"t/div"开关　又称扫描速度开关，它与微调旋钮配合调整，可改变 X 向每格代表的时间长度，一般调节范围为 $0.2\mu s/div\sim 1s/div$。

(2)"X10"扩展开关　可将 X 轴时间量扩大 10 倍，但误差也相应增加。

(3)"⟷"旋钮　又称位置旋钮，可调节光点或波形在水平方向的左右位置。

(4)稳定性旋钮　或称整步增幅，与"触发电平"配合调整，使波形稳定显示。如发现由左向右不稳定波形时，应调节此旋钮。

(5)触发电平旋钮　与"稳定性旋钮"配合，调整和稳定波形。

(6)触发信号选择开关　可以用于选择信号源。"内、外"开关可选机内或机外信号，"高频或自动"时为自动触发。

(7)触发极性开关　"＋"表示用信号上升部分触发，"－"表示用信号下降部分触发。

(8)触发耦合方式开关　置"AC"为交流耦合,触发性能不受直流分量影响;"DC"为用于测量直流或低频信号的触发;"AC(H)"表示可抑制低频信号的干扰。

21. 示波器"Y 轴"部分控制钮的主要功能是什么?

答　示波器"Y 轴"部分控制钮的主要功能是:

(1)Y 轴输入插座　被测信号由此输入。双踪示波器可输入两个测试信号,有 YA,YB 两个插座。

(2)"V/div"开关　又称为偏转因数选择开关或灵敏度开关,与"微调旋钮"配合使用,可调节 Y 轴上每格代表电压的大小。调节范围通常为 10mV/div~20V/div。

(3)"AC⊥DC"开关　即 Y 轴输入选择开关。置"DC"输入含有直流分量的信号;"AC"只输入交流信号;"⊥"将 Y 轴接地,可显示直流电位的高低。

(4)"↑↓"　为 Y 轴位置旋钮,可调节光点或波形在垂直方向的上、下位置。

(5)被测信号极性选择开关　有"+"、"−"两个位置,可使被测信号倒相显示。

(6)显示方式开关　双踪示波器可以同时输入两个被测信号并同时显示。有 5 个显示方式,即"交替","断续","YA","YB","YA+YB"。

(7)内触发选择开关　有三个位置:"常态",YA,YB,三者轮流被作为触发信号。"YA"或"YB"仅取自 YA 或 YB 某一点,可比较两信号相位差。

22. 怎样预防和减少电工测量的误差?

答　利用各种仪表进行测量,所测的结果必然有误差。测量误差主要有三类。一类是系统误差,由于电工仪表自身的精度和线路连接方式、方法带来的测量误差。系统误差是不可避免的,但可以通过合理的测量方法予以减少或消除。第二类为偶然误差,此类误差是无法预料和无法预防的。第三类属于过失(疏失)误差,即操作过程中的失误而造成的。过失误差一般只能通过加强责任心,认真按照操作规程进行测试的办法来排除,或者通过抛弃某些测量结果来消除。

23. 低频信号发生器的主要原理是什么?

答 低频信号发生器是能产生频率在 20Hz～200kHz 范围内,可调节的标准低频正弦信号的装置。

低频信号发生器内部的振荡电路为 RC 振荡器。利用两个阻值相等的双联可变电阻和两个电容数值相同的双联可变电容组成串联、并联电路,输入单相正弦交流电 u_1,调节 R,C 值,在输出端可得到频率 $f_0 = 1/(2\pi RC)$ 的标准低频正弦。交流电 u_2 的输出信号供检测线路使用,如图 2.3 所示。

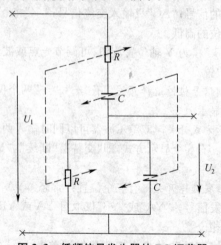

图 2.3 低频信号发生器的 RC 振荡器

24. 使用低频信号发生器有哪些注意事项?

答 (1)开机前,先将占空比旋钮转到"CA1"位置,按下直流偏置旋钮,把输出振幅旋至最小;

（2）按下电源开关，指示灯亮；

（3）选择输出波形；

（4）按下频率范围键，调节频率旋钮，两者的乘积即是所需的输出频率；

（5）配合衰减键，逐步增大输出幅度至所需要的幅度；

（6）信号发生器输出端不允许短路，要正确连接信号发生器、示波器和毫伏表，信号发生器在使用过程中应保持干燥清洁，不用时应用布罩住，妥善保管。

2.2　电工材料

1. 电工材料有哪几种？

答　常用电工材料有导电材料、绝缘材料和磁性材料三种。

2. 导电材料是如何分类的？

答　导电材料是电线和电缆的统称，是采用铜和铝作为原料制成各种各样不同用途的电线和电缆。按性能、结构、制造工艺和使用的不同，导电材料分为：

（1）电磁线　电磁线多用于制造各种电机、电器的绕组，作用是实现电磁转化。常用的有漆包线和丝包线。

（2）电力线　电力线是用于输送电力的输电线，主要包括各种用途的绝缘导线和裸导线两类。

常用的绝缘导线如 J 系列电动机、电器引接线（JBQ，JBF，JBH，…）、YH 系列电焊机用电缆、YHS 系列潜水电动机用防水橡套电缆等。裸导线则用于户外高、低压输电，有铝绞线、铜绞线等。

（3）通讯电缆　通讯电缆专门用作传递信息，如电话、电报、传真、广播电视和数据的传输设备上所使用的连接线。

（4）电磁材料　电磁材料用于制造电机、电器的电刷材料。

3. 绝缘材料的耐热等级是怎样划分的？

答　电工材料所使用的导线，一般情况下都具有绝缘表面层。绝缘表面层所使用的绝缘材料应具有良好的耐热性,即在高温作用下,材料不改变绝缘性、不降低其机械和理化性能。绝缘材料的耐热等级共有 7 级,用数字 0,1,2,3,4,5,6 依次表示 7 个级别;对应 7 个级别的绝缘等级也有 7 级,分别用字母 Y,A,E,B,F,H,C 表示。各个级别所允许的温度见表 2.1。

表 2.1　绝缘材料、绝缘等级与温度对照表

耐热等级	0	1	2	3	4	5	6
绝缘等级	Y	A	E	B	F	H	C
允许工作温度(℃)	90	105	120	130	155	180	>180

4. 漆包线的主要型号有哪些?

答　漆包线按其表面所采用的绝缘漆和线芯材料不同有不同的型号。常用的漆包线型号见表 2.2。

表 2.2　漆包线的名称、型号

名称	线芯材料	型号	耐热绝缘等级	主要用途
油性漆包线	铜	Q	A(105℃)	中、高频电器线圈
缩醛漆包线	铜 铝 彩色铜芯	QQ₁,QQ₂; QQL—1, QQL—2; QQS—1, QQS—2	E(120℃)	普通小型电机、微电子、油浸变压器线圈
聚氨酯漆包线	铜	QA—1, QA—2, QA—3	E(120℃)	高频电器线圈

续表 2.2

名称	线芯材料	型号	耐热绝缘等级	主要用途
聚酯漆包线	铜铝	QZ—1,QZ—2;QZL—1,QZL—2	B(130℃)	通用电机绕组
聚酰亚胺漆包线	铜	QY	C(220℃)	高温电器线圈

5. 制造 Y 型笼型异步电动机,工作最高环境温度为 40℃,温升 80℃,宜采用哪种漆包线?

答 由表 2.2 可知,QZ 型漆包线最高温度为 130℃,用于制作电动机是合适的。

6. 户外架空输电线应选用哪类导线?

答 户外架空输电线属于固定设施,通常选用裸导线作为输电线。裸导线有三种:

(1)裸铝绞线(LJ) 一般用于低压电力线;

(2)裸铜绞线(TJ) 一般用于高压电力线;

(3)钢芯铝绞线(LGJ) 用于气候恶劣、电杆距离大(长距离架空)的输电电力线。

7. 钢芯铝绞线 LGJ—70 钢芯和铝分别起什么作用?

答 钢芯铝绞线 LGJ 中钢芯起提高机械强度作用,而铝芯截面担任传导电流作用。

LGJ—70 钢芯铝绞线中,70 表示其铝截面积近似为 $70mm^2$。

8. 电线、电缆用热塑性塑料用得最多的是哪种塑料?

答 电线、电缆的绝缘层使用的热塑性塑料多是聚乙烯和聚氯乙烯两种。

9. 常用绝缘导线的结构类型有哪几种?

答 常用绝缘导线的结构类型见表 2.3。

表2.3 常用绝缘导线的结构和应用范围

结　　构	型　　号	名　　称	用　　途
单根线芯 塑料绝缘 7根绞合线芯 19根绞合线芯	BV—70 BLV—70	聚氯乙烯绝缘铜芯线 聚氯乙烯绝缘铝芯线	用来作为交、直流额定电压为500V及以下的户内照明和动力线路的敷设导线，以及户外沿墙支架线路的架设导线
单根线芯 橡皮绝缘 棉纱编织层	BX BLX	铜芯橡皮线 铝芯橡皮线（俗称皮线）	

续表 2.3

结 构	型 号	名 称	用 途
	LJ TJ LGJ	裸铝绞线 裸铜绞线 钢芯铝绞线	用来作为户外高、低压架空线路的架设导线,其中LGJ应用于气象条件恶劣,或电杆挡距大,或跨越重要区域,或电压较高等线路场合
塑料绝缘多根束绞线芯 	BVR BLVR	聚氯乙烯绝缘铜芯软线 聚氯乙烯绝缘铝芯软线	适用于不做频繁活动场合的电源连接线,但不能作为不固定的或处于活动场合的敷设导线
绞合线 平行线 	RVB—70 (或RFB) RVS—70 (或RFS)	聚氯乙烯绝缘双根平行软线 (丁腈聚氯乙烯复合绝缘) 聚氯乙烯绝缘双根绞合软线 (丁腈聚氯乙烯复合绝缘)	用来作为交、直流额定电压为250V及以下的移动电器、吊灯用的电源连接导线

续表 2.3

结　构	型　号	名　称	用　途
棉纱编织层　橡皮绝缘　多根束线芯　棉纱层	BXS	棉纱编织橡皮绝缘双根绞合软线（俗称花线）	用来作为交直流额定电压为250V及以下的电热移动电器（如小型电炉、电熨斗和电烙铁）的电源连接导线
塑料绝缘　2根线芯　塑料护套	BVV—70 BLVV—70	聚氯乙烯绝缘和护套2根或3根铜芯护套线 聚氯乙烯绝缘和护套2根或3根铝芯护套线	用来作为交直流额定电压为500V以下的户内、外照明和小容量动力线路的敷设导线
橡皮或塑料绝缘　4芯　麻绳填芯　线芯　3芯　橡套或塑料护套	RHF RH	氯丁橡套软线 橡套软线	用于移动电器的电源连接导线，或用于插座板电源连接导线，或短期临时送电的电源馈线

10. 用于移动电器的电源连接导线或插座板电源连接线宜采用什么型号的绝缘导线?

答 移动电器电源线宜采用 R 系列绝缘软线,型号为 RH 或 RHF。它们都是通用橡套的电缆。

11. 用作户外 500V 以下低压照明或小容量动力输送,可选什么型号的导线?

答 户外 500V 以下照明用电导线可选 BLVV 型或 BLV 型塑料绝缘和塑料护套导线。塑料在其中起保护层和绝缘层的作用。

12. 交流电焊机的二次侧与焊钳之间的连接线与普通电缆有何不同?

答 交流电焊机输出连接焊钳的导线是专门用途的绝缘软输电线,芯部的股数比普通的多股绞线多得多,通常称之为电焊机电缆。

13. 固体绝缘材料型号的含义是什么?

答 固体绝缘材料的型号由 4 位数组成,各位数字的含义如下:

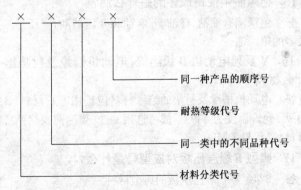

材料分类代号有 6 种,分别用 $1,2,3,4,5,6$ 表示,其含义见表 2.4。

表 2.4　绝缘材料分类代号

分类代号	分类名称	分类代号	分类名称
1	漆树脂和胶类	4	压塑料类
2	浸渍纤维制品类	5	云母制品类
3	层压制品类	6	薄膜、粘带和复合制品类

如 1031 与 1032 表示同为 B 级耐热的浸渍漆,但 1031 为丁基酚醛醇酸漆,1032 为三聚氰胺醇酸漆。1811 中"18"表示电缆胶。

层压制品中 3022 与 3025 分别是 E 级耐热的层压纸板和层压布板。3240 为 F 级环氧树脂层压玻璃布板。3551 为 H 级有机硅层压玻璃布板。

14. 什么是层压制品?

答　层压制品是以有机纤维、无机纤维为底材,浸渍不同的胶粘剂,经热压、卷制而成的层状结构绝缘材料。

层压制品在电工设备中起绝缘和结构两种作用。

15. 绝缘油中使用最多的是什么油?

答　绝缘油有桐油、硅油、亚麻油和变压器油,变压器油是使用最多的绝缘油。

16. Y 系列电动机 B 级绝缘,电动机槽缘及衬垫绝缘应选什么材料?

答　电动机槽缘及衬垫的绝缘材料应选用薄膜材料,B 级绝缘(3 级)允许温度为 130℃,故可选用 6630 聚酯薄膜聚酯纤维纸复合材料(代号 DMD)。

17. 典型 F 级层压板对应型号是什么?

答　3240 为 F 级层压板的典型材料。

18. 石棉制品的品种有哪些? 其特点有哪些?

答　石棉制品的品种有石棉纱、线、绳、纸、板及编织带等。

石棉制品具有保温、耐温、耐酸碱、防腐蚀等特点,而且具有良好的绝缘性能,是电工常用的绝缘材料之一。

19. 电工常用的磁性材料有什么特点?

答 电工常用的磁性材料是相对磁导率 $\mu_r \gg 1$ 的铁磁性材料,主要是铁、钴、镍及其合金。铁磁性物质在外界磁场作用下,内部的磁通密度极强。是制造变压器铁心和磁心的良好的材料。

20. 什么是软磁材料? 其特点是什么? 常用的软磁材料有哪些?

答 电气工程中,把矫顽力 $H_c < 10^3 \text{A/m}$ 的磁性材料称为软磁材料。

软磁材料的特点是磁导率高、剩磁弱,容易被磁化。在外磁场作用下能产生较强的磁通密度,而且随着外磁场的增强,很快达到磁饱和;当外磁场去除之后,材料的磁性全可消失。常用的有硅钢片和工业纯铁两种。前者适用各种交、直流电机和电器,而后者仅用于直流磁场。

21. 硅钢片中的硅起什么作用?

答 硅钢片中硅的主要作用是提高磁导率,降低磁滞损耗,减轻硅钢片的老化现象。

22. 冷轧硅钢片型号中,如何表示其铁损值和厚度?

答 硅钢片的铁损值和厚度的 100 倍在硅钢片型号指定位置上标注。如 DQ 230—35 中,"230"表示铁损值为 2.3,"35"表示其厚度为 0.35mm。同理,DQ200—50 表示铁损值为 2.0、厚度为 0.5mm 的冷轧硅钢片。

23. 什么是硬磁材料? 其特点是什么?

答 矫顽力 $H_c \geqslant 10^3 \text{A/m}$ 的磁性材料为硬磁材料。

硬磁材料的特点是不易被磁化,但一经磁化饱和后,不易去磁,剩磁和矫顽力强,如钨钢、钴钢等。硬磁材料是制造永磁铁、磁钢的材料。

硬磁性材料中矫顽力最大、磁能积最大的材料是稀土钴硬磁材料。

24. 制作直流电机主磁极铁心选用什么材料？

答　制作直流电机主磁极铁心要求使用软磁材料，采用普通厚钢片或较厚的硅钢片，尽量降低磁阻。

25. 电磁系测量仪表的铁心应选用什么材料？

答　电磁系测量仪表通电时磁场对铁心产生吸力，使指针偏转；断电时，铁心最好无剩磁，利于指针正确复位，故铁心材料应是软磁材料。

26. 工频交流强磁场下电磁器件的铁心应选用什么材料？

答　工频交流强磁场下电磁器件的铁心材料应选硅钢片。

27. 滚动轴承在电气设备中起什么作用？

答　电动机的转子轴两端支承在滚动轴承上，保持转子工作时转轴位置不变是滚动轴承的基本功能。

28. 滚动轴承的基本构造有什么特点？

答　滚动轴承基本构造是滚动体在轴承的内、外圈之间滚动。滚动体是滚动轴承的核心元件，滚动体的几何形状有球形和非球形两大类（非球形滚动体又有圆柱体和圆锥体两种形式）。内、外圈的滚道，视轴承具体承受载荷形式不同而有不同的结构形式。

29. 常用的滚动轴承有哪几种类型？

答　滚动轴承类型共有 17 种，并已标准化，分别用不同的代号表示。最为常用的滚动轴承有：圆柱滚子轴承、圆锥滚子轴承、深沟球轴承和角接触球轴承（推力球轴承）四种。其中圆柱滚子轴承仅能承受径向力；圆锥滚子轴承和角接触球轴承既能承受径向力，也能承受较大的轴向力；深沟球轴承主要承受径向力。深沟球轴承是普通电动机最常采用的滚动轴承。

30. 怎样识读滚动轴承型号？

答　滚动轴承的主要型号由 4 位数组成，各位数字代表的含义如下：

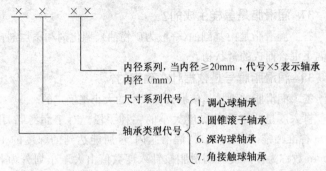

例如：6213轴承为深沟球轴承，其内径为 $13 \times 5 = 65$(mm)。

31. 内径＜20mm 的滚动轴承内径代号是怎样规定的？

答　内径代号 03 表示内径为 17mm，内径代号 02 表示内径为 15mm，内径代号 01 表示内径为 12mm，内径代号 00 表示内径为 10mm。

32. 滚动轴承新、旧标准的代号有什么不同？

答　滚动轴承新、旧标准的代号除了内径代号的含义相同之外，其余各代号含义都不相同。

33. 立式电动机两端的滚动轴承应选哪一类？

答　立式电动机由于要承受轴向(竖向)载荷，故应选能承受轴向力的组合，即一端用推力轴承，另一端为深沟球轴承。

34. 电动机润滑剂的作用是什么？

答　电动机润滑剂的作用是降低摩擦力、减少磨损，并具有防锈、减噪声和减振功能。

35. 选择电动机轴承润滑脂类别的依据是什么？

答　选择电动机轴承润滑脂类别的依据主要有轴承的转速、工作温度、负载大小和性质、工作环境和安装状态。

36. 常用的润滑脂种类有哪些？

答　电动机滚动轴承常用的润滑脂有四种：钙基脂、钠基脂、锂基脂和铝基脂。

37. 润滑脂是怎样生成的？

答　润滑脂是由基础油（一般为矿物油）、稠化剂和添加剂在高温下混合而成的膏状物。

38. 润滑脂牌号是依据什么确定的？

答　润滑脂的牌号是依据其针入度的大小来确定的。

针入度是测定油品黏度大小的一种手段。对于润滑脂，用150g标准圆锥，沉入25℃的润滑脂内5s所能达到的深度的1/10mm数称为针入度。润滑脂按针入度数值由大至小划分为若干牌号，例如钙基脂有4个牌号：ZG—1号、ZG—2号、ZG—3号和ZG—4号，其中针入度数值最大的为ZG—1号（对应的粘度为最小）。

39. 四种润滑脂使用条件有何不同？

答　润滑的使用条件主要看滚动轴承的温升高低以及是否接触水分而异。

钙基脂（ZG型）一般适用于温升不超过60℃的场合，它不溶于水，因此具有防水性能。一般条件下，电动机轴多采用钙基脂作为润滑剂。

钠基脂（ZN型）可耐高温至110℃，但有水溶性，因此，温度较高而环境清洁无水的条件之下可选用钠基脂。

锂基脂（ZFU型）可适应较高温、接触水分的场合下选用。

铝基脂（ZL型）可适应高温高速，有防水要求的条件下采用。

在四种润滑脂中，钠基脂（ZN型）的抗水性能最差。

40. 在室温下，湿度较高的场合使用封闭式电动机轴承的润滑脂应选哪种？

答　室温下，湿度较高但有密封装置条件，滚动轴承可选用钙基脂。

41. 有些电动机也使用滑动轴承，国家对滑动轴承是否

有标准?

答 滑动轴承一般是铜或铜合金制成的,为非通用标准件,故未有相应的国家标准。

42. 电刷的使用要考虑哪些因素?

答 电刷是石墨粉或石墨粉与金属粉混合压成的导电元件,多用于直流电机起集流作用。选用电刷要考虑的因素有:一对电刷接触电压降、摩擦系数、额定电流密度和放大的圆周速度,并确定使用时的允许压力的高低。因此,即使刷握结构尺寸相同,同样是接触传导电流,其他条件不同时,也不能只用同一种材质和规格的电刷。

2.3 变压器

1. 变压器具有哪些功能?

答 变压器是变流电路中常用的电器,它可以把交流电能从一种电压变换成同频率的另一种电压;变压器还可以用来改变电流、变换阻抗和改变相位。变压器改变交流电压是应用最普遍的功能。

变压器在运行过程中,遵守能量守恒定律。

2. 变压器构成的核心部分是什么?

答 变压器种类繁多,但其核心组成部分相同,即利用套在铁心上的原、副线圈(一次、二次绕组)之间的电磁感应实现电压转换的。铁心是变压器的磁路部分,绕组是交流电的输入和输出部分。

3. 什么是变压比 K?

答 变压器的一、二次绕组匝数记作 N_1,N_2,一次绕组输入电压为 U_1、二次线圈输出电压为 U_2,根据能量守恒定律,有

$$U_1/U_2 = N_1/N_2$$

即电压与线圈匝数成正比。

输入电压与输出电压之比值,称为变压比 K,即

$$K = U_1/U_2 = N_1/N_2$$

当 $K>1$ 时,为降压变压器; $K<1$ 时,为升压变压器; $K=1$ 时,为隔离变压器。一般情况下,供电变压器都是降压变压器,从几十万伏一直降到 380V(或 220V),直至几十伏。

变压比 K 的倒数 $K_1 = 1/K$ 称为变压器的变流比, $K_1 = I_1/I_2$。

4. 变压器的铁心采用什么材料制成的?

答 为减少变压器的铁损,铁心多采用彼此绝缘的硅钢片叠装而成。

5. 单相变压器原边电压为 380V,副边电流为 2A,变压比 $K=10$,问副边电压和原边电流各是多少?

答 $U_1 = 380V$, $K = 10$, $U_2 = U_1/K = 380/10 = 38(V)$;

$I_2 = 2A$, $I_1 = K_1 I_2 = \dfrac{1}{K} \cdot I_2 = \dfrac{1}{10} \cdot 2 = 0.2(A)$。

6. 变压器的分接开关起什么作用?

答 变压器的分接开关是用来调节输出电压的。

7. 变压器负载运行时,副边感应电动势与原边电源电动势的相位有什么关系?

答 变压器负载运行时,副边感应电动势的相位滞后于原边电源电动势的相位总是大于 $180°$。

8. 变压器带感性负载运行时,副边电流与原边电流的相位有什么关系?

答 变压器带感性负载运行时,副边电流的相位滞后于原边电流的相位,且小于 $180°$。

9. 什么是变压器负载运行时的外特性?

答 变压器负载运行时的外特性指的是当原边电压和负载功率因数一定时,副边电压与负载电流的关系。

10. 变压器铜损耗和铁损耗达到什么状态时,可使变压器的效率最高?

答　当铜损耗与铁损耗相等时,变压器的效率最高。

11. 变压器过载运行时的效率与额定负载下的效率相比,哪一个大?

答　变压器过载时的效率总是小于额定负载下的效率。

12. 什么是变压器的额定容量?

答　变压器在额定负载运行时副边输出的视在功率称为变压器的额定容量。

13. 什么是三相变压器的 Y,△接法?

答　三相变压器原边三个首端 1U1,1V1,1W1 或副边的三个首端 2U2,2V2,2W2 分别引出;将原、副线圈之末端 1U2,1V2,1W2 或 2U2,2V2,2W2 连接在一起组成中性点,称为 Y 形(星形)接法,如图 2.4 所示。

三相变压器的△接法是将原边或副边三相绕组的首末依次相连成一闭合回路,如图 2.5 所示。

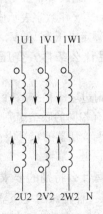

图 **2.4**　三相变压器的 Y 接法

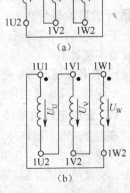

图 **2.5**　三相变压器的△接法

14. 三相变压器的额定电压(U_{1N},U_{2N})指的是什么电压?

答 三相变压器的额定电压指的是原边上的输入电压,即线电压(两火线之间的电压)U_{1N};副边上的输出电压,也是线电压U_{2N}。两者统称变压器的额定电压。

15. 如何识读变压器的型号?

答 变压器的技术数据及铭牌值见表 2.5。

表 2.5　变压器技术数据表

型号	容量/kV·A	额定电压/kV		二次额定电流/A	绕组接法	短路电压/%	空载电流/%	空载耗损/kW	负载耗损/kW	重量/kg	
		高压	低压							油重	总重
SL7—800/10	800	10	0.4	1220	Y yn0	4.5	1.5	1.54	9.9	820	3200

型号中 L 表示绕组采用铝线绕组,第 1 组数字表示变压器容量,如表中之 800 表示容量为 800kV·A;第 2 组数字表示原边的额定电压,如表中之 10 表示原边的输入额定电压为 10kV。

16. 变压器并联运行时需要满足什么条件? 变压器并联运行的目的是什么?

答 变压器并联运行需要满足原、副边电压相等,其短路电压比值不超过 10%(三相变压器则要求有相同的联结组别)。并联运行时,各变压器所分配的负载电流,与变压器的容量成正比。

变压器并联运行的目的是为了提高供电可靠性。

17. 交流电焊机所使用的变压器有什么特别的要求?

答 交流电焊机所使用的变压器是一种特殊的变压器。为适应焊接的要求,它必须有较大的漏抗,铁心有较大而且可调的气隙。交流电焊机在额定负载时,输出电压应在 30V 左右。

电焊机焊接电流的粗调依靠调节副边绕组的匝数来调节。

变压器短路时,短路电流不能太大。

18. 交流电焊机 BX2—500 中,额定焊接电流是多少?

答 BX2—500 中,500 表示该焊机的额定焊接电流最大值不超过 500A。

19. 什么是交流电焊机的暂载率?

答 交流电焊机的焊接时间与工作时间的比值称为暂载率。暂载率越高焊接时间越长。

20. 什么是阻抗电压?

答 变压器在额定电流时,阻抗压降的大小称为阻抗电压。

21. 什么是互感器?

答 互感器是用于测量高电压和大电流的辅助装置。互感器实质上是一个变压器。用于辅助测量高电压的,称为电压互感器;用于测量电流的称为电流互感器,如图 2.6(a),(b)所示。

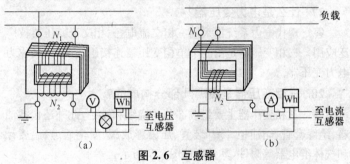

图 2.6 互感器

(a)电压互感器接线图 (b)电流互感器接线图

22. 电压互感器的主要功能是什么?

答 电压互感器实质上是一台降压变压器,它可以把高电压转换为低电压供测量高电压的数值。电压互感器的二次线圈额定电压设计为 100V,变压比 1kV/100V,10kV/100V 等。

23. 电流互感器的主要功能是什么?

答 电流互感器的结构与普通的双绕组变压器相同,把它串接在大电流交流电路上,与电流表配合来测量电路中的大电流。测出电流表的读数乘以互感器的变流比即可得电路中电流的数值。

电流互感器使用时,副边一端与铁心必须接地。

24. 如何识读型号为 LFC—10/0.5—500 的互感器?

答 型号中 L 表示电流互感器,额定电流为 500A。

通常电流互感器的二次电流 I_{2N} 设定为 5A,互感器的变流比 $K_1 = I_1/I_2$ 有 10/5,100/5 等。

25. 什么是同心绕组?

答 将变压器高、低压绕组同心地套在铁心柱上称为同心绕组。

26. 绕到小型单相变压器线包的层次按什么顺序进行?

答 绕到小型单相变压器线包的层次顺序是原边绕组、静电屏蔽、副边高压绕组、副边低压绕组。

27. 什么是电力变压器?

答 现代电力系统都采用三相交流电,三相交流变压器被广泛应用。三相变压器是由三个单相变压器连接组成的,故又称为电力变压器。

28. 三相变压器是由哪几部分构成的?

答 三相变压器主要组成部分是绕组和铁心,此外还包括油箱、绝缘套管、储油柜、冷却装置、压力释放阀、安全通道、温度计和气体继电器等附件,其外形如图 2.7 所示。

29. 变压器绕组的结构有什么特点?

答 绕组是变压器的电路部分,一般用绝缘铜线或铝线绕制而成。接电源一组称为一次绕组,接负载的称为二次绕组。大多数变压器采用同心绕组。在同一个铁柱上,低压绕组套置于内层、高压绕组在外层。绕组层间有油道,用于绝缘和散热。

变压器内油温过高时,内部气体压力会升高。气压继电器的气压升高到规定值时会启动使冷却装置运转,实施保护。

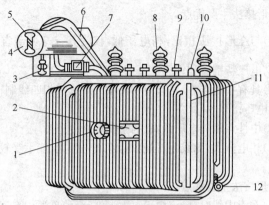

图 2.7 电力变压器结构图

1. 温度计 2. 铭牌 3. 吸湿器 4. 储油柜 5. 油位计 6. 防爆管
7. 气压继电器 8. 高压套管 9. 低压套管 10. 分接开关
11. 油箱 12. 放油阀门

30. 对变压器的铁心有哪些要求？

答 变压器的铁心是磁路部分,它既是主磁通的通道,又是器身的骨架。对铁心的基本要求有:

(1)铁心材料一般为硅钢片,硅钢片的厚度多为 0.35mm,层间涂覆绝缘漆,以减少涡流;

(2)为减少磁阻,减少叠装时接缝处的气隙,以增加导磁能力,一般采用交叉叠装法叠装硅钢片;

(3)三相变压器运行时,铁心必须接地,但只一点接地,避免形成闭合回路而产生环流。

31. 油浸式中、小型电力变压器中的变压器油起什么作用？

答 变压器油在油浸式中、小型变压器中起绝缘和散热作用。

32. 三相绕组的 Y 形接法有哪些优缺点？

答 三相绕组 Y 形接法是把三相绕组的尾端连在一起构成中性点 N,三个首端接电源或负载。

Y形接法主要优点：

(1)与△形接法相比，相电压低，仅为其 $\frac{1}{\sqrt{3}}$，可节省绝缘材料，对高电压特别有利；

(2)具有中性点 N，可以有引出中线形成三相四线制输出，提供两种电压；

(3)中性点附近电压低，有利于安装分接开关；

(4)相电流大，导线粗、强度高，匝间电容大，能承受较高的电压冲击。

Y形接法主要缺点：

(1)在无中线时，电流中无三次谐波，会使磁通中有三次谐波存在，造成损耗增加，不宜用作 $1800kV \cdot A$ 以上的电力变压器；

(2)中性点要直接接地，否则三相负载不平衡时，中性点会偏移，对安全不利；

(3)当某一相发生故障时，只能整机停用，不像△接法时可接成 V 形运行。

33. 三相绕组△形接法有哪些优缺点？

答 三相绕组△形接法就是把三相绕组的首末端相连构成一个回路，三个连接点接电源或负载。

△形接法的优点：

(1)输出电流比 Y 形接法大，为其 $\sqrt{3}$ 倍，可省铜，对大电流变压器有利；

(2)当一相出现故障时，另外两相可接成 V 形运行供给三相电源。

△形接法的缺点：没有中性点，也没有接地点，不能构成三相四线制电源。

34. 什么是三相变压器的联结组别？

答 变压器的一次侧和二次侧都可以有 Y 和△形两种接法。一次侧的接法用大字母表示，用 D 表示△形接法；Y 表示 Y 形接法,有中线时用 YN 表示。二次测的接法用小写字母表示,用 d 表示△形接法;y 表示 Y 形接法,有中线时用 yn 表示。

根据不同需要,一次侧、二次侧有各种不同的接法,形成不同的组别。不同的组别用相应的标号表示,如:$Yyn0$ 组合表示一次侧、二次侧均为 Y 形接法,二次侧具有中线接地形式。

三相变压器的联结组别还反映了一次侧和二次侧线电压的直接相位关系。$Yd11$ 表示高压侧为 Y 形接法,低压侧为△接法,一次侧线电压滞后于二次侧线电压相位 30°。

国家标准规定了三相绕组电力变压器五种联结组,它们是:$Yyn0$,$Yd11$,$YNd11$,$YNy0$,$Yy0$。

35. 动铁心式电焊变压器如何调节焊接电流?

答 动铁心式电焊变压器的副线圈的一部分与原线圈同心地套在一个铁心柱上,另一部分单独套在另一个铁心柱上。要调小焊接电流时,可将动铁心调出即可达到目的。

36. 直流电焊机有哪两种类型?

答 直流电焊机是利用直流电进行焊接的。提供直流焊接电源有两种方法:直流发电机及整流器,相应的直流电焊机有直流发电机型和整流型两种。

带动直流发电机的动力可以是交流电动机,也可以是内燃机,提供整流的设备通常用硅整流器。

37. 直流电焊机有什么优点?

答 直流电焊机电弧稳定,可以焊接碳钢、合金钢和有色金属,适用范围比交流电焊机广。

38. 为了减少电源电压波动对励磁回路的影响,AXP—500 型弧焊直流发电机他励励磁电路采取了什么措施?

答 AXP—500 型弧焊直流发电机的他励励磁电路采用铁磁稳压器供电,以减少电源电压波动对励磁回路的影响。

39. 他励加串励式直流弧焊发电机的焊接电流的粗调

采用了什么方法?

答 他励加串励式直流弧焊发电机的焊接电流的粗调采取改变串接励磁绕组的匝数方法来实现。

40. 直流弧焊发电机在使用中发现有火花的情况应如何处理?

答 直流弧焊发电机在使用中,出现电刷下有火花且个别换向片有炭迹,说明个别换向片有突出或凹下的情况,仅需对它进行必要的修理或更换;若发现火花很大,全部换向片发热,说明电刷盒弹簧的压力不足,应调大弹簧压力。

41. 整流式直流电焊机具有什么特点?

答 整流式直流电焊机与直流弧焊发电机相比具有制造工艺简单,使用控制方便的优点。

42. 整流式直流电焊机磁饱和电抗器的铁心是什么形状?

答 整流式直流电焊机的磁饱和电抗器的铁心是由三个"日"字形铁心组成的。

43. 整流式直流弧焊机具有什么类型的外特性?

答 整流式直流弧焊机具有陡降型的外特性。整流式直流弧焊机的外特性是通过调节装置的调节而获得的。

44. 整流式直流电焊机焊接电流调节范围变小是什么原因造成的?

答 整流式直流电焊机焊接电流调节范围变小的原因是饱和电抗器控制绕组极性接反所致。

45. 整流式直流电焊机焊接电流不稳定是什么原因造成的?

答 整流式直流电焊机焊接电流不稳定的原因是稳压器补偿线圈匝数不恰当造成的。

46. 对中、小型电力变压器的运行需要实行监控记录,按照安全规定多长时间应记录一次?

答 观察电力变压器控制盘上的指示仪表,监控电压质量,按规定每小时应记录一次相关的数据。

47. 变压器内的油温与室温之差超过 55℃ 时,说明什么问题?

若发现变压器内的油温与室温之差超过 55℃ 时,说明变压器过载或变压器内部发生故障。

48. 中、小型电力变压器投入运行后,正常的小修和大修年限是多少?

答 投入运行后的中、小型电力变压器,每年应小修一次,每 4 年应大修一次。

49. 检修变压器铁心应测量穿心螺栓与铁轭夹件之间的绝缘电阻。按规定该绝缘阻值为多少才是合格的?

答 变压器铁心中铁轭与穿心螺栓的绝缘电阻值应不小于 $2k\Omega$,才算合格。

50. 变压器大修后的耐压试验,升、降电压应遵循什么程序?

答 进行变压器耐压试验时,应遵循以下程序:

(1)按照"交接和预防性试验电压标准"选择试验电压的数值。例如,电压级次为 0.3kV 和 3kV 的油浸变压器试验电压为 2kV 和 15kV。

(2)进行耐压试验时,试验电压的上升速度宜先以任意速度上升到试验电压的 40%,然后再以均匀缓慢速度升到额定试验电压。

(3)试验完毕,若试验中无击穿现象,降低电压速度要均匀,大约在 5s 内降至试验电压的 25% 或更小,然后再切断电源。

51. 大修后变压器进行耐压试验时,如发生局部放电,其主要原因是什么?

答 绕组引线对油箱壁位置不当是造成耐压试验发生放电的原因之一,应按规范予以调节。

变压器大修时无意中有非绝缘异物夹杂在绝缘中也会引起试验时的局部放电。

试验后,高压部分未完全放电之前,不得用手触摸。

52. 变压器负载运行时,副边输出电压与副绕组的感应电动势、漏抗电动势和电阻压降之间是什么关系?

答　变压器负载运行时,副边的输出电压与副绕组的感应电动势、漏抗电动势和电阻压降一起达到平衡关系。

53. 选用变压器容量的原则是什么?

答　选用变压器容量的原则是变压器的容量大于用电设备总的视在功率。

54. 三相变压器连接组别的"时钟表示法"是如何规定的?

答　三相变压器连接组别的"时钟表示法"规定:变压器高压边线电动势相量为长针,永远指向钟面上的 12 点;低压边线电动势相量为短针,指向钟面上哪一点,则该点数就是变压器连接组别的标号。

55. 交流电焊机的主要组成部分是什么?

答　交流电焊机的主要组成部分是漏抗较大且可调的变压器。

56. 交流电焊机的空载电压是多少?

答　交流电焊机应具有 90V 的以下的空载电压。

57. 直流电焊机被广泛应用的主要原因是什么? 使用中出现环火是什么原因?

答　虽然直流电焊机的结构较交流电焊机复杂,但它的电弧稳定,施焊金属种类比交流电焊机广,因此被广泛使用。

直流电焊机使用过程中,若出现环火,则应停止使用。因为此时电刷的接触性能已很差。

58. 整流式直流电焊机主要组成部分是什么?

答　整流式直流电焊机是由交流变压器和整流装置组成的直流输出电焊机,因此,它是一种直流弧焊电源。由于使用交流电源,因此使用极为方便;但电源电压过低则会使整流式直流弧焊机输出电压太低而不能引弧。

59. 在中、小型电力变压器的定期检查中,通过贮油柜的玻璃油位表能看到深褐色的变压器油时,说明了什么问题?

答 此种现象说明油温过高,变压器运行不正常。

60. 检修电力变压器用起重设备吊起器身应注意什么?

答 用起重设备吊起变压器器身时,应尽量把吊钩装得高些,使钢绳夹角不大于 $45°$,避免油箱盖板弯曲变形。

61. 对变压器高压绕组试验时,应如何接线?

答 进行变压器高压绕组的耐压试验时,应将高压边各相线端连在一起接到试验机高压端子上,低压边各相线端也连在一起,并和油箱一起接地,试验电压即加在高压边和地之间。

62. 10kV 的油浸电力变压器大修后,耐压试验的试验电压是多少?

答 10kV 油浸电力变压器大修后耐压试验电压为 30kV。

63. 耐压试验时绝缘被击穿,最可能的原因是什么?

答 如果变压器绕组绝缘受潮,则耐压试验时绝缘会被击穿。

2.4 交流电动机

1. 三相异步电动机一般构造有什么特点?

答 三相异步电动机由定子和转子两大部分以及端盖、轴承和风扇组成。

定子通常包括机座、端盖、铁心和三相绕组。转子固定在转子轴上,转子轴则支承在两端盖滚动轴承上。定子与转子之间保持一定的气隙。中、小型电动机的气隙一般为 0.2~1.0mm。

定子和转子铁心都用 0.5mm 厚的硅钢片叠压而成。在定子内表面、转子外表面上有均匀分布的槽,用以放置三相绕组。

图 2.8、图 2.9 所示分别是笼型电动机的一些结构示意图。

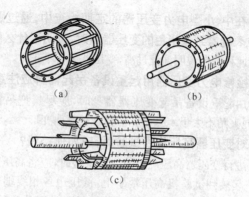

图 2.8 笼型转子

(a)笼型绕组 (b)笼型转子 (c)铸铝转子

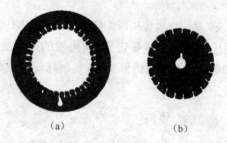

图 2.9 定子与转子硅钢片

(a)定子 (b)转子

2. 交流电动机定子三相绕组的 Y 形和△形接法有何不同?

答 定子绕组是由漆包线绕成的,其首端和末端都引到电动机出线盒上。三个绕组既可以连接成 Y 形也可以连接成△形。采用哪种连接方法,事先并不设定,可由用户自行选择。具体采用的接线方法在电动机铭牌上标出,使用时应根据电源和电动机绕组额定电压确定接法。中、小型电动机铭牌上标出的接线方法有两种，一种是额定电压 380/220V，接线 Y/△；另一种是额定电压 380V，接线△。

额定电压 380/220V，接线 Y/△接法表示电动机每相定子绕组的额定电压是 220V。如果电源的线电压也是 220V，则绕组采用△形接法；如果电源线电压是 380V，则绕组应连接成 Y 形。

额定电压 380V，接线△表示电动机每相定子绕组的额定电压是 380V。电源线电压为 380V 时，绕组连接成△形。

3. 交流电动机转子形式有哪两种？

答　交流电动机的转子有笼型和线绕型两种，以笼型转子较为多见。功率在 100kW 以下的电动机多为笼型转子，且转子的绕组连同冷却风扇常用铸铝铸成一体。绕线型转子结构复杂，价格较高，用于需要大的起动转矩的设备上，如大型立式车床、起重设备等要求容量较大的场合。

4. 三相异步电动机主要技术参数有哪些？

答　三相电动机技术参数见表 2.5。

表 2.5　电动机铭牌

三相异步电动机			
型号	Y160L—4	功率因数	0.85
功率	15kW	效率	89%
电压	380V	防护形式	IP44
电流	30.3A	频率	50Hz
接法	△	温升	80℃
转速	1450r/min	运行方式	连续(S₁)

5. 国产三相异步电动机有哪几种类型？

答　国产异步电动机有 6 种类型，如表 2.6 所示。

表 2.6　国产异步电动机类型

类型代号	名称及用途	类型代号	名称及用途
Y	笼型异步电动机 容量 0.55~90kW	YB	防爆式异步电动机 （用于煤矿）
YR	绕线型转子异步电动机 容量 250~2500kW	YQB	浅水排灌异步电动机
YZR	起重机上用的绕线转子 异步电动机	YD	多速异步电动机

识读示例：

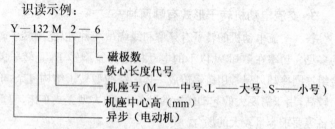

6. 试述电动机技术参数的含义。

答　电动机技术参数的含义如下：

（1）**功率**（P_N）　表示在额定运行时，电动机轴上输出的机械功率（kW）。

（2）**电压**（U_N）　在额定运行时，定子绕组端应加的线电压，一般为 220/380V。

（3）**电流**（I_N）　在额定运转时，定子的线电流（A）。

（4）**接法**　指电动机定子三相绕组接入电源的连接方式。

（5）**转速**（n_N）　额定运行时电动机转速。

（6）**功率因数**（$\cos\varphi$）　电动机额定输出功率时的功率因数，一般为 0.75~0.90。

（7）**效率**　电动机满载时输出机械功率 P_2（即 P_N）与输入电功率 P_1 之比，$\eta = \dfrac{P_2}{P_1} \times 100\%$。$\Delta P = P_1 - P_2$ 为电动机的损耗（铜

损、铁损和机械损耗)。

(8)防护形式 防护形式字母 IP 和两位数字表示(数字表示防护形式的等级)。

(9)升温 指允许电动机升高的温度比环境温度高出的数值。

7. 怎样连接电动机接线盒内的 6 个端头?

答 接线盒中 6 个端头分别标为代号:三相始端代号为 U1，V1，W1，三相终端代号为 U2，V2，W2。Y形、△形接法如图 2.10所示。

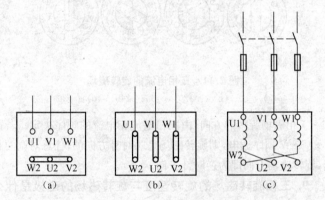

图 2.10 电动机接线

(a)Y形 (b)△形 (c)绕组线端布置

8. 三相旋转磁场是怎样产生的?

答 利用定子内沿圆周方向均匀分布(相差 120°)结构相同的三相绕组，分别接三相对称交流电，使三绕组产生三相电流:

$$i_u = I_m \sin\omega t, i_v = I_m \sin(\omega t - 120°), i_w = I_m \sin(\omega t + 120°)。$$

三相电流随时间变化曲线如图 2.11 所示。图中⊙表示电流流出纸面方向，⊗表示电流流入纸面方向。各相电流回路都会产生磁场，它们的合成磁场的方向随时间变化，如图 2.11(a)， (b),(c)和(d)分别表示 $\omega t = 0, \omega t = 120°, \omega t = 240°$ 和 $\omega t = 360°$ 时的合成磁场实际方向,这相当于三相磁场的方向在一周内,正好转过 $360°$。

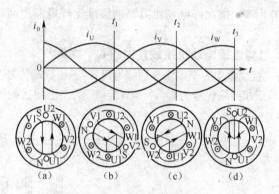

图 2.11 三相电流的旋转磁场

(a)$\omega t = 0$ (b)$\omega t = 120°$ (c)$\omega t = 240°$ (d)$\omega t = 360°$

三相磁场旋转的方向,由三相电流相电流的顺序决定。若按 U→V→W 顺序通电,则旋转磁场是顺时针方向的;任意对调两相线,旋转磁场方向即为逆时针方向。

9. 三相旋转磁场的旋转速度与旋转磁场的磁极是什么关系?

答 如图 2.11 所示为只有 2 个磁极(1 对磁极)旋转一周(电角度 $\omega t = 360°$),旋转磁场恰好转过一圈。我国规定交流电频率 $f = 50\text{Hz}$,每秒变化 50 周,磁场旋转速度也是每秒 50 周。在一分钟内,旋转磁场的转速为 $50 \times 60 = 3000(\text{r/min})$。

理论分析表明,旋转磁场的转速 $n(\text{r/min})$,定子电流的频率 $f(\text{Hz})$ 和旋转磁场的磁极对数 p 之间的关系为:

$$n = 60\frac{f}{p} \quad (\text{r/min})$$

式中 p——磁极对数(1 对磁极由 1 个 N 极和 1 个 S 极组成)。

目前,三相异步电动机的磁极数多为 2 极、4 极和 6 极,相应的旋转磁场的转速分别为 3000r/min,1500r/min 和 1000r/min。

10. 三相异步电动机的转速为什么不等于磁场转速?

答 三相电动机定子绕组通入交流电时所产生的旋转磁场,切割转子金属框的导体,从而在转子金属框产生感应电流;旋转磁场对感应电流的作用而产生电磁力矩使转子旋转,所以三相异步电动机又称为感应电动机。转子的旋转方向与旋转磁场的旋转方向相一致,但转子的旋转速度 n_2 永远小于旋转磁场的转速 n_1;否则,转子与旋转磁场之间就无相对运动,转子导体不再切割磁力线,因而就失去产生电磁力矩的前提。电动机转速 n_2 低于旋转磁场转速 $n_1(n_2 < n_1)$ 是异步电动机名称的由来。

异步电动机的转速差率 S 为

$$S = (n_1 - n_2)/n_1 = \Delta n/n$$

一般异步电动机的转速差率在 1.5% ~ 6% 之间。例如,一台 4 极电动机的额定转速为 1440r/min,则它的转速差率为

$$S = [(1500 - 1440)/1500] \times 100\% = 4\%$$

恰处于所规定的范围之内。

旋转磁场的转速又称为同步转速。

11. 常用三相交流异步电动机的额定转速是如何确定的?

答 三相异步电动机的额定转速 n_2 的计算公式如下

$$n_2 = (1 - S)\% \times n_1$$

式中 n_1——旋转磁场转速。

若按 $S = 4\%$ 计,2 极、4 极和 6 极电动机的异步转速分别为 2880r/min,1440r/min 和 960r/min。

由于电动机的转速是异步转速,因此要调节转速是很难办的,其调速性能很差。

12. 什么是线圈、线圈组和绕组?

答 线圈是用绝缘导线按一定形状和尺寸在绕线模上绕制而成的,可由一匝或多匝组成,如图 2.12 所示。

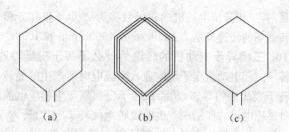

图 2.12　线圈单元

(a)单匝线圈　(b)多匝线圈　(c)多匝单元简化表示

多个线圈按一定规则连接成一组就称为线圈组(一般一个相带为一组),线圈组按一定规律连接在一起并嵌入定子槽中即构成某一相绕组。一对磁极的三相交流异步电动机有三个结构完全相同,空间分布相隔 120°的绕组,记作 U,V,W。三绕组的首端记作 U_1,V_1,W_1;末端记作 U_2,V_2,W_2(对于多对极的三相交流电动机而言,三相绕组空间分布相隔 120°电角度)。

13. 三相交流异步电动机的磁极对数 p 和磁极数 $2p$ 是怎样分布的?

答　磁极总是成对出现的,1 对磁极由 1 个 N 极和 1 个 S 极组成。三相交流电动机主磁场沿气隙方向按照 N,S;N,S…顺序交替成对分布。电动机定子磁极的对数常见的有 1 对、2 对或 3 对,相应的磁极数分别为 2 极、4 极和 6 极。图 2.13 所示为 4 对极的分布图。

14. 什么是电角度?

答　如图 2.13 所示,1 对磁极所形成的按正弦规律分布的交变磁场周期,当转子导体经过一个磁场交变周期时,即使转过的机械角度为 90°,但磁

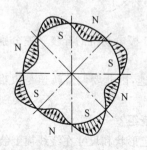

图 2.13　$p=4$ 的电动机磁场

场已完成 360°电角度的变化。

p 对极的电角度为 $p \times 360°$。若 $p=4$，则它的电角度为 $4 \times 360°=1440°$；$p=2$，电角度为 $720°$。

转子旋转一周，磁场旋转所完成的周期数对应的角度称为电角度。

三相交流异步电动机定子绕组各首端应互差 120°电角度。

15. 什么是极距 τ?

答 沿着定子铁心内圈，每个磁极所占的槽数称为极距 τ。若 Z 表示内圈槽数，p 对极的极距 τ 由下式计算

$$\tau = Z/2p$$

16. 什么是节距 y?

答 一个线圈的两个有效边所跨过的距离（槽数）称为线圈的节距 y。线圈节距 y 一般总是接近或等于电动机的极距 τ。$y=\tau$ 的线圈称为整距线圈，$y>\tau$ 的称为长距线圈，$y<\tau$ 的称为短距线圈。

某线圈的一个有效边嵌放在第 1 槽，另一个有效边嵌放在第 6 槽，则节距 $y=6-1=5$(槽)。

一般电动机均采用短距线圈，短距 $\beta = \dfrac{y}{\tau}$ 在 0.8～0.85，为的是减少高次谐波对电动机的影响，改善电动机性能，节省端部铜线。整距和长距线圈一般不用。

17. 什么是每极每相槽数 q?

答 三相绕组中每相绕组在每个磁极下所占有的槽数称为每极每相槽数 q。若 Z 为定子槽数，p 为磁极对数，m 为定子绕组的相数，则

$$q = \frac{Z}{2p \cdot m}$$

18. 什么是相带?

答 每极每相槽数所占区域对应的电角度称为相带。一般

三相绕组每相占有 $60°$ 电角度的相带。

19. 什么是极相组(线圈组)?

答　每相绕组在一个磁极下占有 q 个槽,有 q 个有效边。同一磁极下同一相的这 q 个线圈为串联连接,称为一个线圈组或一个极相组。极相组数=Z/q。

20. 什么是绕组的并联支路数 α?

答　极相组之间可以串联也可以并联。每相绕组中并联的路数称为并联支路数 α。当所有的极相组串联成一条支路时,$\alpha=1$。此外,对于 p 对极电动机,最大支路数还可以为 $2p$。

21. 以 4 极三相交流异步电动机为例,说明其重要参数(假定定子槽数 $Z=24$)。

答　4 极(2 对极)三相交流异步电动机是中、小型电动机中使用最多的电动机,其功率大都在 $1.5\sim7.5\text{kW}$ 之间。此类电动机的重要参数有:

(1)基本参数　定子相数 $m=3$,定子槽数 $Z=24$,磁极数 $2p=4$(磁极对数 $p=2$);

(2)旋转磁场转速　$n_1=60\times f/p=60\times50/2=1500(\text{r/min})$;

(3)电动机额定转速　$n_2=(1-S)\%\cdot n_1$,一般情况之下,S 约为 4%,则 n_2 为 1440r/min 或 1450r/min;

(4)电角度　$p\times360°=2\times360°=720°$;

(5)极距　$\tau=Z/2p=24/4=6$(槽);

(6)每极每相槽数　$q=Z/(2p\cdot m)=24/(4\times3)=2$(槽);

(7)相带　每相带占有 $60°$ 电角度;

(8)电动机定子绕组的线圈数　定子绕组线圈数目等于总槽数的一半,对于本题则为 $24/2=12$(个)线圈;

(9)4 极电动机定子绕组的极相组数　一个极相组有 q 个槽($q=2$),24 个槽共有 $24/q=24/2=12$(个)极相组;

(10)三相异步电动机定子绕组并联支路　视极数而言,2 极时,并联支路数可以是 1 或 2;4 极时,并联支路数为 1,2 或 4。

22. 什么是单层绕组和双层绕组?

答 电动机铁心槽内只放置一个线圈有效边的绕组称为单层绕组;铁心槽内放置两个线圈有效边的称为双层绕组。三相异步电动机绕组具体采用单层还是双层绕组是依据设计而选定的。

23. 三相定子绕组是按什么原则构成的?

答 为满足三相定子绕组对称并间隔 $120°$ 电角度的要求,三相绕组的分布、排列应按下原则进行:

(1)每相绕组在每对磁极下按相带顺序 $U_1-W_2-V_1-U_2-W_1-V_2$ 均匀分布;

(2)展开图中每个相邻相带电流参考方向相反;

(3)同相绕组中线圈之间应顺着电流方向连线;

(4)为了省铜,线圈节距应尽可能短。

24. 绘制 $Z=24$, $p=2$ 三相绕组单层链式绕组展开图的要点有哪些?

答 单层链式绕组是指由节距相同的线圈一环套一环串联成长链式的绕组(并联支路数 $a=1$)。绘制其展开图的要点如下:

(1)计算极距 τ
$$\tau=Z/2p=24/(2\times2)=6(槽)$$

(2)计算每极每相槽数 q
$$q=Z/(2p \cdot m)=24/(2\times2\times3)=2(槽)$$

(3)确定线圈节距 y
$$y=(0.8\sim0.85)\tau=(0.8\sim0.85)6=4.8\sim5.1$$
取整数 $y=5$ 槽。

(4)画出绕组端面图和展开图

图 2.14(a)为该交流电动机绕组端面分布图,图 2.14(b)为 U 相绕组的展开图。

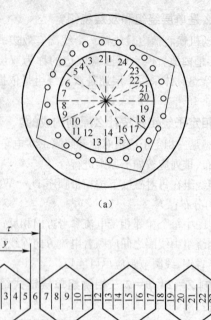

(a)

(b)

图 2.14　交流电动机绕组展开图

(a)绕组端面图　(b)绕组展开图

(5)画出单层绕组的排列图

各相绕组在每个极下是均匀分布的。每极占有 180°电角度，把每极分为三个相带，每个相带占有 60°电角度(相当于每极每相占有 $q=2$ 槽，则每槽占有电角度 30°)。这样在每极下，U,V,W 三相相差电角度均为 120°。

若 $Z=36,p=2$,则 $q=36/(2pm)=36/(2\times2\times3)=3$(槽)，每槽占有电角度为 60°/3=20°。

画排线图时,必须保证同极性下同一绕组的各个有效边电流方向相同,不同极下电流相反,如图 2.15 所示。如 U 相绕组在同为极性 S 时,线圈有效边 1,2,13,14 的电流方向相同,假定是向上的(用箭头表示),则在 N 极处 U 相绕组有效边占有 7,8,19,20 槽,其电流应向下。为达到上述要求,线圈 I 尾接线圈 II 尾,线圈 II 头接线圈 III 头,线圈 III 尾接线圈 IV 尾即可。这种头头相接的串接方法称为反串(或反联),其连接关系如图 2.16 所示。

图 2.15　三相电动机相带的划分和排列

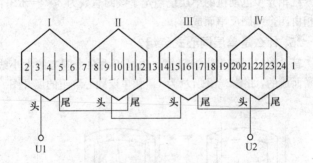

图 2.16　三相链式绕组一相展开图

V,W 相绕组也是分别由 4 个线圈,嵌入槽号后反串而成。完整的展开图如图 2.17 所示。

从图 2.17 中可以看出,每相绕组都顺着极相组电流箭头方向串联而成,则定子绕组的接法全部正确。如图中 U 相顺序为

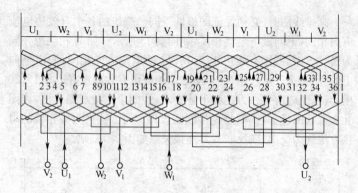

图 2.17 36 槽 4 极单层三相绕组交叉展开图

$$U_1 \rightarrow 2—10 \rightarrow 3—11 \rightarrow \boxed{12—19} \leftarrow \rightarrow 20—28 \rightarrow 21—29 \rightarrow \boxed{30—1} \leftarrow \downarrow U_2$$

三相异步电动机的单层绕组定子线圈总数为 $3 \times 4 = 12$（个），每相由四个线圈反串而成。

25. 什么是单层同心式绕组？

答 单层同心式绕组是每对磁极下由两个同心的大小线圈串联而成的，如图 2.18 所示为 U_1 相单层同心绕组的展开图。

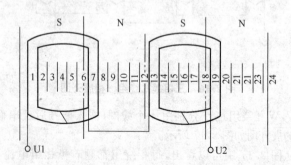

图 2.18 三相同心式绕组展开图

显然,同心式绕组中,内、外圈的节距 y 是不相同的。

26. 三相异步电动机的起动方式有哪几种?

答　电动机的起动是指电动机加入电压开始转动到正常运转为止的过程。电动机起动时起动电流大大地超过额定电流,一般为额定工作电流的 4～7 倍,从而在线路上产生很大的电压降,影响同一线路上其他负载的正常工作。经常起动,会造成绕组温升过高,绝缘老化,缩短电动机寿命。

异步电动机的起动方式有:

(1)直接起动　直接起动又称为全压起动,起动时加在定子绕组上的电压为额定电压。直接起动应在符合以下三种情况之一时采用:

①容量在 7.5kW 以下的异步电动机;

②起动瞬间电压造成电网电压波动小于 10%;

③起动电流与额定电流之比 $I_{ST}/I_N < \dfrac{3}{4} + \dfrac{S_T}{4P_N}$

式中　S_T——公用变压器容量(kVA);

　　　P_N——电动机额定功率(kW)。

(2)降压起动　降压起动是指起动时降低加在定子绕组上的电压,起动结束后时加额定电压。常用的方法有:自耦变压器降压起动,Y-△起动,延边三角形起动和定子串电阻降压起动。

27. 三相异步电动机调速方法有哪几种?

答　三相异步电动机的转速为

$$n_2 = (1-S)n_1 = (1-S)\frac{60f}{p}$$

可见调速方法有 3 种:改变磁极对数 p、改变转速差率 S 和改变供电频率 f。

28. 变极调速适用哪类电动机? 为什么? 调速前、后电动机的输出功率有怎样的变化?

变极调速只适用于笼型异步电动机,因为定子绕组引出线的不同连接可得到不同的磁极对数,同时转子也能作相应变极。线绕式转子的转子绕组极数则是固定不变的,无法采用变极调速。

变极调速时,调速前、后电动机的输出功率不变。

29. 什么是同步电机?

答 同步电机是指转子的转速与旋转磁场转速一致的电机。同步电机包括同步发电机、同步电动机和同步补偿电机三种。

目前,所有的大容量的发电设备(各型水轮、汽轮发电机)都是同步三相发电机。同步发电机起动难、不易于调速。一旦投入运转,可通过调节励磁电流改善电网的功率因数。故运行中,保持发电设备同步稳定的关键是保持稳定可靠的频率,一旦频率下降过快,必须及时切断供电网路,以确保发电机转速不致"掉"下去。一旦"掉"下来,就要重新起动发电机,一般要经过几天严格的起动程序才能复原。

同步电动机的构造与异步电动机基本相同,其定子上有一套在空间彼此相差 $120°$ 电角度的三相绕组,而转子则与异步电动机不同,采用了凸极式的磁极。利用直流电通过电刷输入到转子线圈中产生大小和方向都不变的固定的磁场,定子的旋转磁场带着转子的直流固定磁场同步旋转,因此其转速与旋转磁场同步。当电动机输出轴上负载转矩太大时,同步电动机也会出现"失步"现象。

同步补偿电机专门用于变电站中调节电网无功功率,补偿电网功率因数的设备。

30. 水轮发电机的转速较低,如果转子的转速 $n=100r/min$,发电机应有多少对磁极?

答 水轮发电机发出的交流电的频率为 $f=50Hz$,转子的转速 n 即是旋转磁场的转速,频率、转速和磁极对数 p 应服从下式:

$$n=60×f/p=60×50/p$$

则

$$p = \frac{60 \times 50}{n} = \frac{60 \times 50}{100} = 30 \, (\text{对})$$

该发电机应有 30 对磁极。

31. 汽轮发电机一般采用 1 对或 2 对极,转子的转速应为多少?

由 $n = 60f/p$;$n = 60 \times 50/1 = 3000 \, (\text{r/min})$ 或 $n = 60 \times 50/2 = 1500 \, (\text{r/min})$。

32. 同步发电机的定子上的绕组应符合什么要求?

答 同步发电机的定子上的绕组应是在空间上彼此相差 120°电角度的三相对称绕组。

33. 同步发电机的转子采用什么结构形式?

答 同步发电机的转子一般都做成隐极式的,一般采用有良好导磁性能的高强度合金钢锻造而成的。

34. 同步电动机异步起动时,如果电动机的励磁绕组直接短路会有什么影响?

答 同步电动机异步起动时,若对励磁绕组直接短路,将不能获得励磁磁场,转速无法上升到同步转速,因而不能正常起动。

35. 单相笼型异步电动机的特点是什么?

答 单相笼型异步电动机的工作原理与三相笼型异步电动机相同,但定子只有一个绕组,正弦交流电通入定子绕组后只能产生脉动磁场。当某一瞬间电流为零时,磁通密度为零;电流增大时,磁通密度随之增强。电流方向相反时,磁场方向立即反过来,磁场轴线并不发生偏转,但是磁通密度大小和方向的变化仍像正弦电流一样,无法主动对转子产生异步跟踪的转动。若对转子稍为施加外力,使转子转动一下,就会在转子上产生感应电流,从而使转子转动。为了对转子施加额外的推力,使之先转一下,在单相电动机的定子上放置两个绕组,一为主绕组,产生主磁场;二是辅助绕组,作为辅助起动之用。辅助绕组接入电容器和起动开关触头,如图 2.19 所示。

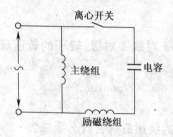

**图 2.19　单相笼型异步电动机
起动接线原理**

主绕组或辅助绕组中任意
一个首、尾对调,即可改变电容
式单相异步电动机的转向。

**36. 单相笼型异步电动
机有哪几种类型? 常用的电
动机适用于哪些方面?**

答　单相笼型异步电动机
有分相电动机、电容电动机和罩
极式电动机三种。

分相电动机又有电阻分相和电容分相两种;电容电动机又有
电容起动、电容运转和电容起动运转电动机。

单相电容起动电动机适用于满载起动,如空压机;单相电容
运转电动机适用各种家用电器,如电扇、洗衣机、吸尘器等;单相
电容起动运转电动机适用于机床辅助设备,如冷却泵、医用电动
设备,小型电动工具;罩极式电动机起动性差、效率低,适用于电
动模型、仪器用电风扇、电唱机等。

2.5　直流电机

1. 直流电机的种类有哪些?

答　直流电机是直流发电机和直流电动机的统称。由于直
流发电机和直流电动机的原理相同,只在结构上略有差异,为方
便起见就在一起来介绍。

实用上,由于直流发电机逐渐被硅整流设备所取代,所以直
流电机主要是指直流电动机。

2. 直流电动机的基本原理是什么?

答　图 2.20 所示为直流电动机的示意图。在固定磁极 N 和
S 之间,有一个能转动的电枢。电枢上分布有线圈 abcd,线圈两

端分别与铜质换向片相连。换向片通过电刷滑动接触与外电流正、负极相连。

接通电源时,电流从正极经由电刷、换向片正极 A、线圈流到负极 B,再回到电源负极。线圈有效边 ab,cd 有电流流过时受到电磁力作用,形成转矩,使电枢按逆时方向转动。当电枢转过 1/2 圈后,导线 ab 从 N 极转到 S 极,(cd 则从 S 极转到 N 极),同时换向器铜片的正、负极位置对调,

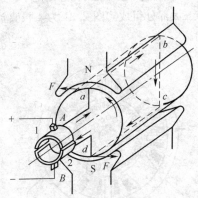

图 2.20　直流电动机示意图

此时 cd,ab 受力形成的转矩方向不变,使电枢继续转动。线圈处于其他位置时,所受的转矩方向不变,但其大小则低于图示位置的最大值。单一线圈构成的电枢受到的转矩是脉动式的。

实际的电动机电枢是由许多组线圈沿圆周方向均匀分布的,且磁极并非只有 1 对,因此,电枢受到的合成电磁转矩的脉动值的影响几乎体现不出来,加上在电枢的惯性矩的带动下,其输出的机械转矩基本为定值。直流电动机是将直流电能转换成机械能的装置。

3. 直流发电机的工作原理是什么?

答　直流发电机和直流电动机的结构原理是相同的。如果利用机械力带动直流电动机的电枢转动,利用电枢线圈有效边(如上图之 ab,cd)、切割磁力线,从而在线圈两端产生感应电动势(交流电动势)。该感应电动势通过换向器和电刷连接到外部而形成直流电动势。直流发电机是将机械能转换为直流电能的装置。

4. 直流电动机的构造主要包括哪些部分？

答　直流电动机的构造由定子、转子和定子与转子之间的气隙三大部分组成。图 2.21 为 4 极直流电动机的结构断面示意图。

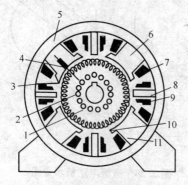

图 2.21　直流电动机的构造

1. 电枢铁心　2. 通风沟　3. 电枢绕组
4. 空气隙　5. 磁轭　6. 主极
7. 励磁绕组　8. 换向磁极
9. 换向磁极绕组　10. 极掌　11. 极心

（1）定子　定子的作用是产生磁场和作为电动机的机械支架。直流电动机的机座是磁路的一部分（又称为磁轭），由铸钢或铸铁制成。机座内交替对称安装着 4 个主磁极和 4 个换向磁极。主磁极利用励磁绕组产生电动机主磁场。换向磁极处于两主磁极之间，其作用是改善换向性能，防止换向时在换向器中产生过强的火花。

（2）转子　转子又称为电枢，由电枢铁心（由硅钢片叠制而成）、电枢绕组（线圈）和换向器组成。

换向器由许多铜片组成，每两个换向片之间用云母隔离保持绝缘。换向器外表面与电刷滑动依靠弹簧压力保持接触，以实现导电。电刷的"＋"，"－"极应与主磁极"N"，"S"相对应安装。

5. 直流电动机工作时，电刷与换向片接触处产生火花的原因是什么？减小火花的措施有哪些？

答　直流电动机工作时，电枢绕组中的导体不断从一个磁极转到另一个磁极，要求从其上流过的电流方向发生相应的改变才能保持机械转矩方向不变,维持同一方向旋转。

电枢线圈换向时,电刷与换向器接触不良,如间隙过大,或弹簧压力不足,或电刷接触表面凹凸不平,就会产生明显的火花。

减小换向火花的措施,除调整压力,修复接触表面几何精度,调整接触间隙等机械方法之外,就是在定子内放置换向磁极,防止产生过高的换向电磁感应引起的火花。

6. 直流电动机分为几类?

答 按照直流电动机主磁场不同,将直流电动机分成两大类,即永磁式直流电动机和电磁式直流电动机。前者以永磁体作为主磁场,后者以直流电通过主磁极绕组所产生的磁场作为主磁场。

直流电动机的主要类型如下:

(1)永磁电动机 这种电动机主要用于小功率场合,如音像设备或玩具上所采用的直流电动机。

(2)他励电动机 由其他直流电源单独对励磁绕组提供励磁电流,与电枢绕组不相连接,如图 2.22 所示。励磁电流大小可通

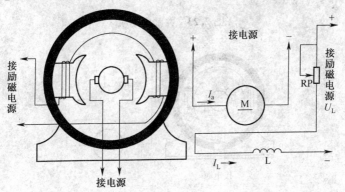

图 2.22 他励电动机

过调节可变电阻 RP 的大小来实现。

（3）自励电动机　自励电动机的励磁绕组不需要独立励磁电源，通过与电枢绕组的并联或串联来获得励磁电流。通过与电枢绕组并联而获得励磁电流的称为并励电动机；通过与电枢绕组串联获得励磁电流的称为串励电动机；主磁极设两个绕组，一个与电枢绕组并联，另一个与之串联而获得励磁电流的称为复励电动机。自励电动机的三种型式如图 2.23、图 2.24 和图 2.25 所示。

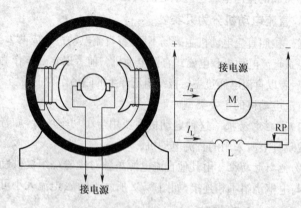

图 2.23　并励电动机

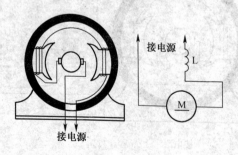

图 2.24　串励电动机

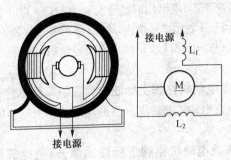

图 2.25　复励电动机

7. 直流电动机铭牌提供了哪些技术信息？

答　典型的直流电动机铭牌提供的信息如表 2.27 所示。

表 2.27　直流电动机铭牌

直流电动机		
标　准　编　号		
型号 Z4—200—21	1.1kW	110V
13.45A	1500r/min	励磁方式　他励
励磁电压　100V	励磁电流　0.713A	
绝缘等级　B	定额　SI	质量　59kg
出品编号	出品日期　××年××月	
××电机厂		

8. 直流电动机型号 Z4—200—21 表示什么含义？

答

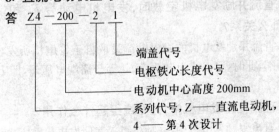

个别情况下,可能沿用旧型号表示,如 ZQ—32 中 ZQ 表示直流牵引电动机,3 表示 3 号机座,2 表示 2 号铁心。ZZJ 表示起重、冶金用直流电动机,ZH 表示船用直流电动机,ZA 表示防爆直流电动机。

9. 直流电动机铭牌上标注的额定功率表示什么意思?

答 直流电动机铭牌上标注的额定功率为电动机输出机械功率 P_N。

10. 直流电动机铭牌上标注的温升(绝缘等级)指的是什么意思?

答 直流电动机铭牌上标注的温升是指允许电动机发热,温升可达的最高限度。

11. 什么是电刷的移动角 β?

答 直流电机的定子绕组产生若干对磁极,N,S 极之间的几何中线与物理中线并不重合。物理中线与几何中线之间成一定夹角 β(物理偏转角)。只有当线圈转过 α 角时,才到达真实的 N,S 中线。

小型直流电机由于不设换向极绕组,为了避免线圈处于几何中线附近换向产生较大的感应电势,影响换向性能,一般都将电刷顺着或逆着转子旋转方向移动一个 β 角度。直流发电机采用顺移 β 角,直流电动机采用逆移 β 角,可以改善小型直流电机换向性能。

12. 直流并励发电机空载时,发电机电动势 E_0 和端电压 U 是什么关系?

答 直流并励发电机的励磁电流是取自于发电机所发出电动势的两端,此时,可以认为电动势 E_0 等于路端电压 U,即 $E_0 = U$,如图 2.26 所示。

13. 直流复励发电机中,并励绕组起什么作用?

答 直流复励发电机中,并励绕组起着使发电机建立电压的作用。

14. 什么是直流电动机的机械特性曲线?

答 直流电动机的输出机械转矩 T 随电枢转速变化的关系曲线称为直流电动机的机械特性曲线。特性曲线的形状与励磁方式有关。

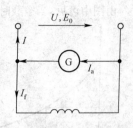

图 2.26 直流并励发电机电动势与端电压

(1)直流并励电动机的机械特性曲线是一条略呈下降趋势的直线,如图 2.27 所示。

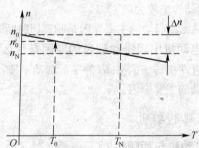

图 2.27 直流并励电动机外特性曲线

(2)直流串励电动机的机械特性曲线是一条双曲线,如图 2.28 所示。

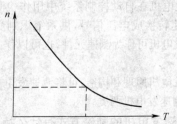

图 2.28 直流串励电动机的机械特性曲线

由图中可见,当空载时,$T \approx 0$,$N \to \infty$,此时会发生"飞车"现象,转子转速会越来越高。因此,串励电动机不允许空载起动。

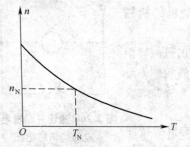

（3）直流复励电动机的机械特性曲线呈现抛物线形式,性能界于并、串励电动机之间,如图 2.29 所示。其特点是空载时转速有确定值 n_0,起动转矩较大(T_N)。

图 2.29　直流复励电动机外特性曲线

直流电动机无法起动的主要原因是励磁回路断开。

15. 直流电动机出现振动现象的原因是什么?

答　直流电动机转子的平衡(静平衡和动平衡)未校正好,是造成电动机振动的主要原因。

2.6　控制电动机

1. 控制电动机包括哪些?

答　控制电动机主要有测速发电机、伺服电动机、电磁调速异步电动机、交磁电动机扩大机等。

2. 测速发电机有哪些用途和种类?

答　测速发电机在自动控制系统中用作检测元件。它将检测到的机械转速转换成电压信号,供系统识别受控机械的转速(测速)。测速发电机可作为测速元件,也可以作为解算元件或校正元件使用。

按照测速发电机原理和构造,可将测速发电机分成直流测速发电机和交流测速发电机两类。

3. 直流测速发电机的励磁方式有什么特点?

答　直流测速发电机的容量较小,要求灵敏度高,一般都采用永磁式和(他励)电磁式励磁。

我国自行研制的 CYD 系列高灵敏度直流测速发电机,其灵敏度比普通测速发电机高 1000 倍,特别适合作为低速伺服系统中的速度检测元件。

4. 直流测速发电机的工作原理是什么? 外负载接入发电机时,对测速有何影响?

答 直流测速发电机实质上是一台微型直流他励发电机,其工作原理与直流他励发电机相同。测速发电机工作时,励磁绕组接在直流电源上,电枢绕组作为输出绕组。励磁电压恒定时,励磁磁通不变,测速发电机的输出电压只与转速成正比。改变旋转方向,则输出电压的极性也随之改变。只要将测速发电机与被测设备的转轴同轴连接,根据输出电压的大小即可知被测轴的转速。

外负载若接入发电机时,因输出电流会在电枢线圈中产生电枢反应,影响主磁通,使输出电压与转速不成正比,造成测量误差。因此,在精度要求较高的场合,输出端应接入高阻抗且稳定不变的负载。

5. 交流测速发电机有哪些种类?

答 交流测速发电机也是由定子和转子两部分组成的,按原理分为同步测速发电机和异步测速发电机。

交流同步测速发电机有永磁式、感应式和脉冲式三种。由于同步测速发电机的输出频率随转速变化而变化,一般在自动控制中很少用来测定转速,仅是起指示作用。

异步测速发电机是自控系统中采用的测速装置。在异步测速发电机定子铁心的内圆上均匀分布装有两个在空间相差 90°的励磁绕组和输出绕组,转子也可分为笼形转子和空心杯形转子。空心杯形转子是用高电阻材料制成的,其转动惯量小,起动性能好,输出电压精度高,因而在自控系统中空心杯形异步测速发电机得到广泛应用。

交流测速发电机的输出电压与转速成正比。若被测机械改变了旋转方向,则所测的输出电压相位改变 180°。

交流测速发电机的励磁绕组必须接在频率和大小都不变的交流励磁电压上。

6. 什么是伺服电动机?

答 伺服电动机是自动控制系统中的执行元件,它把输入的电信号(电压、电流)转换为轴上的角位移或角速度信号。例如,来自测速发电机的电压信号加到伺服电动机时,伺服电动机的转子将根据这个电压所代表的转速与设定转速之间的差异,发出指令,使被测轴转速产生相应的补偿(减小或增大转速),达到控制转速的目的。

伺服电动机在接到控制信号时能快速起动,失去控制信息时能自行制动并迅速停止转动。按构造原理,伺服电动机也有直流伺服电动机和交流伺服电动机之分。

伺服电动机有以下四方面特征:

(1)调速范围宽;

(2)具有下垂的机械特性和线性调节特性;

(3)起动转矩大,机电时间常数小,对控电压反应速度快;

(4)无自转现象。

7. 交流伺服电动机定子绕组有什么特点?

答 交流伺服电动机实质上是一种微型交流异步电动机,在定子圆周上装有两个互成 90°电角度的绕组。一个是励磁绕组,另一个是控制绕组。励磁绕组接在单相交流电作励磁用,控制绕组则与信号电压相连。

交流伺服电动机在没有信号时,定子内只有脉动磁场(单相交流电接入励磁绕组形成的)。有信号接入时,信号磁场和励磁绕组磁场合成为旋转磁场,驱使转子异步转动。交流伺服电动机转子一般为笼型,且电阻很大。

8. 直流伺服电动机与交流伺服电动机有何不同?

答 直流伺服电动机的信号电压不仅可以加在定子绕组上,

而且还可以加在直流伺服电动机的电枢(转子)绕组的两端(信号加在电枢绕组上的称为电枢控制,加在励磁绕组两端的称为磁极控制)。直流伺服电动机的机械特性曲线是直线,它的起动转矩大。

9. 什么是电磁调速异步电动机?

答 电磁调速异步电动机是一种交流恒转矩无级调速电动机。它是由异步电动机、电磁转差离合器、测速发电机和控制装置组成的。图2.30所示为电磁调速异步电动机的控制原理示意图。

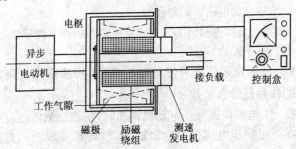

图 2.30 电磁调速异步电动机结构示意图

电磁调速异步电动机又称为滑差电动机,控制转差离合器励磁中的电流,就可以平滑地调节转差离合器的输出转速。

10. 电磁调速异步电动机中,异步电动机与转差离合器是怎样连成一体的?

答 异步电动机输出轴端装有凸缘联轴接盘,通过螺栓联接,将它与转差离合器机座外壳连成一体。这样,异步电动机输出轴就带动转差离合器一起旋转了。通过这种方式结合的称为组合式电磁调速异步电动机。

11. 电磁调速异步电动机的工作原理是什么?

答 电磁转差离合器电枢外转子(杯形转子)与异步电动机

同轴联接,由异步电动机带动其旋转。磁极内转子由输出轴、励磁绕组、爪形磁极组成,通过集电环向励磁绕组通入直流电。当磁极上的励磁绕组通入直流电时,磁极上即产生磁通,极爪上N,S极互相隔开,磁感应线穿过电枢。电枢外转子旋转切割磁力线,电枢中各点的磁通处于不断重复变化中,电枢会产生感应电动势形成涡流。涡流又与磁极的磁通作用产生电磁力矩。此力矩对磁极来说是驱动力矩,使磁转子沿着电枢外转子方向,以低于电枢外转子的速度转动。只有在磁极的转速低于电枢转速的情况之下,电枢才能切割磁力线形成涡流,造成驱动磁极转子旋转的转矩,故称为电磁转差离合器。

电磁调速异步电动机的主要缺点是机械特性曲线较软,负载增加时,转速下降快。

12. 使用电磁调速异步电动机调速时,三相交流测速发电机的作用是什么?

答 用电磁调速异步电动机调速时,三相交流测速发电机安装在调速异步电动机的输出轴处,将转速变成三相交流电压。

13. 什么是开环调速系统和闭环调速系统?

答 控制量对于被控制量无直接影响的调速系统,称为开环系统(无反馈系统);控制量对于被控制量有直接影响的调速系统称为闭环系统(反馈系统)。

图2.30所示系统中,通过控制盒发出指令,改变输入励磁绕组的电流,可以改变被控制量(输出转速)的大小,属于闭环系统。

14. 什么是交磁电动机扩大机?

答 交磁电动机扩大机是交轴磁场电动机扩大机的简称,它是自动控制系统中用以放大功率的特殊的直流发电机。功率放大的方式采用旋转式放大,功率放大倍数可达200～50000倍。

15. 交磁电动机扩大机的基本原理是什么?

答 交磁电动机扩大机的定子由硅钢片冲叠而成,铁心上有大、中、小三种槽,共装有 5 种绕组。大槽内装有控制绕组,大槽一部分和小槽中装有补偿绕组,中槽内装有换向绕组和交轴助磁绕组,大槽的轭部装有交流去磁绕组。在电枢上装有两对电刷,如图 2.31 所示。

控制绕组加上控制电压 U_K 时,产生直轴磁通 Φ_K。电枢由原动机带动以转速 n

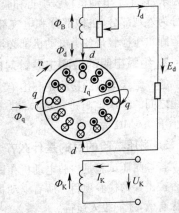

图 2.31 交轴磁场电动机扩大机原理

旋转,切割 Φ_K 产生感应电动势被交轴电刷短接,产生很大的交轴电流 I_q,从而产生强大交轴磁通 Φ_q。电枢切割 Φ_q 产生感应电动势 E_d,由直轴电刷输出。其流程为:$U_K \rightarrow I_K \rightarrow \Phi_K \rightarrow E_q$(一级放大)$\rightarrow I_q \rightarrow \Phi_q \rightarrow E_d$(二级放大)$\rightarrow$接负载$\rightarrow I_d$。

当有 I_d 输出时,产生直轴电枢反应磁通 Φ_d,反应磁通方向与控制磁通方向相反,使扩大机不能正常工作,为此用补偿绕组。补偿绕组与电枢绕组串联,从而抵消电枢反应磁通 Φ_d 的影响,起到补偿作用。

电动机扩大机采用两级放大,剩磁较严重。为了消除定子铁轭的剩磁,在定子上装有交流去磁绕组,以减小剩磁电压。

2.7 电动机耐压试验

1. 电动机试验主要包括什么内容?

答 交、直流发电机、电动机的出厂或大修后都必须经过严格的检验和测试。国家标准 GB 755—1987《旋转电动机基本技术要求》规定了电动机检验项目和验收合格的标准。检测项目大致分为外观部分、机械部分和电气部分。其中,电气部分的绝缘检验和耐压检验是各类电动机都必须检测的项目。

2. 绝缘电阻的检测主要针对电动机的哪些部分?

答 绝缘电阻的检测是利用绝缘电阻表对绕组与机壳之间、绕组之间的绝缘电阻进行冷检测。绝缘电阻应大于 $1M\Omega$,最低不小于 $0.5M\Omega$ 为合格。

3. 耐压试验的目的是什么?

答 耐压试验是检验电动机在试验电压下,一段时间内绝缘是否被击穿的检验项目。所有电动机都应通过耐压试验,确认其绝缘有效,才能投入运行。

4. 三相交流电动机耐压试验项目有哪些? 做耐压试验时,对接地有什么要求?

答 三相交流电动机耐压试验项目包括:

(1)定子绕组各相之间的耐压试验;

(2)每相绕组与机壳之间的耐压试验;

(3)线绕式转子绕组与地之间的耐压试验。

做耐压试验时,每次对不参与试验的绕组和机壳一起都要接地。例如,对线绕式电动机定子绕组做耐压试验时,转子绕组应接地。

5. 耐压试验所采用的试验电压如何确定?

答 耐压试验所采用的试验电压与电动机的功率大小有关。这里所说的耐压试验是指电动机大修时的耐压试验。大修时耐压试验应进行二次。第一次是绕组包扎后,浸漆前的试验;第二次是组装后的试验。

第一次试验时的试验电压,对于 1kW 以下的电动机,采用公式"1000＋2 倍电动机额定电压"计算;1kW 以上的,采用公式

"1500+2 倍电机额定电压"计算。第二次试验时,试验电压在第一次试验电压基础上,下调 500V。例如,对额定电压 380V,功率为 3kW 以上的电动机做耐压试验时,其试验电压应采用第二次试验电压,其值如下:

(1)计算第一次试验电压值 U_1

$$U_1 = 1500 + 2 \times 380 = 2260(\text{V})$$

(2)确定第二次试验电压 U_2

$$U_2 = U_1 - 500 = 1760(\text{V})$$

故该电动机的试验电压应为 1760V。

6. 耐压试验的过程分几步? 实际怎样操作?

答 耐压试验分加压、保持、卸压和放电四个步骤。

加压时,从 1/2 试验电压升到全压,不得少于 10s;升到全压后,保持 1 分钟(60s),观察有否烧糊等异味出现,如确定绝缘有效,卸压要均匀,降至 1/3 全压时方可切断电源,并将被测绕组放电。

7. 交流电动机耐压试验中,绝缘被击穿的原因有哪些?

答 交流电动机耐压试验时绝缘被击穿的原因有:

(1)电动机绝缘受潮;

(2)电动机长期过载运行;

(3)电动机长期过压运行;

(4)电动机长期停用。

8. 怎样确定直流电动机的导电部分对地的绝缘强度?

答 采用耐压试验可以确定直流电动机导电部分对地的绝缘强度。

9. 直流耐压试验时的试验电压和保压时间是如何规定的?

答 直流电动机的功率在 1kW 以上,试验电压为 $2U_N + 1000V$;在 1kW 以下,试验电压为 $(2U_N + 500)\text{V}$。保持电压时间为 60s。

10. 直流电动机在耐压试验中,电枢绕组对地的绝缘被击穿的原因可能有哪些?

答 直流电动机耐压试验中,电枢绕组对地的绝缘被击穿的原因可能有:换向器内部绝缘不良、槽口击穿。

2.8 低压电器

1. 什么是低压电器和高压电器?

答 用来对电路的开关、控制、保护和调节的电气设备统称为电器。电器按工作电压分为低压电器和高压电器两大类。工作电压在交流 1000V 以上、直流 1500V 以上的称为高压电器,工作电压低于上述数值的称为低压电器。维修电工所涉及的都是低压电器。

2. 低压电器按其功能划分为哪两类?

答 低压电器按功能划分为控制电器和保护电器两大类。控制电器用来控电动机的起动和运行,包括刀开关、接触器、按钮开关等;保护电器用来防止短路或保护电动机,包括熔断器和热继电器等。

3. 低压电器产品有哪些类组?

答 低压电器产品共有 12 个类组(分别用 12 个字母表示),即开关与转换开关(H)、熔断器(R)、自动开关(D)、控制器(K)、接触器(C)、起动器(Q)、控制继电器(J)、主令电器(L)、电阻器(Z)、变阻器(B)、调整器(T)、电磁铁(M)。

同一类产品中又有的不同结构和用途的产品,则另用字母表示,以示区别,如 HD,HH 分别表示刀开关和封闭式负荷开关。

4. 如何识读低压电器产品代号?

答 低压电器产品代号由产品类组代号、基本规格代号和辅助规格代号构成,具体位置分布如下:

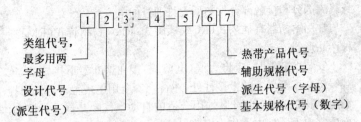

类组代号，最多用两字母
设计代号
（派生代号）
热带产品代号
辅助规格代号
派生代号（字母）
基本规格代号（数字）

5. 什么是配电电器？

答　主要用于配电电路上对电路及设备进行保护、通断、转换电源或负载的电器类型称为配电电器。

6. 什么是有触点电器和无触点电器？

答　低压电器的控制功能经常需要对电路的通、断进行切换。低压电器执行这一功能时，所使用的电器通过触点的开或合才能实现的，称为有触点电器，如主令按钮；不需要以触点的开闭实现这一功能的称为无触点电器，如变阻器。

7. 刀开关与转换开关有哪些使用条件？

答　刀开关和转换开关适用于额定电压交流380V、直流400V，额定电流1500A以下的配电设备中，作为隔离电源或不频繁的手动接通或切断小功率电路之用。

常用开关与转换开关产品类组产品有：开启式负荷开关HK，封闭式负荷开关HH，左、右转换操作手柄的转换开关HZ。例如：HK1—30/3 与 HK2—30/3 同为开启式负荷开关，分别属于第 1 次和第 2 次设计，其额定电流均为 30A，无灭弧功能；HH4—30/3 为封闭式负荷开关，额定电流为 30A，具有灭弧装置，第 4 次设计的产品；HZ10—25/3 为左、右转换操作手柄的转换开关，额定电流为25A，无灭弧装置。

8. 怎样选用熔断器？

答　熔断器串接在电路上（一般处于电源接柱和用电接柱之间），当电路发生短路或严重过载时，熔体因电流过大而过热熔断，自动切断电路，起到保护作用。熔断器额定电流是指熔体本身载流部分和接触部分发热所允许通过的电流。

常用熔断器有插入式(RC)、螺旋式(RL)、封闭管式(RM)三种产品形式。

安装熔断器时,应将火线(电源线)接在熔断器下接柱处,负载线接在熔断器上的上接柱处,才符合安全用电规范。若仅为控制电动机的通断,也可以选用合适的自动空气断路器进行控制,而不需要安装熔电器作为短路保护。

9. 自动空气断路器在低压电路中起什么作用?

答　自动空气断路器又称作低压断路器,是一种多功能的组合开关,可用于分断和接通电路,对电气设备的过载、短路和欠压实施保护,常用作线路主开关。

10. 自动空气断路器(DZ)的两种扣脱方式是怎样实现的?

答　自动空气断路器脱扣装置的动作可以通过手动也可以通过短路电流两种方式来实现。手动脱扣是在正常情况下,手动按钮脱扣,切断负载电流。短路电流脱扣是在短路电流达到额定电流的 10 倍时,电磁脱扣器瞬时动作而切断电源。

一般情况下,实施对电动机的保护选用 DZ 系列的塑料外壳自动空气断路器;对变压器及配电线路的保护选用 DW 系列产品。

11. 什么是自动空气断路器的整定电流?

答　使自动空气断路器脱扣器瞬时脱扣的电流称为整定电流。整定电流应等于自动空气断路脱扣器额定电流的 10 倍。例如 DZ10—100/330 脱扣器的额定电流 I_p=40A,则瞬时脱扣动作整定电流为 $10×40=400(A)$。

12. 对容量为 3kW 的三相异步电动机,若选型号为 DZ5—20/330 自动空气开关控制,脱扣器的额定电流 I_p= 6.5A,问在此情况之下,是否需要安装熔断器作为短路保护?

答　由于脱扣器整定电流为 $10×6.5=65(A)$,而电动机的额定电流 $I_额=P/U=3000/380=7.9(A)$,脱扣整定电流远大于电动机的额定电流,因此用 DZ5—20/330 控制 3kW 三相电动机不需要另行安装熔断器。

13. 怎样选用接触器？

答　接触器是一种电气开关，其工作原理是靠电磁铁的作用实现电路的通断。

接触器的类型有交、直流两种。交流负载选用交流接触器，直流负载选用直流接触器。

14. 典型的交流接触器型号是什么？

答　典型交流接触器的型号有 CJ10 和 CJ20。CJ10 系列是全国统一设计的系列产品，是一般任务用的交流接触器，产品适用于电压 380V 以下的场合；CJ20 是全国统一设计的新型接触器，其额定电压有 380V，660V 及 1140V。

15. 交流接触器的主要组成部分有哪些？

答　交流接触器主要由电磁机构、触头系统、灭弧装置和辅助部件四部分组成。

16. CJ10—10/3，CJ10—20/3，CJ10—60/3，CJ10—100/3 用于控制三相异步电动机的容量各是多少？

答　上述三种交流接触器的额定电流分别为 10A，20A，60A 和 100A，按照技术规范适用于对控制三相异步电动机的容量为 4kW，10kW，30kW 和 50kW。例如 10kW 的三相异步电动机宜选用的接触器为 CJ10—20/3。

17. 直流接触器有什么特点？

答　直流接触器的铁心无涡流和磁滞现象发生，直流接触器一般采用磁吹式灭弧装置。

18. 按钮(LS)的选择应注意什么？

答　按钮(LS)属于主令电器，用于发出不同指令控制电动机的运行。通常，按钮分四种颜色，即红色、黑色、绿色和黄色。国家标准规定红色表示停车或紧急停车，绿色和黑色表示起动、点动，黄色表示返回的起动、移动出界、正常。

19. 行程开关 JLXK1—211 属于什么类型的电器？

答　行程开关 JLXK1—211 属于指令电器，当运动元件碰触到行程开关触头时,它会发出指令,操纵运动元件停止该项运动。

20. 常用的控制继电器有哪几种?

答 常用的控制继电器有:中间继电器(JZ)、过电流继电器(JL)、热继电器(JR)、时间继电器(JS)、压力继电器和速度继电器等。

21. 中间继电器的作用是什么? 可组成几种常闭常开组合形式?

答 中间继电器一般用来控制各种电磁线圈使信号得到放大或将信号同时传给几个控制元件。常用的中间继电器为 JZ7 系数产品(交流)、JZ12(直流)。JZ7 系列产品通常有 JZ7—22,JZ7—41(100V 以下);JZ7—42,JZ7—44(220V,380V)。

中间继电器有 8 副触头,可组成 4 副常开、4 副常闭,或 6 副常开、2 副常闭,或 8 副都是常开三种组合形式,供设计者选用。

22. 过电流继电器(JL)适用于什么场合? 其工作状态有何特点?

答 过电流继电器主要用于电动机轻载起动或不频繁起动的场合控制主电路过载和短路保护。

过电流继电器在正常工作时,线圈通过的电流在额定值范围内,电磁机构的衔铁处于不吸合,触头不动作的正常状态。线圈电流超过额定值时,电磁机构将吸合,触点动作,从而切断主电路。

23. 过电压继电器接在被测电路中对电路进行过电压保护,其动作电压是多大?

答 过电压继电器的动作电压为电路额定电压 U_n 的 $1.05\sim1.2$ 倍。

24. 热继电器(JR)的基本功能是什么?

答 热继电器是利用电流的热效应推动动作机构使触头系统闭合或分断的保护电器。

25. 定子绕组为 Y 形和 △ 形的三相电动机选用热继电器的类型有何不同?

答　定子绕组为 Y 形联结的三相交流电动机应选用普通三相结构无断相保护装置的热继电器,如 JR14,JR15 和 JR16 等;定子绕组为△形联结的三相电动机应选用带有断相保护装置的热继电器,如 JRO—20/3D。由于多数电动机的绕组是△形的,故 JRO 型热继电器被广泛采用。

26. 热继电器发热元件的电流等级应如何确定?

答　热继电器发热元件的电流等级一般应等于电动机额定电流 I_N 的 1.2～1.3 倍。

27. 欠电流继电器衔铁释放电流应如何确定?

答　欠电流继电器是在电流仅为电动机额定电流的 0.1～0.2 倍时,衔铁释放。故衔铁释放电流为 $0.1I_N$～$0.2I_N$ 之间。

28. JS17 系列电动式时间继电器是由哪几部分组成的?

答　JS17 系列电动式时间继电器是由同步电动机、离合电磁铁、减速齿轮、差动轮系、复位游丝、延时触点、瞬时触点和推动延时触点脱扣的凸轮等 8 部分组成的,典型产品有 JS17—21。

29. 怎样正确使用速度继电器?

答　速度继电器的作用是使电动机反接制动,使用时速度继电器转子应与电动机同轴相连,继电器的触头接在控制电路中。

30. 怎样正确使用压力继电器?

答　压力继电器多用于机床设备的气压、水压和油压系统中,当系统压力达到调整值时,压力继电器发出指令,执行切断泵的电动机电源。

压力继电器装在有压力源的管路中,微动开关触头装在控制回路上。常用压力继电器有 YJ,TE52 及 YT—1226 系列产品。

31. 电磁离合器是由哪几部分组成的? 其作用如何?

答　电磁离合器主要由电磁铁(静铁心、动铁心和励磁线圈)、静摩擦片、动摩擦片和弹簧等组成。其作用是接通或切断两转轴之间的运动传递。

电磁离合器文字符号是 YC。

32. 电磁铁是由哪几部分组成的？都有哪些类型？

答　电磁铁由铁心、衔铁、线圈及工作机构等组成的。电磁铁有牵引电磁铁（MQ）和起重电磁铁（MW）和其他类型电磁铁。

用作对电动机进行制动的电磁铁属于其他类电磁铁，其代号为 MZS1—7。

33. 交流电磁离合器的励磁电流与引程有什么关系？

答　交流电磁离合器的励磁电流与引程成正比。

34. 直流电磁离合器的吸力与气隙大小是什么关系？

答　直流电磁离合器的吸力大小与气隙大小的平方成反比。

35. 交流电磁铁的吸力与行程有什么关系？

答　交流电磁铁在理想情况下的平均吸力与行程无关。

36. 直流电磁铁励磁电流大小与行程有什么关系？

答　直流电磁铁励磁电流大小与行程无关。

37. 在金属膜电阻、铁片栅电阻、瓷管（盘）式电阻和框架式电阻四种电阻器中，能耐受一定振动、功率较大和机械强度较高的是哪一种？

答　在上述四种电阻器中，框架式电阻器具有较好的机械性能，且功率较大。

38. 工业上应用最广泛的金属电阻器的结构形式有哪几种？

答　工业上应用最广泛的金属电阻器的结构形式有无骨架螺旋式、瓷管式、瓷盘式、框架式、铁片栅式电阻元件和频敏变阻器。

39. 什么是频敏变阻器？主要用在什么场合？

答　频敏变阻器实质上是一个铁心损耗很大的三相电抗器，常串接在线绕式电动机的转子绕组中作为起动设备使用。

40. 控制变压器的文字符号是什么？

答　控制变压器的文字符号是 TC。

41. 交流发电机的文字符号是什么？

答　交流发电机的文字符号是 GA。

2.9 高压电器

1. 什么是高压断路器?

答 适用于 1kV 以上高压线路断路器称为高压断路器。高压断路器具备同时承担控制和保护双重任务,主要的功能如下:

(1)正常运行时,用来接通和开断电路中的负荷电流;

(2)故障时,用来断开电路中的短路电流,切除故障电路;

(3)按照重合闸要求,关合短路电流。

高压断路器由通断元件、绝缘支承件、中间传动机构、基座及操作机构 5 部分组成。

2. 高压断路器主要类型有哪几种?

答 高压断路器有油断路和真空断路两种类型,其类型代号分别是 SN10(户内少油断路器)和 ZN1(户内真空断路器)。

典型高压断路器型号如 SN10—10/1000—16 表示户内少油断路器,额定电压 10kV,电流 1000A,额定开断电流为 16kA。ZN1—10/300—3 表示户内真空断路器,额定电压 10kV,电流 300A,开断电流 3kA。

3. 油断路器做耐交流电压试验之前,对于经过滤或新加入的油应经过什么程序方可加压试验?

答 加入到油断路器的油,不论是经过滤的或新加入的,注入油箱后,一般都应静止 3 小时左右,等油中气泡全部逸出后才能进行耐压试验。

4. 高压断路器耐压试验时的试验电压是多少?

答 高压断路器高压负荷开关在做交流耐压试验时,标准的试验电压值为 38kV。

5. 高压 10kV 以下油断路器做交流试验的结果在什么情况下为合格? 试验方法是什么?

答 10kV 以下油断路器做交流耐压试验前后,其绝缘电阻不下降 30% 为合格。

10kV 高压油断路器交流耐压试验方法是在断路器所有试验合格后,最后进行通过工频变压器,施加高于额定电压一定数值的试验电压维持 1min,然后进行绝缘观测。

6. 对 SN3—10G 型户内少油断路器进行交流耐压试验,已选定试验电压为 38kV,在刚加到 15kV 时,出现绝缘拉杆放电闪烁造成击穿,其主要原因是什么?

答 对少油断路器耐压试验时,试验电压刚到达一半时出现绝缘拉杆放电击穿,说明绝缘拉杆受潮。

7. 对户外多油断路器 DW7—10 检修后做交流耐压试验时,分闸状态试验合格;而分闸状态在升压过程中出现"噼啪"声,电路跳闸击穿,其原因是什么?

答 分闸状态升压过程中出现电路跳闸击穿的原因是油质含有水分。

8. 检修 SN10—10 高压少油断路器时,测量可动部分绝缘电阻,应采用何种规格的绝缘电阻表?

答 测量断路器可动部分的绝缘电阻时应采用额定电压 2500V 的绝缘电阻表摇测。

9. SN10—10 系列少油断路器中,油是起灭弧作用的,如何实现导电部分和灭弧室对地的绝缘?

答 SN10—10 少油断路器的导电部分和灭弧室对地的绝缘是通过支承绝缘柱子来实现的。

10. 什么是高压负荷开关?

答 高压负荷开关是具有一定开断能力和关合能力的高压开关。高压负荷开关具有简单的灭弧装置,仅用于开断和关合电网的额定负荷电流,不具备断开电流中短路电流和重合功能(相当于隔离开关和简单灭弧装置相结合的开关),一般用于 10kV,400A 以下的线路中。高压负荷开关灭弧方式有气压式、产气式、真空式和 SF6 式几种。

真空式和 SF6 式为频繁型,分合操作为 150 次;其他为一般型,分合操作为 50 次。

11. 使用典型的户内用高压负荷开关 FN4—10 时应注意哪些事项?

答 使用 FN4—10 户内高压负开关时的注意事项有:

(1)最高工作电压不超过 11.5kV;

(2)新安装之后要用 2500V 绝缘电阻表测量开关动片和触点对地的绝缘电阻,其值不小于 1MΩ。

12. FN4—10 型户内高压负荷开关进行交流耐压试验的标准电压是多少?试验中发生击穿的主要原因是什么?

答 FN4—10 户内高压负荷开关进行交流耐压试验的标准电压为 42kV。试验中发生击穿的主要原因是支柱绝缘子损坏或绝缘拉杆受潮。

13. 什么是高压隔离开关?主要用途是什么?

答 高压隔离开关又称为闸刀开关。由于它不具有专门的灭弧装置,不能用来切断负荷电流和短路电流,只能在电路已断开的情况下进行合闸操作或接通、开断符合规定的小电流电路。高压隔离开关主要用于:

(1)隔离电压用于抢修电路;

(2)切换电路;

(3)切断、接合小电流电路。

14. 高压 10kV 隔离开关做交流耐压试验的试验标准电压是多少?试验的程序应如何安排?

答 以户内高压隔离开关 GN8—10/600 为例说明如下:

(1)交流耐压试验的标准电压为 42kV;

(2)先做隔离开关基本预防试验,后做交流耐压试验;

(3)耐压试验加压时,前 1/3 试验电压值加压速度稍快一些,其后升压速度以每秒 3% 的试验电压均匀升高;达到标准试验电压时,保压一段规定时间,观测有否击穿,判定是否通过耐压检验。

15. 运行中的 10kV 隔离开关,检修时对有机材料的传动杆绝缘性能的要求是什么?

答 10kV 隔离开关的传动杆,用 2500V 绝缘电阻表测得其绝缘电阻阻值不得低于 300MΩ 为合格。

16. 对于 6kV 的隔离开关做交流耐压试验时,试验电压标准是多大?

答 6kV 隔离开关交流耐压试验的电压标准低于 10kV 的隔离开关的,取 32kV 为试验电压标准值。

17. 对 GN5—10 型户内高压隔离开关进行耐压试验时,升高过程中发现绝缘拉杆处有闪烁放电,跳闸击穿,其原因是什么?

答 绝缘拉杆受潮是升压过程中拉杆处闪烁放电,导致跳闸击穿的主要原因。

18. 什么是互感器?

答 互感器实质上是一种特殊的变压器。将互感器的一次绕组串接入高压电路中,利用互感原理,在二次绕组处接电流表,即可读出主电路的大电流数值,构成电流互感器;将互感器的一次绕组并接在高压电路两端,在二次绕组并接电压表,即可测出主电路的高电压数值。高电压、大电流一般都采用经互感器转换后来测量的。

19. 电流互感器的特点是什么?

答 电流互感器实质上是升压变压器。电流互感器的一次绕组匝数 N_1 很少,只有一匝或几匝,而且导线很粗,便于接入线路时元件大电流流过。二次线圈的绕组匝数 N_2 较多,视互感器的额定电流比率 K 不同而异。额定电流比率 $K = \dfrac{I_1}{I_2} = \dfrac{N_2}{N_1}$。当互感器结构一定时,额定电流比率 K 为定值。二次电流 I_2 从电流表读取之后,再乘以 K,即得主电路的电流 $I_1 = KI_2$。实用上,可将二次侧的电流表刻度放大 K 倍,从而可直接读出主电路的电流数值 I_1。

电流互感器工作状况处于短路状态,可使二次侧和一次侧电流产生的磁动势被抵消,主磁通为零。因此,二次侧不能开路,否则磁动势平衡会破坏,使二次侧产生上千伏的高压,危及人身和仪表安全。

20. 电压互感器的特点是什么?

答 电压互感器实质上是降压变压器。它的一次绕组的匝数 N_1 远多于二次绕组的匝数 N_2,而且 N_2 本身也有相当多的匝数。二次侧接有电压表或其他仪表,其负载的阻抗很大,使电压互感器近似处于开路运行状态。且

$$U_1/U_2 = N_1/N_2 = K_1$$

式中　K_1——电压比率。

若将电压表刻度值扩大 K_1 倍,即可表中直接读出主电路的电压值 $U_1 = K_1 U_2$。

21. 户内电压互感器适用的电压范围是多大?

答 户内电压互感器适用于 10kV 以下的工作场合使用。

22. 高压 10kV 互感器做交流耐压试验是针对哪部分进行的?

答 高压 10kV 互感器做交流耐压试验是针对线圈连同套管一起对外壳之间进行耐压试验的。

23. 额定电压 3kV 的互感器进行交流耐压试验的耐压标准是多少?

答 3kV 的互感器交流耐压试验的标准电压为 28kV。

24. 额定 10kV 的 JDZ—10 电压互感器,在进行交流耐压试验时,产品合格;但试验后被击穿,是什么原因造成的?

答　试验结束时,试验者未降压就拉闸断电,是导致产品试验时合格,试验后被击穿的原因。

25. RN 系列室内高压熔断器,检测其支持绝缘子的绝缘电阻采用什么型号的绝缘电阻表?

答　RN 系列室内高压熔断器支持绝缘子对地的绝缘电值应选用 2500V 的绝缘电阻表测量。

26. RW3—10 型户外高压熔断器,安装时熔丝管底端对地面的距离至少是多少米?

答　户外高压熔断器安装时,熔丝管底端距地面的距离不得少于 4.5m。

2.10　接近开关与晶体管继电器

1. 什么是接近开关?请举例说明。

答　不需要直接触摸,只要指令媒体靠近就可以使电路接通或断开的开关称为接近开关(前者称为位置开关)。

接近开关是自动控制系统必不可缺少的元件,一般是利用晶体管的开关特性制成的,故又称为晶体管开关或半导体开关。例如,自动门开关利用人体接近门面板时,人体与开关电路上的传感元件之间某种电信号的变化,使输入到晶体管的电平发生变化,通过后续的放大电路的输出,可使控制继电器动作,从而执行开门或关门的动作。类似的如感应自来水龙头、干燥吹风机等均是接近开关应用的实例。

在国民经济的各个部门中,晶体管无触点开关的应用比普通位置开关广泛得多。

2. 接近开关的类型主要有哪几种?

答　由于接近开关在自控系统中的应用十分广泛,而且潜在的应用场合层出不穷,可以预见会出现更多新型的接近开关。

就原理而论,目前接近开关类型主要有光电型、电容型、电磁感应型、高频振荡型、超声型、磁敏元件型、红外线型等。

3. 用于检测不透光物体的系统,其接近开关应选什么类型的? 简述其原理。

答 用于检测不透光物体的自控系统,其接近开关应选光电型的。光电型接近开关的传感器为光敏电阻,它接在晶体管的基极上。无物体接近时,该光电阻具有确定的电阻,使输入电平为一定值;有不透光物体接近光电阻时,光电阻阻值发生变化,从而使输入信号改变,通过放大后,驱动常闭(或常开)触点继电器动作,从而切断(或接通)主电路,录得有一次不透光物体通过。

4. 检测金属材料的自控系统,应选用哪种类型的接近开关? 简述其原理。

答 检测金属材料的自控系统,应选用高频振荡型的接近开关。当接近物体是金属时,利用它对高频振荡传感器之间的相互作用,改变原有的振荡特性,通过后续的放大输出驱动继电器动作,从而录得有金属材料通过一次的记录。

5. 接近开关原理的方框图由几个方框组成?

答 接近开关原理的方框图应由三部分组成:一是信号检测单元方框,二是信号放大单元方框,三是主控执行单元方框。

6. 时间继电器的主要类型有哪些? 常用类型的特点和主要型号指标是什么?

答 按照延时动作原理划分,时间继电器的主要类型有电磁式、同步电动机式、空气阻尼式、晶体管式等几种。

空气阻尼式(气囊式)时间继电器由电磁系统、延时机构和触头系统组成,利用空气阻尼实施延时动作,主要型号有 JS7—A,JS23 等,额定操作频率 600 次/h,延时范围 0.4~60s。

晶体管式时间继电器由电子元件和继电器组成。此类继电器寿命长、精度高、体积小、延时范围宽、控制功率小,主要型号为JS20。其机械寿命达到 60 万次,延时动作时间不小于 2s。

7. 晶体管延时电路有哪三种形式？

答 晶体管延时电路可采用单晶体管延时电路、不对称双稳态电路的延时电路及 MOS 型场效应管延时电路三种形式来实现。

8. 单晶体管延时电路由哪几部分组成的？

答 单晶体管延时电路由延时环节、鉴幅器、输出电路、电源和指示灯组成。

9. 晶体管功率继电器的型号和用途是什么？

答 晶体管功率继电器的主要型号有 BG4 和 BG5，主要用来判别电力系统的功率方向。

BG5 功率方向继电器为零序方向时，可用于接地保护。

2.11 低压电器的检修与灭弧

1. 典型交流接触器的灭弧装置有何不同？

答 常见的三种交流接触器有 CJO—20 型、B9—B25A 型和 CJ20 型。它们都具有相应的灭弧装置，可以消除接触器动作时所产生电弧的不安全因素。

CJO—20 型交流接触器采用半封闭绝缘栅片陶土灭弧罩式灭弧装置。

B9—B25A 交流接触器采用封闭式灭弧室灭弧装置。

CJ20 交流接触器采用了不带灭弧罩式的灭弧装置。

2. 陶土金属灭弧罩采用了什么金属？

答 陶土金属灭弧罩所采用的金属为镀铜铁片或镀锌铁片这两种金属材料。

3. 直流接触器灭弧装置采用了什么形式？

答 直流接触器一般采用串联磁吹式灭弧装置。磁吹灭弧能力与电弧电流的大小呈正比关系，即电弧电流越大，磁吹灭弧能力越强。

4. 熄灭直流电弧的基本方法是什么?

答 熄灭直流电弧的基本方法是将电弧拉长,并采用强制冷却,从而达到破坏直流电弧稳定燃烧的条件而熄灭电弧。

5. 直流电弧稳定燃烧的条件是什么? 磁吹方式怎样灭弧?

答 直流电弧稳定燃烧的条件是输入气隙的能量等于因冷却而输出的能量。

磁吹方法可以拉长电弧长度,加大强制冷却能力,导致电弧熄灭。

6. 在什么情况之下,接触器不能再使用?

答 经检修后,发现灭弧装置已损坏,则该接触器不能继续使用,应予以更换。

7. 检修接触器时有哪些注意事项?

答 (1)检修接触器时,当线圈的工作电压在额定电压 85%以下时,交流接触器动铁心应释放,主触头自动打开切断电路,以起到对主电路的欠压保护作用。否则,应重新修理,直至达到上述欠压保护作用为止。

(2)检修继电器时,发现触头部分磨损到银或银基触头厚度的 3/4 时,应更换新触头。

(3)检修后,电磁式继电器的衔铁与铁心闭合位置要对正,不得歪斜;吸合时没有杂音和抖动现象。

8. 低压电磁铁线圈的直流电阻检测值应符合什么标准才是合格的?

答 在检修低压电磁铁线圈直流电阻时,一般采用电桥进行测量。线圈直流电阻与铭牌标称数据之差不大于 10%,该电磁铁线圈直流电阻才是合格的。

9. 检修交流电磁铁时,发现交流噪声很大,此时,应该重点检查哪个部位?

答　交流电磁铁发出较大的交流噪声来源的部位是铁心及衔铁短路环。此处应是重点检查的部位。

2.12　电力拖动自动控制

1. 电力拖动自动控制主要内容是什么？

答　电力拖动自动控制主要包括各类电动机的运行自动控制，包括电动机的起动、多路控制、调速、制动等不同功能状态之下控制原理和手段。

2. 三相交流笼型异步电动机起动的基本特征是什么？起动电流过大有什么不利影响？

答　三相交流笼型异步电动机是应用最为广泛的电动机。电动机的起动是指三相异步电动机从接入电网开始转动时起，到达额定转速为止的一段过程。

电动机是由定子和转子之间的电磁感应所产生的电磁转矩，驱动转子旋转的。若电磁转矩大于电动机所带负载的转矩，则电动机能正常地旋转起来，否则，电动机起动不了。

三相交流异步电动机起动时，开始电磁转矩一般不大；只有当转子的转速升高时，电磁转矩才会逐步加大；到达额定转速时，则电磁转矩达到额定值；超过额定转速，电磁转矩反而会降低。起动时，虽然电磁转矩不大，但是转子绕组中的电流 I 却很大，可达额定电流的 4～7 倍，从而使定子绕组的电流也相应增大为额定电流的4～7倍。

起动电流过大的不利影响表现为：

(1)使电压损失过大，导致无法起动；

(2)导致电动机绕组发热，绝缘老化，缩短电动机寿命；

(3)造成过流保护装置误动作、跳闸；

(4)使电网电压产生波动，影响其他设备正常运行。

3. 三相异步电动机的起动方式有哪些？

答　三相异步电动机起动方式有直接起动和降压起动两种

方式。

4. 三相笼型异步电动机的直接起动适用于什么范围?

答 三相笼型异步电动机的直接起动是将额定电压直接加在电动机定子绕组端来起动电动机的方法。

直接起动的优点是所需设备少,起动方式简单,成本低,是小型笼型异步电动机主要采用的方式。

容量在 10kW 以下异步电动机或起动电流 I_{st} 与额定电流 I_N 之比符合下述条件

$$I_{st}/I_N < \frac{3}{4} + \frac{供电变压器容量(kV \cdot A)}{4 \times 起动电动机功率(kW)}$$

的异步电动机,可采用直接起动方式。

5. 三相笼型异步电动机降压起动有什么特点? 共有几种降压起动方法?

答 三相笼型异步电动机的降压起动指的是起动时降低施加在定子绕组端的电压,起动结束后,再将定子绕组两端电压恢复到额定值。这种方法虽然达到降低起动电流的目的,但起动转矩也减小很多,故此法一般只适用于空载或轻载起动。

降压起动方法有:定子串电阻或电抗器降压起动、Y-△降压起动和自耦降压起动。

6. 三相笼型电动机定子串接电阻起动起什么作用?

答 起动时在电动机定子绕组上串接电阻器,可以降低加在绕组端的电压,减小起动电流。电动机的转速接近额定值时,利用开关将串接电阻短路,电源电压直接加在绕组上。起动结束,电动机进入正常工作状态。

串接电阻参与了起动过程,起动电流在其上产生的热损耗过大,因此目前已较少采用。

7. 三相异步电动机自耦降压起动有什么特点?

答 自耦降压起动是指定子绕组串接自耦变压器,利用自耦变压器将电源电压降低后再加到定子绕组端,达到减小起动电流的目的。一般要求自耦变压器以 80% 的抽头降压起动时,电动机的起动转矩是全压起动转矩的 64%。

自耦变压器起动法适用于容量较大,不允许频繁起动的异步电动机。

8. Y-△降压起动的适用条件是什么?

答 只有当电动机在正常运转时,其定子三相绕组为△接法,才能使用 Y-△降压起动。起动时,将其定子绕组接为 Y 形,则起动电压仅为正常运行的 $1/\sqrt{3}$;起动结束后,再将绕组接成△,从而达到降压起动的目的。

Y-△降压起动简单,运行可靠,应用广泛,多用于 4kW 以上的中、小型异步电动机。

9. 三相笼型异步电动机,采用延边三角形起动之后,定子绕组应接成哪种形式?

答 三相笼型异步电动机采用延边三角形起动时,每相绕组的电压都比 Y-△起动时大,比全压起动时小,起动完了之后,定子绕组仍应接成△形式。

10. 怎样实现三相异步电动机的正、反转互锁?

答 只要改变定子绕组中任意两绕组的相序即可实现反转。为实现三相异步电动机互锁需将正转接触器的常闭辅助触头串接到反转接触的常闭触头上。

11. 三相笼型异步电动机的制动有哪几种类型?

答 三相笼型异步电动机的制动有机械制动和电气制动两种类型。

机械制动有电磁抱闸、电磁离合器两种方式,电磁制动器必须在断电条件下制动才有效;电气制动有反接制动、能耗制动两种方式。

12. 电磁抱闸断电控制线路具有什么特点?

答 电磁抱闸的控制电路中,当电动机运转时,制动电磁铁同时被通电吸合,使抱闸松开;电动机切断电源时,电磁铁同时断电,依靠闸瓦抱紧与电动机转轴相联的闸轮,利用闸瓦与闸轮之间的摩擦力实现电动机制动。电磁抱闸的控制线路具备自锁控制功能,即电动机运转和抱闸松开、电动机停止和抱闸抱紧都同时实现,不会打乱严格的动作的顺序。

13. 电磁离合器的制动原理是什么?

答 电磁离合器的制动原理与电磁抱闸类似,当电动机失电时,电磁离合器同时失电,依靠电磁离合器上强大的弹簧推力使动、静摩擦片之间产生足够大的摩擦力,使电动机制动。

三相笼型电动机带动电葫芦绳轮的制动常采用电磁离合器方法。

14. 反接制动的基本原理是什么?

答 反接制动是电气制动的一种形式,其原理是利用改变定子绕组中的电源相序,使转子受到与原旋转方向相反的电磁转矩作用,使电动机迅速停转。

反接制动时,制动电流很大,一般可达到电动机额定电流的10倍,应串入电阻来限制制动电流,适用于2～3kW的小容量电动机制动。反接制动过程中,电网供给的电磁功率和拖动系统供给的机械功率全部都转化为电动机转子的热耗损。

三相异步电动机反接制动时,采用对称制电阻接法,可以在限制制动转矩的同时,也限制制动电流。

15. 什么是能耗制动?

答 能耗制动也是电气制动的一种形式,用于功率较大、制动频繁的拖动系统中。能耗制动的基本原理是当电动机停止工作时,立即在任意两相定子绕组中通入直流电,使之产生一个静止的磁场。此时转子由于惯性作用仍在转动,像直流发电机一样,切割静止磁场的磁力线而产生感应电流,该感应电流又受磁场力的作用,从而产生制动力矩,迫使转子停止转动。这种制动方式将转动部分的机械能转换为电能,再在转子的电阻 R 上转化为热能而消耗掉,故称为能耗制动。

起重机械一般都采用发电制动(能耗制动)。

16. 常见的异步电动机运行的控制类型有哪几种?

答 工厂车间里所使用的异步电动机,其运行的控制类型有顺序动作控制、多地点控制和行程控制三种类型。

17. 顺序控制有什么要求?

答 对于两个电动机起动严格按照一定顺序进行的控制称为顺序控制。例如,M7120 型平面磨床的冷却泵电动机,要求在砂轮电动机起动之后才能起动;X62W 万能铣床要求主轴电动机起动后,进给电动机才能起动,此类控制称为顺序控制。

18. 怎样实现多地控制?

答 所谓多地控制是指在多个不同地点可以对同一台三相异步电动机的运行实施控制的方式。

要实现多地控制必须将多个起动按钮并联,多个停止按钮串联,才能达到要求。

19. 怎样实现位置控制?

答 利用生产机械运动部件上的挡块与位置开关触碰,使电路断电,可达到位置控制的目的。例如车间里的行车(天车),其两头的终点处各安装一个位置开关,并将它们分别串联在正转和反转控制线路中,即可实现终端位置的控制。

20. 三相绕线式异步电动机的起动方式有几种? 适用于什么场合?

答 三相绕线性异步电动机的起动方式有转子绕组串联电阻起动和串联频敏变阻器起动两种方式,一般用于大功率重载起动的场合。

例如,起重机上提升重物的绕线式异步电动机的起动属于重载起动,可采用转子绕组串接电阻法起动。

21. 三相绕线式异步电动机串联频敏变阻器,起动电流怎样变化和调节?

三相绕线式异步电动机采用转子绕组串接频敏电阻器起动时,起动过程中频敏变阻器的等效电阻的变化是从大到小的,电流的变化也是从大到小的。当起动电流及起动转矩过小时,则应减小频敏电阻器的匝数,以提高起动电流和起动转矩。

三相绕线式异步电动机转子串接频敏电阻器是为了限制起动电流,增大起动转矩。

22. 三相异步电动机有几种调速方式?都是怎样调速的?

答 三相异步电动机的转速由下式确定

$$n = 60f(1-S)/p$$

若要改变异步电动机的转速 n 可有三种方法:改变电动机磁极的对数 p、改变电源频率 f 和改变电动机转速差率 S,分别称之为变极调速、变频调速和变转速差率调速。

所谓变极调速是通过改变定子绕组的接线,改变电动机的磁极对数 p,从而达到调速的目的。能变极调速的电动机称为多速电动机,常见的绕组接线方式为△/YY。笼型三相异步电动机适用于变极调速,通常转速有高速、中速和低速三种。

变频调速需要改变电源的频率和电压。一般市电的频率和电压值是恒定的,故此,为实现变频调速需要增加变频装置。如可控硅整流器和可控硅逆变器组成的调速装置,即是变频调速装置。

变转速差率调速是通过改变转速差率 S 的方法实现调速的,通常采用定子调压调速、转子电路串电阻调速和串级调速三种方式改变转速差率。

23. 绕线式异步电动机转子串电阻调速属于什么类型调速?桥式起重机实现调速的手段是什么?

答 绕线式异步电动机转子串电阻调速属于改变转速差率 S 的调速,只要改变电阻的大小,就可平滑调速。桥式起重机采用绕线式异步电动机拖动,实现变转速差率调速的具体手段是凸轮控制器。

24. 异步电动机的功率因数是指在什么状况下的功率因数?

答　异步电动机的功率因数是指在额定工况,即额定输出功率情况下的功率因数。在空载或轻载下运行时,电动机的功率因数会变得很低,故应尽量避免异步电动机在空载或轻载下长时间运转。

25. 直流电动机的起动方式有哪几种? 各适用于什么场合?

答　直流电动机的起动方式有直接起动、电枢回路串接电阻起动和降低电枢电压起动三种方式。

直接起动是在电枢上直接加以额定电压的起动方式。这种全压起动方式起动电流很大,其数值可达到额定电流的 10～20 倍。这将造成强烈的换向火花,导致换向困难。除了个别容量较小的电动机外,一般直流电动机不允许直接起动。

电枢回路上串接电阻起动是在起动时在电枢回路串入电阻,以减小起动电流;电机起动后再由大到小逐步切除电阻,以保证足够的起动转矩。这种起动方法设备简单,操作方便但能耗较大,不宜用在频繁起动的大、中型电动机,可用于小型直流电动机。

降低电枢电压的起动方法是起动时先降低加在电枢两端的电源电压,减小起动电流;电动机起动后,再逐步提到电源电压至额定值。此法与第二种方法的原理相似。

直流电动机起动时,必须限制起动电流。

26. 串励式直流电动机起动时有什么特殊要求?

答　串励式直流电动机不允许空载起动,必须是带负载起动。

27. 实现直流电动机反转可采用什么方法?

答　要使直流电动机反转,必须改变电磁转矩的方向。通过励磁电流的反接或电枢绕组反接都可以使直流电动机反转。

串励式直流电动机励磁绕组两端电压远低于电枢两端电压，比较适宜采用励磁绕组反接法；他励式直流电动机，采用电枢绕组反接，保持电枢电流方向不变的方法实现反转。

28. 直流电动机有几种制动方式？

答 直流电动机的制动方式同三相异步电机相似，有反接制动、能耗制动、回馈制动和机械制动四种方式。

29. 直流电动机能耗制动有什么特点？

答 在能耗制动过程中，电动机靠惯性旋转，电枢通过切割磁力线将机械能转化为电能，再消耗在电枢回路电阻上，达到制动目的。

另一种能耗制动方式应用在起重电动机上。当重物下落时，电动机的转子在重物的重力作用下会加速转动；此时，转子切割磁力线所产生的电磁力矩与重力矩方向相反，阻止重物快速下落，保持在一个安全范围内。

直流电动机用能耗制动时，只能切断电枢电流，不能同时切断励磁电流。否则无法实现能耗制动。

30. 直流电动机反接制动常用什么方法？

答 直流电动机反接制动通常采用电枢绕组反接。使用反接制动时，电动机转子接近于零时，应立即切断电源，防止转子反向旋转。

31. 直流电动机调速方法有哪几种？各有什么特点？

答 直流电动机调速方法有三种：电枢串电阻调速、改变电枢电源电压调速和弱磁调速。

直流电动机电枢串电阻调速时，电枢回路串入电阻 R，电动机的稳定运行转速降低；串入电阻值越大，电动机的转速越低。这种调速方法设备简单，调节方便，不足之处是调节范围小，电动机特性变软，调速效率较低。

改变电枢电源电压调速是采用调节直流电源电压向电枢供电,取代串电阻的做法。电压调低,电动机的转速会减小。这种方法的优点是调速平滑性好,效率高,转速稳定性强,在直流电力拖动系统中被广泛采用,如作为他励直流发电机的调速电源。

弱磁调速是利用电动机拖动负载转矩不大(小于额定负载)时,减小直流电动机励磁磁通,会使电动机转速升高这一关系,对电动机在额定转速与电动机所允许最高转速之间进行调速(又称为改变励磁磁通调速)。

32. 同步电动机的起动有什么特点?

答 同步电动机因自身无起动转矩,不可能自行起动。必须有外力驱动,使同步电动机的转子达到同步转速时,才能产生同步电磁转矩。

同步电动机的起动方法有辅助电动机起动法、异步起动法和变频起动法。其中,异步起动法适用于凸极式同步电动机,起动分两步进行。

33. 同步电动机采用能耗制动时,必须采取什么措施?

答 同步电动机采用能耗制动时,必须切断同步电动机定子绕组电源。

34. 自动往返控制线路属于什么线路?

答 自动往返控制线路属于正、反转控制线路。

35. 正、反转控制线路最常用的形式是什么?

答 正、反转控制线路最常用的形式是由按钮、接触器双重联锁构成的。

36. 能耗制动最适宜在什么场合使用?

答 能耗制动最适宜在要求制动准确、平稳的场合中使用。能耗制动是同步电动机电力制动停车的首选方法。

37. 对存在机械摩擦和阻尼的生产机械和需要多台电动机同时制动的场合,应采用哪种制动方式?

答　对于需要多台电动机同时制动的场合,采用再生发电(回馈)制动为宜。

38. 双速电动机的调速属于哪种类型?

答　双速电动机的调速属于变磁极对数调速。

39. 三相绕线转子异步电动机采用什么方式调速?

答　三相绕线转子异步电动机的调速控制采用转子回路串联可调电阻的方法。

40. 在交磁电机扩大机自动调速系统中,采用电流截止负反馈的作用是什么?

答　在交轴磁场电机扩大机自动调速系统中,采用电流截止负反馈起限流作用。此时,反馈取样电阻阻值应选大一些。

41. 交磁电机扩大机电压负反馈系统起什么作用?

答　交磁电机扩大机电压负反馈系统使发电机的端电压几乎不变,因而发电机的转速也几乎不变。

42. 交磁扩大机自动调速系统中的测速发电机的作用是什么?

答　测速发电机作用是作为交磁扩大机自动调速系统中转速负反馈元件。

43. 交磁扩大机正常工作时,其补偿程度调节到什么状态?

答　交磁扩大机工作时,其补偿程度调节在欠补偿状态。

44. 直流发电机-直流电动机自动调速系统在额定转速基速以下和基速以上调速,各采用什么方式?

答　直流发电机-直流电动机自动调速方式有两种。即:直流发电机-直流电动机自动调速系统在额定基速以下调速,采取调节直流发电机励磁电路电阻,改变电枢电压的方式实现调速;在额定基速以上调速,采取调节直流电动机电路电阻,改变电动机励磁磁通的方式实现调速的。

直流发电机-直流电动机自动调速系统采用变电枢电压调速

时(即基速以下调速),实际转速是低于额定转速的。

45. 采用比例调节器调速的主要目的是什么？

答　为了避免信号串联输入的缺点，可以采用比例调节器调速。

46. C6140 车床主轴电动机和冷却泵电动机的电气控制顺序是怎样实现的？

答　C6140 车床主要的驱动电动机有两个，主轴电动机和冷却泵电动机，它们的控制顺序是必须在主轴电动机起动之后，才允许冷却泵电动机起动（也可以不起动）；主轴电动机未起动之前，冷却泵电动机是不允许起动的。

47. C5225 型车床工作台电动机采用什么方式制动？

答　C5225 型车床工作台电动机采用能耗制动方式制动。

48. X62W 型万能铣床电气控制有什么特点？

答　X62W 型铣床共有三台异步电动机驱动，分别是主电动机 M_1、进给电动机 M_2 和冷却泵电动机 M_3。电气控制主要特点有：

（1）由于铣削加工有顺铣和逆铣两种加工方式，要求主轴电动机 M_1 能正、反转，该铣床电气控制线路中采用组合开关改变电源相序实现正、反转控制。主轴电动机采用电磁离合器制动，以实现准确停车。

（2）铣床工作台有前、后、左、右、上、下 6 个方向的进给和快速移动；进给电动机 M_2 的正、反转，是通过操作手柄和机械离合器相互配合来实现的进给，快速移动是通过电磁离合器和机械挂挡来完成的。

（3）针对铣床加工工艺要求，安排了以下的电气联锁措施：

①为防止刀具和铣床的损坏，要求只有主轴起动旋转之后才允许进给运动和进给方向的快速移动。

②为不影响加工件的表面粗糙度，只有进给停止以后，主轴

才能停止或同时停止。

③6个方向的进给中只有一种运动产生,不允许同时出现两种及两种以上的进给运动。铣床采用了机械操作手柄和行程开关相配合方式实现6个方向的联锁,既有机械联锁又有电气联锁使之不能同时接通。只有将上、下,前、后手柄置于零位上,才允许操作左、右进给或快进。

(4)主轴电动机或冷却泵电动机过载时进给运动必须立即停止。

49. X62W 万能铣床采用了两地控制方式,两地控制按钮应如何连接?

答 X62W 铣床电气线路两地控制的起动按钮并联,停止按钮串联构成两地控制系统。

50. Z3050 型摇臂钻床电气控制有什么特点?

答 Z3050 摇臂钻床共有4台交流电动机驱动,它们是主轴电动机 M_1,摇臂升、降电动机 M_2,液压泵电动机 M_3 和冷却泵电动机 M_4。其电气控制主要特点有:

(1)主电动机 M_1 只要求单方向旋转,主轴正、反转由操作擦擦器来实现。M_1 用接触器直接起动,热继电器 KH1 作过载及断相保护;

(2)摇臂升、降电动机 M_2,使用接触器 KM_2,KM_3 控制正、反转。M_2 由于是间歇性工作,故不设过载保护。

(3)液压泵电动机 M_3 由两个接触器 KM_4,KM_5 控制其正、反转。M_3 驱动油泵供给液压装置压力油,以实现摇臂、立柱以及主轴箱的松开和夹紧。因此,该电动机 M_2 正、反转应采用双重联锁。

(4)摇臂升、降电动机与液压泵电动机要实现联锁,液压泵电机起动使摇臂松开之前,升、降电动机不得起动。

51. Z37 型摇臂钻床零压继电器的功能是什么?

答 Z37 摇臂钻床零压继电器的功能是失压保护。

52. M7120 型磨床电气控制电路中具备了什么条件,才允许起动砂轮和液压系统?

答 在 M7120 磨床电气控制电路中,只有具备了可靠的直流电压之后,才允许起动砂轮和液压系统。

53. 为防止 M7120 磨床砂轮升、降电动机的正、反转线路同时接通,对正、反控制线路之间应采取什么措施?

答 为防止砂轮升、降电动机正、反转同时接通,对正、反转线路应当采取联锁措施。

54. M7475B 平面磨床中的电磁吸盘要调节励磁时,电气线路上的哪一个晶体管起作用?

答 M7475B 平面磨床电气线路图中晶体管 V_2 对调节电磁吸盘的励磁起作用。

55. M7475B 平面磨床电磁吸盘退磁时,YH 中电流的频率是多大?

答 M7475B 平面磨床电磁吸盘退磁时,YH 中电流频率等于多谐振荡器的振荡频率。

56. M7475B 平面磨床工作台左、右移动采用了什么控制方式?

答 M7475B 平面磨床工作台左、右移动采用了点动控制方式。

57. T610 型卧式镗床主轴进给速度的切换、主轴停车制动各采取什么方式?

答 T610 型卧式镗床主轴有快进、工进、点动进给和微调进给等进给形式,其进给速度的切换是依靠电动机的变速来实现的。
T610 镗床主轴停车采用电磁离合器制动。

58. T610 镗床工作台有几种回转方式?

答 T610 镗床工作台有两种回转方式,即正转和反转。

59. 桥式起重机上的移动电动机和提升电动机采用什

么制动方式?

答　起重机上的移动电动机和提升电动机均采用电磁抱闸制动。

60. 提升电动机在主钩空载下落时处于什么状态?

答　提升电动机在主钩空载下落时处于发电机状态。

61. 桥式起重机各移动部分的行程定位保护采取了什么措施?

答　起重机各移动部分的行程定位保护均采用限位开关作为保护措施。

2.13　半导体电路

1. 什么是 PN 结? 什么是二极管和晶体管?

答　在纯净的半导体材料中掺入不同的微量元素,可使之成为具有大量多余空穴的材料或者具有大量多余自由电子的材料。带有大量多余空穴的半导体材料,由于空穴带正电荷,被称为 P型半导体;带有大量自由电子的材料,由于自由电子带负电荷,被称为 N 型半导体。将 P 型半导体和 N 型半导体两个表面相互结合在一起,在交界面附近就形成 PN 结。

将 PN 结的 P 端接电源正极(高电位),N 端按负极(低电位),此时 PN 结导通,有电流流过,这种接法称为正向偏置;若 N端接正极,P 端接负极,PN 结几乎不能导电,这种接法称为反向偏置。

利用一对 PN 结的单向导电性,可以制成二极管。利用二对PN 结,可组成 PNP 型或 NPN 型晶体管。

以半导体材料锗为基础制成的晶体管属于 PNP 型;以半导体材料硅为基础制的晶体管属于 NPN 型;前者用于小功率场合,后者适用于较大功率的场合。

2. 二极管的主要性能是什么?

答　二极管的主要性能有:

（1）最大正向电流　二极管长期运行时，允许通过的最大正向电流称为最大正向电流。电流超过最大允许值，二极管将被烧毁。

（2）最大反向电压　二极管最大反向偏置电压即为最大反向电压。外加反向偏置电压超过此值时，二极管将被反向击穿，失去单向导电性。

（3）反向饱和电流　二极管在一定电压和环境温度下，反向电流的大小。其值愈小，二极管单向导电性能愈好。

（4）最高工作频率　二极管正常工作时所允许的交流电最高频率。当工作频率超过此值时，极间电容会导通交流电而破坏了单向导电性。

3. 怎样利用万用表判断二极管的好坏？

答　用万用表的电阻挡，测得二极管正、反向电阻相差很大（正向电阻很小），该二极管是好的；正反电阻都很大，说明二极管内部断路，已经损坏；正、反电阻都很小，说明二极管已被击穿，无单向导电作用，已经失效。

4. 二极管处于正向偏置导通状态时，其外特性（伏安特性）特点是什么？

答　处于导通状态下的二极管，若电压有微弱变化，将导致电流有剧烈的变化。

5. 二极管处于反向偏置，反向电压不超过击穿电压时，其外特性有什么特点？

答　反向电压未超过击穿电压时，电压的变化不会导致反向电流大的变化，而处于截止状态。

6. 二极管的主要用途是什么？

答　二极管主要用于检波、整流及稳压电路中。

7. 常用二极管的主要类型有哪些？

答　常用二极管类型有锗二极管和硅二极管两种类型，前者为点接触型的，后者为面结合型的。

8. 利用二极管构成的单相整流电流有哪几种形式？各有什么特点？

答 利用二极管处于正向偏置区工作状态，可以构成单相半波整流电路、单相全波整流电路、单相桥式整流电路和单相桥半控整流电路共四种整流电路。

单相半波整流时，只使用一个二极管，二极管所承受反向电压的最大值为变压器输出电压 U_2 的 $\sqrt{2}$ 倍。半波整流线路简单，整流效果不好，只能利用电源正半波，输出电压（电流）脉动程度大，只适用于平滑程度要求不高的小功率整流。半波整流时，无论输入电压极性如何，输出电压极性都不变。

单相全波整流利用两个二极管，分别对电源正半波和负半波整流，可提高整流效率，减少脉动。由于变压器采用中间抽头形式分别与两个二极管相连，每个二极管受到的反向电压的最大值是变压器中间抽头电压 $U_{中}$ 2 倍的 $\sqrt{2}$ 倍，即 $\sqrt{2}(2U_{中})$。

桥式整流利用四个二极管接成桥式线路，每个二极管的最大反向电压比半波整流时降低了一半。

在输入电压相同的条件下，全波整流时二极管承受的反向电压。最大值高于半波和桥式整流的情形。

9. 对半波整流电路的输出应作何处理？

答 半波整流的输出电压是脉动的，接入负载后，输出电流也是脉动的。为了降低脉动成分，应当在输出端并接 $RC\pi$ 型滤波器，利用电容的隔直流作用，滤去交流成分，保留直流成分加在负载 R 上。但是，半波整流电路加入电容滤波后，整流二极管所承受的最高反向电压将会升高；必须采取相应措施，防止由此引起二极管反向击穿。

一个负载电流为 10mA 的单相半波整流电路，实际流过整流二极管的电流平均值也是 10mA。

10. 稳压管的基本原理是什么？

答　稳压管是利用二极管反向电压高于击穿电压时，反向电流变化与电压无关这一外特性区进行工作的。

将稳压管两端反向偏置并接在整流电路输出的直流电压两端，并使直流输出电压超过稳压管的击穿电压。此时，不论外接负载如何变化，但稳压管两端的电压都保持不变，起到稳定输出电压作用。

稳压管多为硅管，可以通过大电流。硅稳压管处于击穿区工作的条件是加反向电压，且电压值要超过其击穿电压。这是稳压管与整流二极管的工作原理的根本区别。

11. 硅稳压管加正向电压时是否立即导通？

答　硅稳压管加正向电压时，只有当电压超过死区电压，才能正向导通。

12. 硅稳压管稳压电路中，稳压管的稳定电压与负载电压是什么关系？

答　稳压管的稳定电压与负载电压相等。

13. 硅稳压管的稳压电路中，限流电阻有什么作用？

答　硅稳压管稳压电路中，接入限流电阻的作用是限制电流和调节输出电压。

14. 怎样识读晶体管的基本结构？

答　晶体管是两个 PN 结组成的。实际上，在一片半导体材料（锗或硅）的两个表面的一定区域内，通过光刻和扩散的办法，分别以不同的掺杂浓度形成上、下表面两个 PN 结，并从中引出三根接线即构成一个晶体管。

PNP 型晶体管是在锗的 N 型区上、下表面，各扩散出两个 P 型区，分别引出三根引线，如图 2.32 所示。三根引线分别称发射极 e、基极 b、集电极 c。

NPN 型晶体管则是在半导体硅 P 区的上、下两表面分别刻

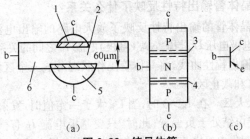

图 2.32 锗晶体管

1. 小铟球　2. 基区　3. 集电结　4. 发射结　5. 大铟球

6. N 型锗片

制两个 N 区所形成的,如图 2.33 所示。NPN 型晶体管发射极电流方向正好与 PNP 型相反。

晶体管发射区的掺杂浓度远大于基区的掺杂浓度。

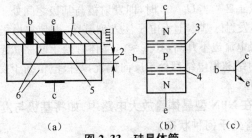

图 2.33 硅晶体管

1. 二氧化硅保护层　2. 基区厚度　3. 集电结　4. 发射结

5. P 型硅　6. N 型硅

PNP 型晶体管中,发射极接正电位,集电极接负电位,当基极电位低于发射极电位时,发射极与基极之间处于正向偏置,则只要基极电流稍有变化,就会引起发射区的空穴向集电极大量移动,形成强大的集电极电流,达到以小控大的目的。

NPN 型晶体管发射极接负电位,集电极接正电位,同样可利用基极电流的微弱变化导致集电极电流的很大变化。

上述晶体管的作用被称放大作用。

15. 晶体管输出特性反映了什么关系？

答　晶体管的输出特性反映了放大电路的输出电流（集电极）I_c、集电极电压 U_{ce} 与输入端（基极）电流 I_b 之间的关系。

三极输出特性曲线，将晶体管工作状态分成三个区域：放大区、饱和区和截止区。

（1）放大区　在 $I_b > 0$ 时，当 U_{ce} 大于一定值时，发射结处于正偏置、集电结处于负偏置；此时，只要基极电流 I_b 有微弱的变化就能引起集电极电流 I_c 很大的变化。集电极电流与基极电流之比称为三极管的放大倍数 β。

（2）饱和区　若集电极电压小于某一数值时，集电极电流 I_c 与电压 U_{ce} 呈直线上升关系。这时集电极吸引电子能力很弱，即使 I_b 增加，I_c 也不会增大，晶体管失去了放大能力，而变成电阻性负载。饱和区中发射结和集电结都处于正向偏置。

（3）截止区　当 $U_{bc} < 0$ 时，即发射区与基极之间处于负偏压时，$I_b = 0$，发射区基本上无电子注入到基区，即使集电极电压升高，集电极电流也不升高，且 $I_c \approx 0$，晶体管处于断路状态。截止区内，发射结和集电结都处于反向偏置，基极电位高于发射极和集电极电位。

16. 在 NPN 型晶体管放大电路中，如将基极与发射极短路，晶体管处于何种状态？

答　基极与发射极短路，则 $U_{be} = 0$，$I_b = 0$，三极管处于截止状态。

17. 什么是晶体管的穿透电流？

答　晶体管基极开路，集电极电压 U_{ce} 为正向电压且为规定值时，流过发射极和集电极之间的电流称为穿透电流 I_{ceo}。

若用万用表跨测集电极与发射极之间的电阻时，发现电阻值很大，指针几乎不动，说明该晶体管性能较好。

18. 典型的锗低频小功率晶体管的型号是什么？

答　典型的锗低频小功率晶体管的型号是 3AX 型。

19. 晶体管放大电路有哪几种形式？各有什么特点？

答 晶体管放大电路有三种形式：共射极放大电路、共基极放大电路、共集电极放大电路。

共射极放大电路的特点是以发射极作为输入信号和输出信号的公共端(接地端)。共基极放大电路是以基极作为输入信号和输出信号的公共端。共集电极放大电路是以集电极作为输入信号和输出信号的公共端。

上述三种放大电路中，共基极放大电路的输入电阻最低。共集电极放大电路的放大倍数最小且输出与输入位相相同。共发射极放大电路应用最广，它对信号电压和电流都有很好的放大作用，其输出与输入位相相反。

20. 共发射极放大电路的静态工作点应如何放置？

答 为保证晶体管处于放大区，当有交流信号叠加在工作点的静态电压时，保持晶体管不处于截止和饱和状态，一般应将静态工作点(静态电压 U_{ce}，静态电流 I_e)处于直流负载线的中点上。如若静态工作点选得过低，容易产生截止失真，过高则可能产生饱和。

21. 在带直流负载反馈的串联型稳压电路中，在负载上串联晶体管的作用是什么？

答 在带直流负载反馈的串联型稳压电路中，在负载上串联晶体管作用是作为电压调整器件。

22. 在带直流负载反馈的串联型稳压电路中，比较放大电路的放大倍数应如何选用？

答 在带直流负载反馈的串联型稳压电路中，比较放大电路应选较大的放大倍数，以便提高反馈灵敏度。

23. 什么是放大电路的静态工作点？

答 晶体管放大电路中无交流信号输入时的工作状态称为静态。静态时晶体管不输出信号，但仍有电流通过。静态工作点

一般用集电极电压 E_c 和基极电阻 R_b 决定,使基极电流 I_b 和集电极电流 I_c 都是处于不变的直流电流。

晶态管在无交流信号输入的情况,预先设定处于不变的基极电流和集电极电流工作点,称为静态工作点。

24. 什么是正反馈和负反馈？按电属性反馈分为哪几类？

答 反馈是指通过一定的电路设置,把放大器输出信号的一部分或全部送回到放大器的输入端,改变输入信号强弱,从而稳定放大器输出信号的装置。

如果反馈信号使输入信号增强,这种反馈称为正反馈;反之,为负反馈。正反馈会增加失真和不稳定性,在一般放大电路中除了振荡电路外,一般不用。相反,负反馈会削弱输入信号,使放大倍数减小;但可避免失真,扩展频带和改善输入阻抗,是放大电路常用的反馈形式。

按照反馈信号的电属性,可将反馈划分为电压反馈和电流反馈两种类型。例如,可以采用电压负反馈方式使一个放大器的输出电压为零。

25. 放大器级间耦合的方式有哪几种？各适用于什么场合？

答 放大器级与级之间的连接称为级间耦合。经过多级耦合放大之后,才能驱动执行机构。

常见的耦合方式有阻容耦合、变压器耦合和直接耦合三种方式。阻容耦合主要用于电压放大器,变压器耦合用于功率放大器,直接耦合主要用于直流放大器。

26. 阻容耦合多级放大器主要作用是什么？

答 阻容耦合多级放大器主要作用是放大交流信号(电压)。交流信号经多级放大后具有较强的交流电压,供推动功率放大器使用。

多级阻容耦合放大电路作为一个系统,其第一级的输入电阻即是多级放大器的输入电阻;最末一级的输出电压即是多级放大器的输出（交流）电压。多级放大电路要求信号传输过程中，失真要小。

27. 对功率放大电路的基本要求是什么？单管功率放大和推挽功率放大的区别在哪里？

答　功率放大器要求获得高的输出功率，不仅要求有较高的电压输出，还应有较大的电流输出。

采用单一晶体管构成的功率放大器称为单管功率放大器（甲类功放），采用两个性能相同晶体管构成的功率放大器称为推挽放大器（乙类功放）。单管功率放大器的特点是在信号变化的一个周期内，晶体管始终处于放大状态。它的优点是结构简单，缺点是损耗大，只适用于小功率输出的场合。推挽功率放大器在信号变化的一个周期内，两只晶体管交替工作，一个承担正半周放大，另一个承担负半周放大，两个晶体管都处于交替的放大和截止状态。因此，甲类功放晶体管工作时间比乙类功放长。

28. 如何克服直接耦合电路产生零点漂移现象？

答　直接耦合电路最大的弱点在于工作时发生零点漂移，从而影响放大性能。产生零点漂移的主要原因温度变化的影响，一般要采取差动放大电路方式克服直流放大电路的零点漂移现象。

29. 什么是正弦波振荡器？

答　能够产生正弦交流信号输出的振荡器称为正弦波振荡器。典型的正弦波振荡器是 LC 电路构成的振荡器。振荡器一般由输入部分、放大部分和反馈部分这三大部分组成。为达到最强的振荡输出，其反馈部分均采用正反馈方式。只要正反馈维持在一定程度，即使放大器无信号输入，仍然有交流输出，形成自激振荡。

30. 由一个晶体管组成的门电路属于哪类型的门电路？

答　仅由一个晶体管组成的门电路属于非门电路。

31. 在脉冲电路中所选用的晶体管应具有什么特点？

答　在脉冲电路中选用的晶体管应具备开关速度快的特点。

32. TTL"与非门"电路的基本元件是什么？

答　TTL"与非门"电路是目前生产最多应用最普遍的门电路,它是以双极性晶体管为基本元件组成的。

33. 普通晶闸管构造有什么特点？

答　普通晶闸管内部管心是由 4 层杂质半导体材料硅组成的,晶闸管外部具有 3 个电极。

34. 晶闸管硬开通是在什么条件下发生的？

答　当阳极正向电压大于正向转折电压时,晶闸管将会硬开通。

35. 欲使导通的晶闸管关断,正确的做法是什么？

答　欲使导通的晶闸管关断,正确的做法是:

(1)阳极、阴极间加反向电压;

(2)将阳极、阴极间正向电压减小到小于维持电压;

(3)减小阴极电流,使其小于维持电流。

36. 在晶闸管的寿命期内,若涌浪电流不超过 $6\pi I_T$,晶闸管能忍受的次数是多少次？

答　在晶闸管的寿命期内,涌浪电流不超过 $6\pi I_T$,晶闸管能忍受的次数为 20 次。

37. 单结晶体管触发电路输出触发脉冲的幅值取决于什么因素？

答　单结晶体管触发电路输出触发脉冲的幅值取决于分压比 η。

单结晶体管触发器要求触发功率越大越好。

38. 在室温下,阳极加 6V 正压,门极电流在什么范围才能保证触发器可靠触发？

答　在室温下,阳极加 6V 正压,门极电流应大于门极触发电流时,才能可靠触发。

39. 同步电压为锯齿波的晶体管触发电路是如何构成

的?

答 同步电压为锯齿波的晶体管触发电路,是以锯齿波电压为基准再串入直流控制电压控制晶体管状态而构成的。这种电路适用于较小容量的晶闸管。

40. 单相全波可控整流电路,控制角 α 的变化对输出平均电压有什么影响?

答 单相全波可控整流电路中,控制角 α 增大,则输出平均电压减小。

41. 三相半波可控整流电路,负载平均电流为 18A,每个晶闸管实际通过的平均电流是多少?

答 三相半波可控整流电路,负载平均电流为 18A,则每个晶闸管实际通过的平均电流为负载电流的 1/3,即 6A。

42. 三相半波可控整流电路,变压器次级电压为 U_2,且 $0 < α < 30°$,平均输出电压是多少?

答 三相半波可控整流电路中,若变压器次级电压为 U_2,且 $0 < α < 30°$,则平均输出电压为 $1.17U_2\cos α$。若触发脉冲在自然换相点之前加入,输出电压波形变为缺相波形。

43. 半导体发光数码管是由多少个条状发光二极管组成的?

答 半导体发光数码管是七段式显示器件,由 7 个条状发光二极管组成的。

44. 工业上通称的 PC 机指的是哪种机具?

答 工业上通称的 PC 机是指可编程控制器,非指 PC 微型计算机。

45. 晶体管除了可构成放大电路外,还可以构成什么电路?

答 晶体管除了用于放大电路外,还可以用在开关电路上,但两种电路所使用的晶体管不能互换使用。

46. 在 MOS 门电路中,欲使 NMOS 管导通可靠,栅极电

压应如何选择？

答 在 MOS 的电路中,为使 NMOS 管导通可靠,栅极电压应不小于开启电压 U_{TN}。

47. 数字信号具有什么特点？

答 数字信号是指时间上连续变化,数量上不发生连续变化,作用时间很短的电信号。

2.14 照明、动力线与用电安全

1. 常用的照明灯有哪些？

答 常用的照明灯有白炽灯、荧光灯、高压汞灯、卤钨灯、钠灯等。

2. 白炽灯是如何发光的？

答 通过给白炽灯内的钨丝通电产生高温至钨丝呈白炽状态向四周热辐射发光。

3. 荧光灯是如何发光的？

答 荧光灯是利用启辉器作用产生气体辉光放电而发光的。

4. 利用气体放电的光源有哪些？

答 利用气体放电而形成的光源有高压汞灯、钠灯和荧光灯。

高压汞灯适用于有较大振动的场合。

5. 高压钠灯在刚接入电源时,放电管中是否有电流流过？

答 高压钠灯在刚接入电源时,电流经过镇流器、热电阻、双金属片常闭触头而形成通路,此时,放电管中无电流,经过一段时间,双金属片受热变形,使常闭触点断开,放电管才会有放电电流存在,从而形成钠蒸气放电发光。

6. 卤钨灯属于什么类型的光源？

答 卤钨灯的工作原理与白炽灯相同,利用灯丝材料钨通电发热,产生热辐射而发光。卤钨灯属于热辐射光源。

7. 工厂车间电气照明设置应考虑哪几因素?

答 (1)工厂车间电气照明布局范围需考虑对一般照明、局部照明和混合照明三种情况的需要。一般照明区要求照度均匀,局部照明要求局部照度较高,混合照明是前两者混用的区域。

(2)车间照明供电方式有三相四线制和三相三线制两种,以适于不同光源的需求,采用三相四线供电时,应尽量使各相负荷均匀分配。

8. 敷设车间照明线应注意哪些事项?

答 敷设车间照明线注意事项有:

(1)车间照明灯头引下线 采用铜芯线时,其截面积应在 0.75mm^2 以上;

(2)室内明敷塑料护套线 离地的最小距离不低于 0.15m;

(3)穿管敷电线 铜绝缘导线的最小截面积为 1.0mm^2;当管线长度超过 45m 时,应在线中间装设分线盒或接线盒;同一交流回路的导线必须穿于同一管内;

(4)在建筑物侧面或斜面配线 必须将导线绑扎在瓷瓶的上方;截面在 6mm^2 以下的导线可采用单绑法;

(5)导线在不同的平面上曲折 在凸角两面上应装设 2 个瓷瓶。

9. 保护接地有哪两种形式?

答 保护接地形式有两种:

(1)中性点不接地的电力线路上(三相三线制) 将电气设备的金属外壳及金属支撑物,用良导体与大地之间作良好连接,以防止电气设备绝缘损坏引起触电事故。接地体一般用型钢制成的、电阻不大于 4Ω 的杆状物并埋入地下一定深度,构成保护接地系统。保护接地的主要作用是降低接地电压,减少流经人身的电流。禁止在保护接地线上安装熔断器。

(2)中性点接地的电力线路上(三相四线制) 中点已接地,

此时用导体将电气设备金属外壳与电网中线（零线）作良好连接，称之为保护接零。保护接零适用于 TN 系统，当电气设备发生故障时，短路电流立即将该相的熔丝烧断或使保护装置动作，切断电源，避免发生触电事故。禁止在接零线上安装熔断器或断流开关。

10. 有保护接零要求的单相移动式用电设备，应如何实现保护接零？

答　有保护接零要求的单相移动式用电设备，应使用三孔插座供电，大孔接保护零线，右下小孔接相线，左下小孔接工作零线，从而实现保护接零。

11. 多个用电设备保护接零时，各设备上的保护零线应怎样连接？

答　多个用电设备的保护接零线应按并联方式接在零干线上。

12. 电压互感器的二次线圈有一点接地，属于哪一类接地？

答　电压互感器二次线圈有一点接地属于保护接地。

13. 停电作业时应在线路开关和刀闸操作手柄上悬挂什么警示牌？

答　停电作业时应在线路开关和刀闸操作手柄上悬挂"禁止合闸，线路有人工作"的警示标志。

14. 停电操作的顺序是什么？

答　停电操作顺序应先拉线路负荷刀闸，后拉母线电源刀闸。

15. 室外配线跨越通车通道时，跨越高度应该是多少米？

答　跨越通车通道的高度不低于 6.5m。

16. 对穿管配线有什么要求？

答　穿管配线时所使用的钢管的壁厚不得小于 2.5mm。

17. 变压器停电退出运行的操作顺序是什么？

答 变压器停电退出运行应先断开各项负荷,再断开高压侧开关。

18. 室外安装变压器的周围护栏高度是多少？

答 室外安装变压器的周围护栏高度应不低于 1.7m。

19. 对低压配电盘、柜内的二次回路配线的截面有何要求？

答 低压配电盘、柜内的二次回路配线应采用截面积不小于 2.5mm 的铜芯绝缘导线。

20. Ⅲ类手持式电动工具的绝缘电阻应在什么范围才符合安全要求？

答 Ⅲ类手持式电动工具的绝缘电阻不小于 1MΩ 才符合安全要求。

21. 在什么条件下,不允许进行室外倒闸或更换保险丝作业？

答 在有雷电的气象条件下,不允许进行室外倒闸或更换保险丝作业。

3 相关知识

3.1 钳工知识

1. 钳工划线的作用是什么？划线时应注意什么？

答 钳工划线主要是毛坯加工之前的准备工序。通过划线找正，可以使加工表面与不加工表面之间保持均匀尺寸。在加工过程中一般要通过测量来保证零件尺寸的准确度。

合理选择划线基准是提高划线质量的关键，必须引起重视。

2. 钳工用的手锤的规格是依据什么确定的？

答 钳工用的手锤，一般都是用碳素工具钢制造并经淬火处理后制成的。手锤的规格依据锤头的质(重)量数命名的。

3. 钳工所使用的錾子有两个刃面，两刃面的夹角称为什么角？

答 錾子两刃面的夹角称为楔角。

4. 钢锯条有粗齿、细齿之分，应如何选用锯条？

答 钢锯条锯齿的后角都是 40°，粗齿钢锯条适于锯割较软的金属材料，如软钢、黄铜、铸铁及有色金属；细齿锯条适用于锯割硬金属，如经淬火后的钢材或锯割薄壁管件。

5. 锉刀也有粗锉、细锉之分，两种锉刀适用范围有何不同？

答 粗齿锉适于锉削软软的材料，如未淬火钢、有色金属等；细齿锉适于锉削硬材料，如经淬火后的钢料。

6. 钻头的规格和标号标在钻头的什么地方？

答 钻头的规格和标号一般标在钻头的颈部。

7. 麻花钻的后角磨得偏大,对横刃有何影响? 麻花钻主切削刃上各点的前角是否相同?

答 麻花钻的后角磨得偏大,横刃斜角会减小,而横刃的长度会增加。

麻花钻主切削刃上各点的前角是不相同的。

8. 在钢料上攻 M10 螺纹时,应选直径为多大的钻头钻底孔?

答 在钢件上攻螺纹时,底孔直径等于螺纹公称直径减去螺距:$D_底 = D - P$。对于 M10 螺纹,螺距为 1.5mm,则底孔直径 $D_底 = 10 - 1.5 = 8.5$(mm),应选 $\phi 8.5$mm 的钻头钻孔。

9. 在钢圆杆上用板牙套螺纹时,对圆杆的端头应作何处理?

答 为了使板牙容易对准工件和切入工件,套扣前应将圆杆端头倒成 15°~20° 的斜角。

10. 在脆性材料上加工 M20 的外螺纹,其圆杆直径是多少?

答 外螺纹大径标准公差带为零至负值,所以在圆杆上加工外螺纹时,圆杆直径应略小于螺纹公称直径。加工 M20 外螺纹时,圆杆直径可选 19.7mm。

11. 丝锥的排屑槽有直的和螺旋式的。右旋式断屑槽丝锥适用于什么场合?

答 加工不通孔螺纹时,使用右旋槽式丝锥有利于切屑向上排出。

12. 怎样选用铆钉?

答 铆钉的直径应等于板厚的 1.8 倍,铆钉的长度应使未铆合前,铆钉穿过后的伸出长度部分为铆钉直径的 1.25~1.5 倍。

13. 冷矫正适用于什么材料? 薄板冷矫正基本原理是什么?

答 冷矫正由于有加工硬化现象,只适合于塑性好、变形不严重的材料。

薄板的冷矫正是利用板料面积的延展性达到矫正目的的。

14. 冷弯管料应注意什么?

答 冷弯管料应注意如下几点:

(1)管子的直径不能太大,一般为 $\phi 8mm$ 以下的钢管或铜管。

(2)弯曲有焊缝管子时,焊缝必须放在弯曲中性层位置上,才不致弯裂。

15. 材料弯曲时各部分的变形有何不同?

答 材料弯曲时,材料中性层的形状从直线变为曲线,但长度不变;中性两侧的材料,一边受拉伸,另一边受压缩;整个横截面面积保持不变。弯曲半径越小,变形越大。

16. 扩孔加工时,刀具的切削角度可以取较大值的原因是什么?

答 扩孔时,切削深度较小,切削角取较大值可以使切削省力。

扩孔精度一般为 IT10~IT9。

17. 拆卸精度较高的零件时,应采用哪一类拆卸法?

答 拆卸精度较高的零件时,应采用拉拔法。

18. 将需要修理的部件拆卸下来,换上事先准备好的同类部件,属于哪种修理组织法?

答 将需要修理的部件拆下,装上事先准备好的同类部件,这种方法属于部件修理组织法。

3.2 相关工种工艺知识

1. 绕组线头焊接后,必须做何处理?

答 绕组线头焊接后,必须做好恢复绝缘处理。

2. 焊接桩头接头时,焊前应做好什么准备?

答 焊接桩头接头前,应清除芯线表面的氧化层,并将已清除表面氧化层的多股线拧紧，装入桩头接头夹紧面施焊。

3. 焊接强电元件和弱电元件所使用的电烙铁有何不同？

答　焊接强电元件要选用 45W 以上的电烙铁，焊接弱电元件要选用 45W 及 45W 以下的电烙铁。

4. 固定管子的焊接，按管子直径大小不同，可以选几种焊接方法？

答　固定管子焊接，按管径大小不同，可选用三种不同的焊接方法。对于小口径管子，一般可选用钎焊；对于中等口径管子，可用气焊法；对于大口径管子，一般用电弧焊方法。

5. 对于水平固定管焊接应按什么顺序进行？

答　水平固定管焊接一般包括仰、立、平三种焊接位置，应按先仰焊、再立焊、最后平焊的顺序进行焊接。其中，仰焊是难度最大操作。

6. 固定管板盖面层焊接应按什么顺序进行？

答　固定管板盖面层焊接一般经左、右两侧焊两个步骤才能完成，应按先右侧焊、后左侧焊的顺序施焊。

7. 倾斜 45°固定管的焊接，焊接前用什么焊条、手法焊接打底层？

答　倾斜 45°固定管的焊接，选用 3.2mm 焊条采用挑弧法向前进行打底焊。在打底焊完成后再进行焊接。

8. 电工常用的电焊条是什么类型的焊条？

答　电工常用的电焊条是结构钢焊条。

9. 对于低氢型焊条保存的规定有哪些？

答　焊条必须在干燥通风条件良好的室内仓库存放。对于低氢型焊条的保存，在常温下超过 4 小时后使用，应烘干一次；但重新烘干次数不超过 3 次。

10. 低碳钢用气焊焊接时，对火焰作何要求？

答　焊接低碳钢应采用中性焰或轻微碳化焰。

11. 埋弧焊分为几种?

答　埋弧焊分为机械化(自动化)埋弧焊和半机械化(半自动化)埋弧焊两种。

12. 常见的焊接缺陷按其在焊缝中的位置不同,分为哪两种缺陷? 怎样检查?

答　焊接缺陷按其在焊缝中的位置不同,分为表面缺陷和内部缺陷两种。表面缺陷可以通各种观测手段检查出来,内部缺陷可用表面探伤方法进行检查。常用的表面探伤方法又称为无损伤探伤法,有超声波探伤和 X 射线探伤两种。

13. 电焊钳的功用是什么?

答　电焊钳的功用是夹持焊条和传导电流。

14. 部件测绘一般顺序是什么? 装配略图有什么作用?

答　部件测绘时,一般应先对部件进行分析,将它拆卸成零件;其次测绘零件图;最后画出装配图。

绘制部件装配略图可作为拆卸零件后重新装配成部件的依据。

3.3　生产技术管理知识

1. 怎样指挥设备起吊?

答　起吊设备只允许 1 人指挥,指挥信号必须明确、清晰。

2. 使用两根钢绳起吊一重物时,两根钢绳与吊钩垂线必须对称分布;在什么情况之下,两钢绳受力等于吊重物的质量?

答　当两钢绳与吊钩垂线夹角为零时,两钢绳受力最小,各只有重物质量的一半,合起来等于重物的质量。

3. 生产现场管理的主要内容是什么?

答　生产现场管理的主要内容是对从事产品生产制造场所和提供生产服务场所的管理。

4. 什么是生产现场质量管理?

答 生产第一线的质量管理叫做生产现场质量管理。

5. 用电压测量法检查低压电气设备时,万用表应置于哪一挡?

答 用电压测量法检查低压电气设备时,万用表应扳到交流电压 500V 的挡位上。

6. 采用短接法检查低压电气设备故障适用于什么类型的故障?

答 用短接法检查低压电气设备故障时,只适用于压降极小的导线及触头之类的电气故障,以判断该处导线或触头是否已断开。

7. 电气设备用高压电动机,其定子绕组的绝缘电阻为多少时方可使用?

答 高压电动机的定子绕组绝缘电阻为 $1M\Omega/kV$ 时方可使用。

8. 检修后的机床电气的操作机构应达到什么状态?

答 检修后的机床电气的操纵、复位机构必须灵活可靠。

9. 工厂企业节约用电的途径有哪些?

答 工厂企业节约用电的途径有:

(1)降低电力线路的供电损耗;

(2)日负荷波动较大时,应调整线路负荷,降低负荷波动,以利于提高用电效率;

(3)采取措施降低供用电设备消耗无功功率,提高功率因数。

第 2 部分　维修电工职业技能
鉴定试题汇编

　　第 2 部分依据前国家劳动和社会保障部培训就业司发布的国家职业技能鉴定考核重点、题型分布及组卷原则,收集了适用于初、中级维修电工典型自测试题,供读者选读。

　　根据国家职业技能鉴定的规定,理论知识考核满分为 100分,操作技能考核满分也是 100 分。

　　理论知识考核中,初、中级工选择题和判断题合计 100 分,无计算题及简答题。

　　操作技能考核中,基本操作占 90 分,现场操作规范占 10 分。

4 初级维修电工职业技能鉴定自测题

4.1 初级维修电工理论知识自测题(一)——选择题

1. 电气图包括:电路图、功能表图和( )等。

(A)系统图和框图 　　　　(B)部件图

(C)元件图 　　　　　　　(D)装配图

2. 电路图是根据( )来详细表达其内容的。

(A)逻辑图 　　　　　　　(B)位置图

(C)功能表图 　　　　　　(D)系统图和框图

3. 根据表达信息的内容,电气图分为( )种。

(A)1 　　(B)2 　　(C)3 　　(D)4

4. 在电气图上,一般电路或元件是按功能布置,并按工作顺序( )排列的。

(A)从前向后,从左到右 　　(B)从上到下,从小到大

(C)从前向后,从小到大 　　(D)从左到右,从上到下

5. 电气图形符号的形式有( )种。

(A)1 　　(B)2 　　(C)3 　　(D)4

6. 标准规定项目代号可用代号段表示,其中第一段表示( )。

(A)高层代号 　　　　　　(B)位置代号

(C)种类代号 　　　　　　(D)端子代号

7. 图中有一项目代号为＝T4＋D25－K3：18,则种类代号为( )。

(A)＝T4 　　(B)＋D25 　　(C)－K3 　　(D)：18

8. 生产机械的电路图可表示(　　)。

(A)电气原理　　　　　　　　(B)接线图

(C)安装位置　　　　　　　　(D)接线表

9. 接线表应与(　　)相配合。

(A)电路图　　(B)逻辑图　　(C)功能图　　(D)接线图

10. 接线图的种类有(　　)种。

(A)1　　(B)2　　(C)3　　(D)4

11. 生产机械的接线图有:单元接线图、互连接线图和(　　)三种。

(A)端子接线表　　　　　　　(B)互连接线表

(C)位置接线图　　　　　　　(D)端子接线图

12. 电力拖动电气原理图的识读步骤的第一步是(　　)。

(A)看用电器　　　　　　　　(B)看电源

(C)看电气控制元件　　　　　(D)看辅助电器

13. 电力拖动辅助电路的阅读步骤的第一步是(　　)。

(A)看电源的种类

(B)搞清辅助电路的原理

(C)看电器元件之间的关系

(D)看其他电器元件

14. 阅读 C522 型立式车床控制原理图时要先看(　　)。

(A)主电路　　　　　　　　　(B)辅助电路

(C)照明电路　　　　　　　　(D)整流电路

15. 阅读电气安装图的主电路时,要按(　　)顺序。

(A)从下到上　　　　　　　　(B)从上到下

(C)从左到右　　　　　　　　(D)从前到后

16. 阅读 M7130 型磨床电气原理图要先读(　　)。

(A)主电路　　　　　　　　　(B)控制电路

(C)电磁工作台控制电路　　　(D)照明和指示电路

17. 阅读 M7130 型磨床电气原理图要最后阅读(　　)。

（A）主电路　　　　　　　　（B）控制电路

（C）电磁工作台控制电路　　　（D）照明和指示电路

18. 若将一段电阻为 R 的导线均匀拉长至原来的 2 倍，则其电阻值为（　　）。

（A）$2R$　　（B）$R/2$　　（C）$4R$　　（D）$R/4$

19. 对电感意义的叙述，（　　）的说法不正确。

（A）线圈中的自感电动势为零时，线圈的电感为零

（B）电感是线圈的固有参数

（C）电感的大小决定于线圈的几何尺寸和介质的磁导率

（D）电感反映了线圈产生自感电动势的能力

20. 电流的方向就是（　　）。

（A）负电荷定向移动的方向

（B）电子定向移动的方向

（C）正电荷定向移动的方向

（D）正电荷定向移动的相反方向

21. 一直流电通过一段粗细不均匀的导体时，导体各横截面上的电流强度（　　）。

（A）与各截面面积成正比

（B）与各截面面积成反比

（C）与各截面面积无关

（D）随截面面积变化而变化

22. 关于电位的概念，（　　）的说法是正确的。

（A）电位就是电压

（B）电位是绝对值

（C）电位是相对值

（D）参考点的电位不一定等于零

23. 电压 $U_{ab}=10V$ 的意义是（　　）。

（A）电场力将电荷从 a 点移到 b 点做的功是 10J

（B）电场力将 1C 正电荷从 a 点移到 b 点做的功是 10J

(C)电场力将电荷从 a 点移到参考点做的功是 10J

(D)电场力将电荷从 b 点移到参考点做的功是 10J

24. 一个电阻接在内阻为 0.1Ω、电动势为 1.5V 的电源上时,流过电阻的电流为 1A,则该电阻上的电压等于(　　)V。

(A)1　　(B)1.4　　(C)1.5　　(D)0.1

25. 内阻为 0.1Ω、电动势为 1.5V 的电源两端接一个 1.4Ω 的电阻,内阻上的压降为(　　)V。

(A)1　　(B)0.5　　(C)0.1　　(D)1.4

26. $\sum I = 0$ 只适用于(　　)。

(A)节点　　　　　　　　　　(B)复杂电路的节点

(C)闭合曲面　　　　　　　　(D)节点和闭合曲面

27. 电阻 R_1,R_2,R_3 串联后接在电源上,若电阻上的电压关系是 $U_1 > U_3 > U_2$,则三个电阻值之间的关系是(　　)。

(A)$R_1 < R_2 < R_3$　　　　　　(B)$R_1 > R_3 > R_2$

(C)$R_1 < R_3 < R_2$　　　　　　(D)$R_1 > R_2 > R_3$

28. 在电阻 R 上串联一电阻,欲使 R 上的电压是串联电路总电压的 $1/n$,则串联电阻的大小应等于 R 的(　　)倍。

(A)$n+1$　　(B)n　　(C)$n-1$　　(D)$1/n$

29. 4 只 16Ω 的电阻并联后等效电阻为(　　)。

(A)64Ω　　(B)16Ω　　(C)4Ω　　(D)8Ω

30. 两个电阻,若 $R_1 : R_2 = 2 : 3$,将它们并联接入电路,则它们两端的电压及通过的电流强度之比分别是(　　)。

(A)$2:3$　　$3:2$　　　　　　(B)$3:2$　　$2:3$

(C)$1:1$　　$3:2$　　　　　　(D)$2:3$　　$1:1$

31. 大小和方向随时间(　　)的电流称正弦交流电。

(A)变化　　　　　　　　　　(B)不变化

(C)周期性变化　　　　　　　(D)按正弦规律变化

32. $u = \sin 2\omega t$ 是(　　)电压。

(A)脉动　　(B)正弦交流　　(C)交流　　(D)直流

33. 当 $t＝0.01s$ 时,电流 $i＝10\sin 314t$ 的值为( )A。

(A)3.14　　(B)10　　(C)－10　　(D)0

34. 电流 $i＝\sin 314t$ 的三要素是( )。

(A)0,314rad/s,0°　　　　(B)1 A,314rad/s,1°

(C)0,314rad/s,1°　　　　(D)1 A,314rad/s,0°

35. 有效值是计量正弦交流电( )的物理量。

(A)做功本领　　　　(B)做功快慢

(C)平均数值　　　　(D)变化范围

36. 正弦交流电的有效值( )。

(A)在正半周不变化,负半周变化

(B)在正半周变化,负半周不变化

(C)不随交流电的变化而变化

(D)不能确定

37. 在交流电路中( )平均值。

(A)电压才有　　　　(B)电动势才有

(C)电流才有　　　　(D)电压、电动势、电流都有

38. 交流电的平均值( )。

(A)比最大值大　　　　(B)比最大值小

(C)比有效值大　　　　(D)和有效值相等

39. 单相正弦交流电压的最大值为 311V,它的有效值是( )。

(A)200V　　(B)220V　　(C)380V　　(D)250V

40. 铁磁物质的相对磁导率 μ_r( )。

(A)＞1　　(B)＜1　　(C)≫1　　(D)≪1

41. 磁感应强度的单位是( )。

(A)安匝　　(B)安匝/米　　(C)特　　(D)韦

42. 磁通的单位是( )。

(A)A/m　　(B)A・m　　(C)Wb　　(D)T

43. 根据磁路欧姆定律可知,( )。

(A)磁通与磁通势成正比　　　　(B)磁通与磁通势成反比

(C)磁通与磁阻成正比　　　　(D)磁通势与磁阻成反比

44. 在 $B=0.4\text{Wb/m}^2$ 的匀强磁场中,放一根长 $L=0.5\text{m}$, $I=5\text{A}$ 的载流直导体,导体与磁场方向垂直,导体受到的力是( )。

(A)1N　　(B)0N　　(C)2N　　(D)0.2N

45. 线圈中自感电动势的大小与线圈( )无关。

(A)电流的变化率　　　　(B)匝数

(C)电阻　　　　(D)周围的介质

46. 常用电工指示仪表按工作原理分类,主要有( )类。

(A)3　　(B)4　　(C)5　　(D)6

47. 电工指示仪表按使用条件分为( )。

(A)A,B 两组　　　　(B)A,B,C 三组

(C)A,B,C,D 四组　　　　(D)A,B,C,D,E 五组

48. 电磁系测量机构的主要结构是( )。

(A)固定的线圈,可动的磁铁

(B)固定的线圈,可动的铁片

(C)可动的磁铁,固定的铁片

(D)可动的线圈,固定的线圈

49. 在电工指示仪表中,减少其可动部分摆动时间以利于尽快读数的装置是( )。

(A)转矩装置　　　　(B)读数装置

(C)反作用力矩装置　　　　(D)阻尼装置

50. 磁电系仪表的特点是( )。

(A)只能测直流　　　　(B)只能测交流

(C)只能测脉动直流　　　　(D)既可测直流,又可测交流

51. 电磁系仪表的标度尺是不均匀的,这是因为其指针的偏转角与被测电流大小( )。

(A)成正比　　　　(B)平方成正比

(C)立方成正比　　　　　　　　(D)无关

52. 磁电系测量机构带半导体整流器构成的仪表叫（　　）仪表。

(A)电动系　　(B)电磁系　　(C)整流系　　(D)磁电系

53. 直流电压表的测量机构一般都是（　　）仪表。

(A)磁电系　　(B)电磁系　　(C)整流系　　(D)电动系

54. 电工钳、电工刀、螺钉旋具属于（　　）。

(A)电工基本安全用具　　　　(B)电工辅助安全用具

(C)电工基本工具　　　　　　(D)一般防护安全用具

55. 下列工具中，属于常用低压绝缘基本安全用具的是（　　）。

(A)电工刀　　　　　　　　　(B)低压验电器

(C)绝缘棒　　　　　　　　　(D)防护眼镜

56. 测量两个零件相配合表面间的间隙的量具是（　　）。

(A)钢尺　　(B)角尺　　(C)千分尺　　(D)塞尺

57. 千分尺是一种（　　）。

(A)精密量具　　　　　　　　(B)中等精度量具

(C)专用量具　　　　　　　　(D)标准量具

58. 绝缘电阻表的额定转速为（　　）r/min。

(A)80　　(B)100　　(C)120　　(D)150

59. 选择绝缘电阻表的原则是（　　）。

(A)绝缘电阻表额定电压要大于被测设备工作电压

(B)一般都选择 1000V 的绝缘电阻表

(C)选用准确度高，灵敏度高的绝缘电阻表

(D)绝缘电阻表测量范围与被测绝缘电阻的范围相适应

60. 用万用表欧姆挡测量电阻时，所选择的倍率挡应使指针处于表盘的（　　）。

(A)起始段　　(B)中间段　　(C)末段　　(D)任意段

61. 万用表欧姆挡的红表笔与（　　）相连。

(A)内部电池的正极　　　　　　　(B)内部电池的负极

(C)表头的正极　　　　　　　　　(D)黑表笔

62. 电压表使用时要与被测电路(　　)。

(A)串联　　　(B)并联　　　(C)混联　　　(D)短路

63. 使用直流电压表时,除了使电压表与被测电路并联外,还应使电压表的"＋"极与被测电路的(　　)相联。

(A)高电位端　　　　　　　　　(B)低电位端

(C)中间电位端　　　　　　　　(D)零电位端

64. 电流表要与被测电路(　　)。

(A)断开　　　(B)并联　　　(C)串联　　　(D)混联

65. 钳形电流表的主要优点是(　　)。

(A)准确度高

(B)灵敏度高

(C)功率损耗小

(D)不必切断电路即可以测量电流

66. 制造电机、电器的线圈应选用的导线类型是(　　)。

(A)电气设备用电线电缆　　　(B)裸铜软编织线

(C)电磁线　　　　　　　　　(D)橡套电缆

67. 移动式电动工具用的电源线,应选用的导线类型是(　　)。

(A)绝缘软线　　　　　　　　(B)通用橡套电缆

(C)绝缘电线　　　　　　　　(D)地埋线

68. 传输电话、电报、传真、广播、电视和数据等电信息用的电线电缆类型是(　　)。

(A)电力电缆　　　　　　　　(B)地埋线

(C)塑料电线　　　　　　　　(D)通讯电缆

69. 铝绞线的主要应用场合是(　　),以满足电力输送的目的。

(A)高压长距离、大档距的架空输电线路

(B)低压短距离、小档距的架空输电线路

(C)电气设备的内部电器之间安装连接线

(D)室内任意高度的固定敷设电源线

70. 交流电焊机二次侧与电焊钳之间连接线应选用( )。

(A)通用橡套电缆   (B)绝缘电线

(C)绝缘软线   (D)电焊机电缆

71. 长距离架空输电线路可选导线的型号是( )。

(A)TJ   (B)TRJ   (C)LJ   (D)LGJ

72. 制造 Y 系列小型笼型异步电动机,工作最高环境温度为 40℃,温升 80℃,选用( )型号漆包线较合适。

(A)QF   (B)QQ   (C)QZ   (D)QY

73. 绝缘油中用量最大、用途最广的是( )。

(A)桐油   (B)硅油   (C)变压器油   (D)亚麻油

74. 以有机纤维、无机纤维为底材,浸渍不同的胶粘剂,经热压、卷制而成的层状结构绝缘材料,它们均属于( )。

(A)绝缘纤维制品   (B)浸渍纤维制品

(C)层压制品   (D)薄膜复合制品

75. 绝缘材料的耐热性,按其长期正常工作所允许的最高温度可分为( )个耐热等级。

(A)7   (B)6   (C)5   (D)4

76. 型号 1811 的绝缘材料是( )。

(A)有溶剂浸渍漆   (B)电缆胶

(C)硅钢片漆   (D)漆包线漆

77. BLVV 塑料护套线中的塑料主要作用是( )。

(A)绝缘

(B)绝缘和护层

(C)支撑固定

(D)承受机械外力和绝缘双重作用

78. 层压制品在电工设备中的作用是( )。

(A)支持固定和防潮　　　　(B)灭弧和防霉

(C)绝缘和结构两种功用　　(D)散热冷却

79. Y 系列电动机 B 级绝缘,可选电动机槽绝缘及衬垫绝缘的材料为(　　)。

(A)青稞纸聚酯薄膜复合箔

(B)青稞纸加黄蜡布

(C)6020 聚酯薄膜

(D)型号为 6630 聚酯薄膜聚酯纤维纸复合材料(代号为 DMD)

80. 制作电机电器的绝缘结构零部件,需较高的机械性能和电气性能、且耐热等级为 F 级的层压布板,选用(　　)最合适。

(A)型号为 3022 的酚醛层压低板

(B)型号为 3025 的酚醛层压布板

(C)型号为 3240 的环氧酚醛层压玻璃布板

(D)型号为 3551 的有机硅层压玻璃布板

81. 金属磁性材料是由(　　)及其合金组成的。

(A)铝和锡　　　　　　　　(B)铜和银

(C)铜铁合金　　　　　　　(D)铁、镍和钴

82. 电气工程上一般把矫顽力 H_c(　　)A/m 的磁性材料归属为软磁材料。

(A)$>10^4$　　　(B)$<10^3$　　　(C)$=10^3$　　　(D)$>10^3$

83. 磁性材料中矫顽力最大、磁能积最大的是(　　)。

(A)硅钢片　　　　　　　　(B)铁镍合金

(C)铁铝合金　　　　　　　(D)稀土钴硬磁材料

84. 制作直流电机主磁极铁心时,应优先选取的材料是(　　)。

(A)普通薄钢片或较厚的硅钢片

(B)铁镍合金

(C)厚度为 0.05～0.20mm 的硅钢片

(D)铁铝合金

85. 电磁系测量仪表的铁心,应选用( )类型的磁性材料。

(A)软磁 (B)硬磁 (C)特殊用途 (D)铁氧体

86. 工频交流强磁场下应选用( )作电磁器件的铁心。

(A)铁镍合金 (B)铁铝合金

(C)硅钢片 (D)铁氧体磁性材料

87. 滚动轴承按其滚动体的形式不同可分为( )大类。

(A)14 (B)10 (C)7 (D)2

88. 滚动轴承新、旧标准代号( )相同。

(A)不 (B)基本 (C)全 (D)绝对

89. 电动机用轴承要求运转平稳、低噪声、经济和支承结构简单等,因此( )类型是电动机轴承的最佳选择。

(A)圆柱滚子轴承 (B)推力球轴承

(C)调心球轴承 (D)深沟球轴承

90. 立式电动机转动轴两端应选用轴承的类型名称是( )。

(A)两端均为推力球轴承

(B)一端为推力轴承,另一端为向心轴承

(C)两端均为向心短圆柱滚子轴承

(D)一端为向心球轴承,另一端为滚针轴承

91. 机座中心高 200mm 的 Y 系列电动机所用轴承型号是6213,其内径是( )mm。

(A)13 (B)130 (C)65 (D)213

92. 单相手电钻所用轴承为 6203,它表示其内径为( )mm。

(A)30 (B)203 (C)15 (D)17

93. 选择电机轴承润滑脂类别的依据是( )。

(A)保证轴承的设计寿命

(B)延长轴承的运行寿命

(C)轴承的安装状态

(D)轴承转速、工作温度、负荷大小和性质、工作环境及安装状态

94. 电机润滑剂的作用是( )。

(A)降低轴承运行的速度

(B)增高电机的工作速度

(C)降低摩擦力,减少磨损,还可防锈蚀,降噪声,减振并利于散热

(D)降低轴承的工作温度

95. 较高温度清洁无水条件下,开启式电动机用轴承应选用( )润滑脂。

(A)钠基　　(B)钙基　　(C)铝基　　(D)锂基

96. 室温下,湿度较高或与水接触的场合使用的封闭式电动机轴承应选( )润滑脂。

(A)锂基　　(B)钙基　　(C)钠基　　(D)铝基

97. 钙基润滑脂分四个牌号,锥入度数值最大的是( )牌号。

(A)ZG—1 号　　　　　　(B)ZG—2 号

(C)ZG—3 号　　　　　　(D)ZG—4 号

98. 下列润滑脂牌号中,润滑脂抗水性最差的牌号是( )。

(A)ZFU—2 号　　　　　(B)ZN—2 号

(C)ZG—2 号　　　　　　(D)ZL—2 号

99. 变压器在传输电功率的过程中仍然要遵守( )。

(A)电磁感应定律　　　　(B)动量守恒定律

(C)能量守恒定律　　　　(D)阻抗变换定律

100. 关于变压器,下列说法错误的是( )。

(A)变压器是一种静止的电气设备

(B)变压器用来变换电压

(C)变压器可以变换阻抗

(D)变压器可以改变频率

101. 铁心是变压器的(　　)。

(A)电路部分　　　　　　　　(B)磁路部分

(C)绕组部分　　　　　　　　(D)负载部分

102. 单相变压器原边电压为380V,副边电流为2A,变压比 $K=10$,副边电压为(　　)V。

(A)38　　(B)380　　(C)3.8　　(D)10

103. 为了减少变压器的铁损,铁心多采用(　　)制成。

(A)铸铁　　　　　　　　　　(B)铸钢

(C)铜　　　　　　　　　　　(D)彼此绝缘的硅钢片叠装

104. 变压器的分接开关是用来(　　)的。

(A)调节阻抗　　　　　　　　(B)调节相位

(C)调节输出电压　　　　　　(D)调节油位

105. 三相变压器铭牌上的额定电压指(　　)。

(A)原副绕组的相电压

(B)原副绕组线电压

(C)变压器内部的电压降

(D)带负载后原副绕组电压

106. 一台变压器型号为 S7—500/10,500 代表(　　)。

(A)额定电压 500V　　　　　(B)额定电流 500V

(C)额定容量 500VA　　　　 (D)额定容量 500kVA

107. 电焊变压器的铁心气隙(　　)。

(A)比较大　　(B)比较小　　(C)很大　　(D)很小

108. 电焊变压器短路时,短路电流(　　)。

(A)不能过大　　　　　　　　(B)可以大一些

(C)可以小　　　　　　　　　(D)可以很小

109. 交流电焊机的铁心气隙(　　)。

(A)比较大　　　　　　　　　(B)比较小

(C)不可调整　　　　　　　　(D)可以调整

110. 电焊机焊接电流的粗调主要依靠改变（　　）。

(A)焊接变压器副边绕组匝数

(B)输入电压

(C)原边绕组的匝数

(D)串接的电抗器

111. 某一台交流电焊机型号为 BX2—500，其中 500 代表（　　）。

(A)额定焊接电流　　　　　　(B)额定工作电压

(C)额定容量　　　　　　　　(D)额定功率

112. 交流电焊机铭牌上的暂载率是指（　　）。

(A)焊接时间与工作时间的比值

(B)焊接电流与空载电流的比值

(C)焊接时间与非焊接时间的比值

(D)焊接电压与空载电压的比值

113. 电压互感器实质是一台（　　）。

(A)电焊变压器　　　　　　　(B)自耦变压器

(C)降压变压器　　　　　　　(D)升压变压器

114. 电流互感器结构与（　　）基本相同。

(A)普通双绕组变压器　　　　(B)自耦变压器

(C)三相变压器　　　　　　　(D)电焊变压器

115. 测量交流电路的大电流常用（　　）与电流表配合使用。

(A)电流互感器　　　　　　　(B)电压互感器

(C)万用表　　　　　　　　　(D)电压表

116. 电压互感器可以把（　　）供测量用。

(A)高电压转换为低电压　　　(B)大电流转换为小电流

(C)高阻抗转换为低阻抗　　　(D)低电压转换为高电压

117. 型号 LFC—10/0.5—100 的互感器，100 表示（　　）。

(A)额定电流为 100A　　　　　(B)额定电压为 100V

(C)额定电流为 100kA　　　　　(D)额定电压为 100kV

118. 型号 LFC—10/0.5—300 的互感器，L 表示（　　）。

(A)电流互感器　　　　　　　　(B)电压互感器

(C)单相变压器　　　　　　　　(D)单相电动机

119. 将变压器高、低压绕组同心地套在铁心柱上叫（　　）。

(A)链式绕组　　　　　　　　　(B)同心式绕组

(C)交叠式绕组　　　　　　　　(D)波式绕组

120. 绕制单相小型变压器线包层次是（　　）。

(A)原边绕组、静电屏蔽、副边高压绕组、副边低压绕组

(B)副边高压绕组、副边低压绕组、静电屏蔽、原边绕组

(C)原边绕组、静电屏蔽、副边低压绕组、副边高压绕组

(D)原边绕组、副边绕组、静电屏蔽

121. 三相变压器的连接组别可以说明（　　）。

(A)原边线电压与副边线电压的相位关系

(B)原边线电压与副边线电压的倍数关系

(C)原边相电压与副边相电压的倍数关系

(D)原边线电流与副边线电流的倍数关系

122. 单相变压器并联运行时必须满足的条件之一是（　　）。

(A)原、副边电压相等　　　　　(B)负载性质一样

(C)负载大小一样　　　　　　　(D)容量必须相等

123. 并联运行的变压器其短路电压比值不得超过（　　）。

(A)2%　　　(B)10%　　　(C)15%　　　(D)0.5%

124. 起重机采用（　　）电动机才能满足性能的要求。

(A)三相笼型异步　　　　　　　(B)绕线式转子异步

(C)单相电容异步　　　　　　　(D)并励式直流

125. 煤矿井下的机械设备应采用（　　）电动机。

(A)封闭式　　(B)防护式　　(C)开启式　　(D)防爆式

126. 单相笼型异步电动机的工作原理与（　　）相同。

(A)单相变压器　　　　　　　　(B)三相笼型异步电动机

(C)交流电焊变压器　　　　　　(D)直流电动机

127. 工业自动化仪表的电风扇使用的电动机属于( )异步电动机。

(A)单相罩极式 　　　　　　(B)电阻起动单相

(C)单相电容式运转 　　　　(D)电容起动单相

128. 某直流电动机型号为 ZQ—32,其中 Q 表示( )。

(A)牵引电动机 　　　　　　(B)船用电动机

(C)通用电动机 　　　　　　(D)家用电动机

129. 他励式直流电动机的励磁绕组应该( )。

(A)有独立电源 　　　　　　(B)与电枢绕组串接

(C)与电枢绕组并联 　　　　(D)与换向绕组串接

130. 三相交流异步电动机额定转速( )。

(A)大于同步转速 　　　　　(B)小于同步转速

(C)等于同步转速 　　　　　(D)小于转差率

131. 三相交流异步电动机旋转方向由( )决定。

(A)电动势方向 　　　　　　(B)电流方向

(C)频率 　　　　　　　　　(D)旋转磁场方向

132. 改变电容式单相异步电动机的转向方法是( )。

(A)主、副绕组对调

(B)电源相线与零线对调

(C)电容器接线对调

(D)主绕组或副绕组中任意一个首尾对调

133. 单相电容式异步电动机定子铁心嵌放( )绕组。

(A)2 套　　(B)1 套　　(C)3 套　　(D)4 套

134. 直流电动机是把直流电能换成( )输出。

(A)直流电流 　　　　　　　(B)机械能

(C)直流电压 　　　　　　　(D)电场力

135. 并励直流电动机的励磁绕组与电枢绕组( )。

(A)并联相接

(B)串联相接

(C)分别独立连接电源

(D)一部分串接一部分并联相接

136. 三相异步电动机铭牌上的额定功率是指(　　)。

(A)输入的有功功率 　　　　　　(B)轴上输出的机械功率

(C)视在功率 　　　　　　　　　(D)电磁功率

137. 某电动机型号为 Y—112M—4,其中 4 的含义是(　　)。

(A)异步电动机 　　　　　　　　(B)中心高度

(C)磁极数 　　　　　　　　　　(D)磁极对数

138. 直流电动机铭牌上标注的额定功率表示(　　)。

(A)视在功率

(B)电动机输出的机械功率

(C)从电网吸收的电磁功率

(D)输入的有功功率

139. 直流电动机铭牌上标注的温升是指(　　)。

(A)电动机允许发热的限度

(B)电动机发热的温度

(C)电动机使用时的环境温度

(D)电动机铁心允许的上升温度

140. 交流三相异步电动机定子单层绕且一般采用(　　)。

(A)单迭绕组 　　　　　　　　　(B)长距绕组

(C)整距绕组 　　　　　　　　　(D)短距绕组

141. 三相异步电动机定子单层绕组的线圈数为(　　)。

(A)定子总槽数 　　　　　　　　(B)定子总槽数的 1/2

(C)定子总槽数的 1/3 　　　　　(D)定子总槽数的 2 倍

142. 八极三相异步电动机的定子圆周对应的电角度为(　　)。

(A)360° 　　(B)1080° 　　(C)1440° 　　(D)2880°

143. 交流三相异步电动机 $Z=24,m=3,2P=4$,则每极每相的槽数为(　　)。

(A)8 槽　　(B)2 槽　　(C)4 槽　　(D)6 槽

144. 交流三相异步电动机定子绕组各相首端应互差(　　)电角度。

(A)360°　　(B)180°　　(C)120°　　(D)90°

145. 一台四极三相异步电动机的定子绕组共有(　　)极相组。

(A)12 个　　(B)4 个　　(C)6 个　　(D)24 个

146. 两极三相异步电动机定子绕组的并联支路数为(　　)。

(A)1 或 2　　(B)3 或 4　　(C)2　　(D)4

147. 四极三相异步电动机定子绕组并联支路数为(　　)。

(A)1 或 2 或 4　　　　　　(B)3 或 4

(C)12　　　　　　　　　　(D)8

148. 主要用于配电电路,对电路及设备进行保护、通断、转换电源或负载的电器类型是(　　)电器。

(A)控制　　(B)配电　　(C)开关　　(D)保护

149. 低压电器产品型号类组代号共分(　　)组,类组代号用汉语拼音字母表示,最多 3 个。

(A)4　　(B)2　　(C)10　　(D)12

150. 电器按工作电压分(　　)两大类。

(A)高压电器和低压电器

(B)一般电压电器和特低电压电器

(C)中压电器和高压电器

(D)普通电压电器和安全电压电器

151. 低压电器按执行功能分为(　　)两大类。

(A)手动电器和自动电器

(B)有触点电器和无触点电器

(C)配电电器和保护电器

(D)控制电器和开关电器

152. 交流发电机的文字符号是(　　)。

(A)G　　(B)GD　　(C)GA　　(D)GE

153. 控制变压器文字符号是（　　）。

(A)TC　　(B)TM　　(C)TA　　(D)TR

154. 工作在海拔3000m左右的三相异步电动机用接触器控制,电动机容量为18.5kW,应选交流接触器的型号是（　　）。

(A)CJ10—60/3—TH　　　　(B)CJ20—63/3—G

(C)CJ10—60/3　　　　　　(D)CJ20—63/3—H

155. 三相绕线式异步电动机,应选低压电器（　　）作为过载保护。

(A)热继电器　　　　　　　　(B)过电流继电器

(C)熔断器　　　　　　　　　(D)自动空气开关

156. 按钮开关作为主令电器,当作为停止按钮时,其前面颜色应选（　　）色。

(A)绿　　(B)黄　　(C)白　　(D)红

157. 欲控制容量为3kW三相异步电动机通断,若选脱扣器额定电流 $I_r = 6.5A$、型号为DZ5-20/330自动空气开关进行控制,（　　）安装熔断器作为短路保护。

(A)需要　　　　　　　　　　(B)不需要

(C)可装也可不　　　　　　　(D)视环境确定是否

158. 螺旋式熔断器在电路中的正确装接方法是（　　）。

(A)电源线应接在熔断器上接线座,负载线应接在下接线座

(B)电源线应接在熔断器下接线座,负载线应接在上接线座

(C)没有固定规律,可随意连接

(D)电源线应接瓷座,负载线应接瓷帽

159. 熔断器在低压配电系统和电力拖动系统中主要起（　　）保护作用,因此熔断器属保护电器。

(A)轻度过载　　(B)短路　　(C)失压　　(D)欠压

160. 下列型号的开关中属左、右转换操作手柄的是（　　）。

(A)HZ10—25/3　　　　　　(B)HK1—30/3

(C)HH4—30/3　　　　　　　　　(D)HK2—30/2

161. 下列开关中有灭弧装置的是（　　）。

(A)HK1—30/2　　　　　　　　　(B)HH4—30/3

(C)HK1—30/2　　　　　　　　　(D)HZ10—25/3

162. DZ10—100/330 脱扣器额定电流 $I_r = 40A$，这是塑壳式空气断路器的铭牌数据，则该断路器瞬时脱扣动作整定电流是（　　）。

(A)40A　　　(B)200A　　　(C)400A　　　(D)50A

163. 交流接触器的基本构造由（　　）组成。

(A)操作手柄、动触刀、静夹座、进线座、出线座和绝缘底板

(B)主触头、辅助触头、灭弧装置、脱扣装置、保护装置动作机构

(C)电磁机构、触头系统、灭弧装置、辅助部件等

(D)电磁机构、触头系统、辅助部件、外壳

164. 容量为 10kW 的三相异步电动机用接触器正转遥控，不频繁操作应选接触器的型号是（　　）。

(A)CJ10—10/3　　　　　　　　　(B)CJ10—20/3

(C)CJ10—60/3　　　　　　　　　(D)CJ10—100/3

165. 直流接触器一般采用（　　）灭弧装置。

(A)封闭式自然灭弧、铁磁片灭弧、铁磁栅片灭弧等三种

(B)磁吹式

(C)双断口结构的电动力

(D)半封闭式绝栅片陶土灭弧罩或半封闭式金属栅片陶土灭弧罩

166. 直流接触器的铁心不会产生（　　）损耗。

(A)涡流和磁滞　　　　　　　　　(B)短路

(C)涡流　　　　　　　　　　　　(D)空载

167. 下列电器属于主令电器的是（　　）。

(A)刀开关　　　　　　　　　　　(B)接触器

(C)熔断器　　　　　　　　　　　(D)按钮

168. 下列型号属于主令电器的是（　　）。

(A)CJ10—40/3　　　　　　(B)RL1—15/2

(C)JLXK1—211　　　　　　(D)DZ10—100/330

169. 中间继电器的工作原理是（　　）。

(A)电流化学效应　　　　　(B)电流热效应

(C)电流机械效应　　　　　(D)与接触器完全相同

170. JZ7 系列中间继电器触头采用双断点结构,上、下两层各有四对触头,下层触头只能是常开的,故触头常开与常闭组合可有（　　）种形式。

(A)3　　(B)2　　(C)5　　(D)4

171. 过电流继电器主要用于（　　）的场合,作为电动机或主电路的过载和短路保护。

(A)不频繁起动和重载起动

(B)频繁起动和重载起动

(C)频繁起动和轻载起动

(D)轻载起动和不频繁起动

172. 过电流继电器在正常工作时,线圈通过的电流在额定值范围内,电磁机构的衔铁所处的状态是（　　）。

(A)吸合动作,常闭触头断开

(B)不吸合动作,常闭触头断开

(C)吸合动作,常闭触头恢复闭合

(D)不吸合,触头也不动作而维持常态

173. 电压继电器按实际使用要求可分为（　　）类。

(A)2　　(B)3　　(C)4　　(D)5

174. 过电压继电器接在被测电路中,当一般动作电压为（　　）U_n 以上时对电路进行过电压保护。

(A)0.8　　　　　　　　　(B)1.05～1.2

(C)0.4～0.7　　　　　　(D)0.1～0.35

175. 速度继电器的作用是（　　）。

（A）限制运行速度   （B）速度计量

（C）反接制动   （D）能耗制动

176. 在反接制动中,速度继电器( ),其触头接在控制电路中。

（A）线圈串接在电动机主电路中

（B）线圈串接在电动机控制电路中

（C）转子与电动机同轴连接

（D）转子与电动机不同轴连接

177. 热继电器是利用电流的( )来推动动作机构使触头系统闭合或分断的保护电器。

（A）热效应   （B）磁效应

（C）机械效应   （D）化学效应

178. 10kW 三相异步电动机定子绕组△接线,用热继电器作过载保护,其型号应选( )最合适。

（A）JR16—20/3,热元件额定电流为 22A,调整范围为 14～
  22A

（B）JR0—20/3D,热元件额定电流为 22A,调整范围为 14～
  22A

（C）JR15—40/2,热元件额定电流为 24A,调整范围为 15～
  24A

（D）JR14—20/3D,热元件额定电流为 11A,调整范围为
  6.8～11A

179. JS17 系列电动式时间继电器由( )等部分组成。

（A）电磁机构、触头系统、灭弧装置、其他辅件

（B）电磁机构、触头系统、气室、传动机构、基座

（C）同步电动机、离合电磁铁、减速齿轮、差动轮系、复位游
  丝、延时触点、瞬动触点、推动延时接点脱扣机构的凸轮

（D）延时环节、鉴幅器、输出电路、电源和指示灯

180. 下列型号的时间继电器属于电动式时间继电器的是

(　　)。

    (A)JS—4A
    (B)JS17—21
    (C)JS20—15D/10
    (D)JSJ—M22

181. 压力继电器多用于机床设备的(　　)等系统。

    (A)气压、水压和油压
    (B)调速调压
    (C)换向
    (D)齿轮和润滑

182. 压力继电器的正确使用方法是(　　)。

    (A)继电器的线圈装在机床电路的主电路中,微动开关触头装在控制电路中

    (B)继电器的线圈装在机床控制电路中,其触头接在主电路中

    (C)继电器装在有压力源的管路中,微动开关触头装在控制回路中

    (D)继电器线圈并在主电路中,其触头装在控制电路中

183. 电磁离合器主要由(　　)等部分组成。

    (A)电磁铁(包括静铁心、动铁心、激磁线圈)、静摩擦片、动摩擦片和弹簧

    (B)电磁机构、触头系统、其他辅件

    (C)电磁机构和灭弧装置

    (D)电磁系统和主、辅触头

184. 电磁离合器的文字符号是(　　)。

    (A)YH   (B)YT   (C)YL   (D)YC

185. 电磁铁的结构主要由(　　)部分组成。

    (A)铁心、衔铁、线圈及工作机械等

    (B)电磁系统、触头系统、灭弧装置和其他辅件

    (C)电磁机构、触头系统和其他辅件

    (D)闸瓦、闸轮、杠杆、弹簧组成的制动器和电磁机构

186. 用于电气传动装置中对电动机进行制动的电磁铁的型号是(　　)。

    (A)MQ1—5121
    (B)MQ1—6131

(C)MQ3—9.8N1　　　　　　　(D)MZS1—7

187. 下列结构的电阻器能耐受一定突击振动并具有较大功率、较高机械强度的是(　　)元件。

(A)金属膜电阻　　　　　　　(B)铁片栅电阻

(C)瓷管式、瓷盘式电阻　　　(D)框架式电阻

188. 在工业中应用最广的金属电阻器,其结构形式主要有(　　)。

(A)金属膜电阻器和金属氧化膜电阻器

(B)固定电阻和可变电阻

(C)无骨架螺旋式、瓷管式、瓷盘式、框架式、铁片栅电阻元件和频敏变阻器

(D)碳膜电阻和线绕电阻

189. 频敏变阻器串接在(　　)电动机的转子绕组中,作为起动设备。

(A)笼型　　　(B)线绕式　　　(C)同步　　　(D)直流

190. 频敏变阻器实质上是一个铁心损耗(　　)电抗器。

(A)很小的三相　　　　　　　(B)很大的单相

(C)很大的三相　　　　　　　(D)很小的单相

191. 交流电磁铁在理想情况下的平均吸力与行程(　　)。

(A)无关　　　　　　　　　　(B)成反比

(C)成正比　　　　　　　　　(D)平方成反比

192. 直流电磁铁的励磁电流大小与行程(　　)。

(A)成正比　　　　　　　　　(B)成反比

(C)无关　　　　　　　　　　(D)平方成正比

193. 直流电磁离合器的吸力大小与气隙大小的关系是(　　)。

(A)与气隙大小成正比

(B)与气隙大小成反比

(C)与气隙大小的平方成反比

(D)与气隙大小的平方成正比

194. 交流电磁离合器的励磁电流与行程（　　）。

(A)成正比 　　　　　　　　(B)成反比

(C)无关 　　　　　　　　　(D)平方成反比

195. 一般热继电器的热元件按电动机额定电流 I_N 来选择电流等级，其整定值为（　　）I_N。

(A)0.3～0.5 　　　　　　　(B)0.95～1.05

(C)1.2～1.3 　　　　　　　(D)1.3～1.4

196. 欠电流继电器衔铁释放电流为额定电流 I_N 的（　　）倍。

(A)0.95 　　(B)0.7 　　(C)0.1～0.2 　　(D)0.85

197. 熔断器的额定电流是指（　　）电流。

(A)熔体额定

(B)熔管额定

(C)其本身的载流部分和接触部分发热所允许通过的

(D)保护电气设备的额定

198. 直接起动时的优点是电气设备少、维修量小和（　　）。

(A)线路简单 　　　　　　　(B)线路复杂

(C)起动转矩小 　　　　　　(D)起动电流小

199. 三相笼型异步电动机，可以采用定子串电阻降压起动，由于它的主要缺点是（　　），所以很少采用此方法。

(A)产生的起动转矩太大

(B)产生的起动转矩太小

(C)起动电流过大

(D)起动电流在电阻上产生的热损耗过大

200. 定子绕组串接电阻降压起动后，将电阻（　　），电动机在额定电压下正常运转。

(A)开路 　　(B)短接 　　(C)并接 　　(D)串接

201. 三相电动机自耦降压起动器以 80% 的抽头降压起动时，电动机的起动转矩是全压起动转矩的（　　）%。

（A）36　　（B）64　　（C）70　　（D）81

202. 为了使异步电动机能采用 Y－△降压起动,电动机在正常运行时必须是(　　)。

（A）Y 接法　　　　　　　　（B）△接法

（C）Y/△接法　　　　　　　（D）延边三角形接法

203. 三相笼型异步电动机,当采用延边三角形起动时,每相绕组的电压(　　)。

（A）比 Y-△起动时大,比全压起动时小

（B）等于全压起动时的电压

（C）是全压起动时的 3 倍

（D）是全压起动时的 1/3 倍

204. 延边三角形降压起动后,定子绕组要改接成(　　)全压运行。

（A）Y　　（B）△　　（C）Y-△　　（D）开口三角形

205. 实现三相异步电动机的正反转是(　　)。

（A）正转接触器的常闭触点和反转接触器的常闭触点联锁

（B）正转接触器的常开触点和反接接触器的常开触点联锁

（C）正转接触器的常闭触点和反接接触器的常开触点联锁

（D）正转接触器的常开触点和反接接触器的常闭触点联锁

206. 在正、反转控制电路中,两个接触器要相互联锁,可将接触器的(　　)触头串接到另一接触器的线圈电路中。

（A）常开辅助　　　　　　　（B）常闭辅助

（C）常开主触头　　　　　　（D）常闭主触头

207. 三相笼型异步电动机电磁抱闸断电动作型属于(　　)电路。

（A）点动控制　　　　　　　（B）自锁控制

（C）联锁控制　　　　　　　（D）正反转控制

208. 电磁抱闸断电制动控制线路,当电磁抱闸线圈(　　)时,电动机迅速停转。

(A)失电　　(B)得电　　(C)电流很大　　(D)短路

209. 三相笼型异步电动机带动电动葫芦的绳轮常采用（　　）制动方法。

(A)电磁抱闸　　　　　　　(B)电磁离合器

(C)反接　　　　　　　　　(D)能耗

210. 电磁离合器的制动原理,是当电动机失电时（　　）,使电动机立即受到制动而停转。

(A)产生电磁吸力

(B)强大张力迫使动、静摩擦片之间产生足够大摩擦力

(C)励磁线圈获电

(D)静摩擦片与动摩擦片分开

211. 反接制动电流一般为电动机额定电流的（　　）倍。

(A)4　　(B)6　　(C)8　　(D)10

212. 异步电动机反接制动过程中,由电网供给的电磁功率和拖动系统供给的机械功率,（　　）转化为电动机转子的热损耗。

(A)1/4 部分　　　　　　　(B)1/2 部分

(C)3/4 部分　　　　　　　(D)全部

213. 三相异步电动机能耗制动时,电动机处于（　　）运行状态。

(A)电动　　(B)发电　　(C)起动　　(D)调速

214. 三相异步电动机采用能耗制动时,当切断电源后,将（　　）。

(A)转子回路串入电阻

(B)定子任意两相绕组进行反接

(C)转子绕组进行反接

(D)定子绕组送入直流电

215. M7120 型平面磨床的冷却泵电动机,要求当砂轮电动机起动后才能起动,这种方式属于（　　）。

(A)顺序控制　　　　　　　(B)多地控制

(C)联锁控制 　　　　　　　　(D)自锁控制

216. X62W 型万能铣床上要求主轴电动机起动后,进给电动机才能起动,这种控制方式称为( )。

(A)顺序控制 　　　　　　　　(B)多地控制

(C)自锁控制 　　　　　　　　(D)联锁控制

217. 对于三相笼型异步电动机的多地控制,须将多个起动按钮并联,多个停止按钮( ),才能达到要求。

(A)串联 　　(B)并联 　　(C)自锁 　　(D)混联

218. 对于三相笼型异步电动机的多地控制,须将多个起动按钮( ),多个停止按钮串联,才能达到要求。

(A)串联 　　(B)并联 　　(C)自锁 　　(D)混联

219. 生产机械的位置控制是利用生产机械运动部件上的挡块与( )的相互作用而实现的。

(A)位置开关 　　　　　　　　(B)挡位开关

(C)转换开关 　　　　　　　　(D)联锁按钮

220. 工厂车间的行车需要位置控制,行车两头的终点处各安装一个位置开关,这两个位置开关要分别( )在正转和反转控制线路中。

(A)串联 　　(B)并联 　　(C)混联 　　(D)短接

221. 转子绕组串电阻起动适用于( )电动机。

(A)笼型异步 　　　　　　　　(B)绕线式异步

(C)笼型和绕线式异步 　　　　(D)串励直流电动机

222. 起重机上提升重物的绕线式异步电动机起动方法用( )。

(A)定子接三相调压器法 　　　(B)转子串起动电阻法

(C)定子串起动电阻法 　　　　(D)转子串频敏变阻器法

223. 三相绕线式异步电动机起动用的频敏变阻器,起动过程中其等效电阻的变化是从大到小,其电流变化是( )。

(A)从大到小 　　　　　　　　(B)从小到大

(C)恒定不变　　　　　　　　(D)从小稍为增大

224. 三相绕线式转子异步电动机采用频敏变阻器起动,当起动电流及起动转矩过小时,应(　　)频敏变阻器的匝数,以提高起动电流和起动转矩。

(A)增加　　(B)减小　　(C)不变　　(D)稍为增加

225. 绕线式异步电动机转子串电阻调速,属于(　　)。

(A)改变转差率调整　　　　　(B)变极调速

(C)变频调速　　　　　　　　(D)改变端电压调速

226. 桥式起重机的调速常采用(　　)来实现。

(A)串电抗　　　　　　　　　(B)串频敏电阻器

(C)凸轮控制器　　　　　　　(D)变极调速

227. 电磁制动器必须在(　　)状态下制动才有效。

(A)断电　　(B)通电　　(C)电压升高　　(D)电压降低

228. 发电制动适用于(　　)在位能负载作用下的情况。

(A)起重机械　　　　　　　　(B)小容量电动机

(C)能耗制动　　　　　　　　(D)反接制动

229. 白炽灯的工作原理是(　　)。

(A)电流的磁效应　　　　　　(B)电磁感应

(C)电流的热效应　　　　　　(D)电流的光效应

230. 白炽灯是通过给灯内(　　)丝通电加高温至白炽状向四周辐射发光而得名的。

(A)铜　　(B)铅　　(C)铝　　(D)钨

231. 荧光灯启辉器的作用是(　　)。

(A)辉光放电　　　　　　　　(B)产生热效应

(C)产生光电效应　　　　　　(D)电磁感应

232. 荧光灯的工作原理是(　　)。

(A)辉光放电　　　　　　　　(B)电流的热效应

(C)电流的磁效应　　　　　　(D)光电效应

233. 属于气体放电光源的是(　　)。

(A)白炽灯　　　　　　　　　(B)磨砂白炽灯

(C)卤钨灯　　　　　　　　　(D)照明高压汞灯

234. 在振动较大的场所宜采用(　　)。

(A)白炽灯　　　(B)荧光灯　　　(C)卤钨灯　　　(D)高压汞灯

235. 属于热辐射光源的是(　　)。

(A)汞灯　　　(B)氙灯　　　(C)钠铊铟灯　　　(D)卤钨灯

236. 卤钨灯的工作原理与白炽灯原理相同,其灯丝材料是(　　)。

(A)钨　　　(B)溴　　　(C)碘　　　(D)铜

237. 属于气体放电光源的是(　　)。

(A)白炽灯　　　(B)磨砂白炽灯　　　(C)卤钨灯　　　(D)钠灯

238. 当高压钠灯接入电源后,电流经过镇流器、热电阻、双金属片常闭触头而形成通路,此时放电管中(　　)。

(A)电流极大　　　　　　　　　(B)电流较大

(C)交流较小　　　　　　　　　(D)无电流

239. 工厂电气照明按供电方式分为(　　)种。

(A)2　　　(B)3　　　(C)4　　　(D)5

240. 车间照明灯头引下线采用铜芯线时,其截面应在(　　)mm^2 以上。

(A)0.5　　　(B)0.75　　　(C)1　　　(D)2.5

241. 塑料护套线适用于潮湿和有腐蚀性的特殊场所,室内明敷时,离地最小距离不得低于(　　)m。

(A)0.15　　　(B)1.5　　　(C)2　　　(D)2.5

242. 穿管敷设的绝缘导线的线芯最小截面,铜线为(　　)mm^2。

(A)1.0　　　(B)1.5　　　(C)2.5　　　(D)4

243. 敷设电线管时,当管线长度超过(　　)时,应在管线中间装设分线盒或接线盒。

(A)12m　　　(B)20m　　　(C)30m　　　(D)45m

244. 在建筑物的侧面或斜面配线时,必须将导线绑扎在瓷瓶的( )

(A)下方　　(B)右方　　(C)中间　　(D)上方

245. 导线在不同的平面上曲折时,在凸角的两面上应装设( )个瓷瓶。

(A)1　　(B)2　　(C)3　　(D)4

246. 按接地的目的不同,接地可分为( )种。

(A)1　　(B)2　　(C)3　　(D)4

247. 电压互感器的二次线圈有一点接地,此接地应称为( )。

(A)重复接地　　　　　　　(B)工作接地

(C)保护接地　　　　　　　(D)防雷接地

248. 保护接地的主要作用是( )和减少流经人身的电流。

(A)防止人身触电　　　　　(B)减少接地电流

(C)降低接地电压　　　　　(D)短路保护

249. 保护接地的主要作用是降低接地电压和( )。

(A)流少流经人身的电流　　(B)防止人身触电

(C)减少接地电流　　　　　(D)短路保护

250. 中性点不接地的 380/220V 系统的接地电阻值应不超过( )Ω。

(A)0.5　　(B)4　　(C)10　　(D)30

251. 接地体多采用( )制成,其截面应满足热稳定和机械强度的要求。

(A)任一种金属材料　　　　(B)铜铝材料

(C)型钢　　　　　　　　　(D)绝缘导线

252. 保护接零的有效性是当设备发生故障时( )使保护装置动作。

(A)过载电压　　　　　　　(B)额定电压

(C)短路电流　　　　　　　(D)接地电流

253. 保护接零适用于( )系统。

(A)IT　　(B)TT　　(C)TN　　(D)IT-TT

254. 有保护接零要求的单相移动式用电设备,应使用三孔插座供电,正确的接线位置是( )。

(A)大孔接地,右下小孔接地相线,左下小孔接工作零线

(B)大孔接保护零线,右下小孔接工作零线,左下小孔接相线

(C)大孔接保护零线,右下小孔接相线,左下小孔接工作零线

(D)大孔和左下小孔接工作零线,右下小孔接相线

255. 所有电气设备的保护线或保护零线,均应按( )方式接地零干线上。

(A)并联　　(B)串联　　(C)混联　　(D)任意联接

256. 如果线路上有人工作,停电作业时应在线路开关和刀闸操作手柄上悬挂( )的标志牌。

(A)止步、高压危险

(B)禁止合闸,有人工作

(C)在此工作

(D)禁止合闸,线路有人工作

257. 停电操作应在断路器断开后进行,其顺序为( )。

(A)先拉线路侧刀闸,后拉母线侧刀闸

(B)先拉母线侧刀闸,后拉线路侧刀闸

(C)先拉哪一侧刀闸不要求

(D)视情况而定

258. 室外配线跨越通车通道时,不应低于( )m。

(A)2　　(B)3.5　　(C)6　　(D)6.5

259. 穿管配线的安全技术要求是:明配于潮湿场所和埋于地下的钢管,均应使用壁厚不小于( )mm 的厚壁管。

(A)1　　(B)1.5　　(C)2　　(D)2.5

260. 变压器停电退出运行,首先应( )。

(A)断开各负荷　　　　　　(B)断开高压侧开关

(C)断开低压侧开关　　　　(D)同时断开高、低压侧开关

261. 室外安装的变压器的周围应装设高度不低于(　　)m的栅栏。

(A)1　　(B)1.2　　(C)1.5　　(D)1.7

262. 低压电器元件在配电盘、箱、柜内的布局要求美观和安全,盘、柜内的二次回路配线应采用截面不小于(　　)mm² 的铜芯绝缘导线。

(A)1　　(B)1.5　　(C)2.5　　(D)4

263. Ⅲ类手持式电动工具的绝缘电阻不得低于(　　)MΩ。

(A)0.5　　(B)1　　(C)2　　(D)7

264. 二极管正向偏置是指(　　)。

(A)正极接高电位,负极接低电位

(B)正极接低电位,负极接高电位

(C)二极管没有正负极之分

(D)二极管的极性任意接

265. 当反向电压小于击穿电压时二极管处于(　　)状态。

(A)死区　　(B)截止　　(C)导通　　(D)击穿

266. 二极管处于导通状态时,其伏安特性是(　　)。

(A)电压微变,电流微变　　　　(B)电压微变,电流剧变

(C)电压剧变,电流微变　　　　(D)电压不变,电流剧变

267. 型号为 2AP9 的二极管表示(　　)。

(A)N 型材料整流管　　　　(B)N 型材料稳压管

(C)N 型材料开关管　　　　(D)N 型材料普通管

268. 晶体管内部 PN 结的个数有(　　)个。

(A)1　　(B)2　　(C)3　　(D)4

269. 在 NPN 型晶体管放大电路中,如将其基极与发射极短路,晶体管所处的状态是(　　)。

(A)截止　　(B)饱和　　(C)放大　　(D)无法判定

270. 锗低频小功率晶体管型号为(　　)。

(A)3ZD　　(B)3AD　　(C)3AX　　(D)3DD

271. 估测晶体管穿透电流时,(　　)说明三极管性能较好。

(A)阻值很大,指针几乎不动

(B)阻值很小,指针缓慢摆动

(C)阻值很小,指针较快摆动

(D)无法判定

272. 欲使硅稳压管工作在击穿区,必须(　　)。

(A)加正向电压,且大于死区电压

(B)加正向电压,且小于死区电压

(C)加反向电压,且小于击穿电压

(D)加反向电压,且大于击穿电压

273. 硅稳压二极管与整流二极管不同之处在于(　　)。

(A)稳压管不具有单向导电性

(B)稳压管可工作在击穿区,整流二极管不允许

(C)整流二极管可工作在击穿区,稳压管不能

(D)稳压管击穿时端电压稳定,整流管则不然

274. 硅稳压管加正向电压时,(　　)。

(A)立即导通　　　　　　　　(B)超过 0.3V 导通

(C)超过死区电压导通　　　　(D)超过 1V 导通

275. 下面型号中,表示稳压管型号的是(　　)。

(A)2AP1　　(B)2CW54　　(C)2CK84A　　(D)2CZ50

276. 在单相整流电路中,若输入电压相同,则二极管承受反向电压最高的电路是(　　)。

(A)单相半波整流电路　　　　(B)单相全波整流电路

(C)单相桥式整流电路　　　　(D)单相桥式半控整流电路

277. 一负载电流为 10mA 的单相半波整流电路,实际流过整流二极管的平均电流是(　　)mA。

(A)0　　(B)10　　(C)5　　(D)3

278. 单相半波整流电路,加电容滤波器后,整流二极管承受

的最高反向电压将（　　）。

(A)不变 　　　　　　　　　　　(B)降低

(C)升高 　　　　　　　　　　　(D)单相半波整流电路相同

279. 小功率负载的滤波电路,要求滤波效果很好,应选择的滤波电路形式是(　　)。

(A)电容滤波器 　　　　　　　　(B)电感滤波器

(C)LCπ型滤波器 　　　　　　(D)RCπ型滤波器

280. 硅稳压管稳压电路中,若稳压管稳定电压为10V,则负载电压为(　　)。

(A)等于10V 　　　　　　　　　(B)小于10V

(C)大于10V 　　　　　　　　　(D)无法确定

281. 在硅稳压管稳压电路中,限流电阻的一个作用是(　　)。

(A)减小输出电流 　　　　　　　(B)减小输出电压

(C)使稳压管工作在截止区 　　　(D)调节输出电压

282. 带直流负反馈的串联型稳压电路,是利用(　　)作电压调整器件与负载串联。

(A)取样电路 　　　　　　　　　(B)晶体管

(C)基准电路 　　　　　　　　　(D)比较放大电路

283. 带直流负反馈的串联型稳压电路,为提高稳压灵敏度,其比较放大电路的放大倍数应(　　)。

(A)较低 　　(B)很低 　　(C)较高 　　(D)很高

284. 在共发射极放大电路中,静态工作点一般设置在(　　)。

(A)直流负载线的上方 　　　　　(B)直流负载线的中点上

(C)交流负载线的下方 　　　　　(D)交流负载线的中点上

285. 在共发射极放大电路中,若静态工作点设置过低,易产生(　　)。

(A)饱和失真 　　　　　　　　　(B)交越失真

(C)截止失真　　　　　　　　(D)直流失真

286. 在单管晶体管放大电路中,电压放大倍数小的电路是（　　）。

(A)共集电极电路　　　　　　(B)共发射极电路

(C)共基极电路　　　　　　　(D)分压式偏置电路

287. 在三种基本组合状态的放大电路中,输入电阻最低的是（　　）电路。

(A)共射放大　　　　　　　　(B)共集放大

(C)共基放大　　　　　　　　(D)共射极偏置电路

288. 经过划线确定加工时的最后尺寸,在加工过程中,应通过（　　）来保证尺寸的准确度。

(A)测量　　　(B)划线　　　(C)加工　　　(D)看样冲眼

289. 毛坯工件通过找正后划线,可使加工表面与不加工表面之间保持（　　）均匀。

(A)尺寸　　　(B)形状　　　(C)尺寸和形状　　　(D)误差

290. 硬头手锤是用碳素工具钢制成,并经淬硬处理,其规格用（　　）表示。

(A)长度　　　(B)厚度　　　(C)重量　　　(D)体积

291. 錾子两个刃面的夹角称为（　　）。

(A)前角　　　(B)后角　　　(C)刃倾角　　　(D)楔角

292. 锉削硬材料时应选用（　　）锉刀。

(A)单锉齿　　　(B)粗齿　　　(C)细齿　　　(D)圆

293. 双齿纹锉刀大多用（　　）。

(A)剁齿　　　(B)铣齿　　　(C)底齿　　　(D)面齿

294. 钻头的规格和标号一般标在钻头的（　　）。

(A)切削部分　　　(B)导向部分　　　(C)柄部　　　(D)颈部

295. 当麻花钻后角磨得偏大时,（　　）。

(A)横刃斜角减小,横刃长度增大

(B)横刃斜角增大,横刃长度减小

(C)横刃斜角和长度都减小

(D)横刃斜角和长度不变

296. 当被连接板材厚度相同时,铆钉直径应等于板厚的( )倍。

(A)2　　(B)3　　(C)1.5　　(D)1.8

297. 用半圆头铆钉铆接时,留作铆合头伸出部分长度应为铆钉直径的( )。

(A)0.8~1.2倍　　　　　　(B)0.8~1.25倍

(C)0.8~1.5倍　　　　　　(D)1.25~1.5倍

298. 加工不通孔螺纹,要使切屑向上排出,丝锥的容屑槽做成( )。

(A)左旋槽　　(B)右旋槽　　(C)断屑槽　　(D)直槽

299. 在钢料上攻 M10 螺纹时,钻头直径应为( )mm。

(A)8.5　　(B)9.5　　(C)10.5　　(D)11

300. 为了使板牙容易对准工件和切入工件,圆杆端部要倒成圆锥斜角为( )的锥体。

(A)10°~15°　　　　　　(B)15°~20°

(C)20°~25°　　　　　　(D)25°~30°

301. 在脆性材料上加工 M20 的外螺纹,其圆杆直径应是( )mm。

(A)18.5　　(B)19.00　　(C)19.50　　(D)19.70

302. 冷矫正由于冷作硬化现象存在,只适用于( )的材料。

(A)刚性好,变形严重　　　　(B)塑性好,变形不严重

(C)塑性差,变形严重　　　　(D)刚性好,变形不严重

303. 弯曲直径在( )mm 以下的油管可用冷弯方法进行。

(A)8　　(B)10　　(C)12　　(D)14

304. 弯曲有焊缝的管子,焊缝必须放在其( )的位置上。

(A)弯曲上层　　　　　　(B)弯曲外层

(C)弯曲内层　　　　　　　　(D)中性层

305. 材料弯曲部分发生了拉伸和压缩,其断面面积(　　)。

(A)产生收缩　　　　　　　　(B)有所增大

(C)保持不变　　　　　　　　(D)变化很大

306. 锯割软钢、黄铜、铸铁宜选用(　　)齿锯条。

(A)粗　　　(B)中　　　(C)细　　　(D)细变中

307. 目前使用锯条的锯齿后角是(　　)。

(A)10°　　　(B)20°　　　(C)30°　　　(D)40°

308. 扩孔时,因切削深度较小,切削角度可取(　　)值,使切削省力。

(A)很大　　　(B)较大　　　(C)很小　　　(D)较小

309. 扩孔精度一般可达(　　)。

(A)IT11～IT10　　　　　　　(B)IT10～IT9

(C)IT9～IT8　　　　　　　　(D)IT8～IT7

310. 拆卸精度较高的零件,采用(　　)。

(A)击卸法　　　(B)拉拔法　　　(C)破坏法　　　(D)温差法

311. 将需要修理的部件拆卸下来,换上事先准备好的同类部件,叫(　　)修理组织法。

(A)部件　　　(B)分部　　　(C)同步　　　(D)异步

312. 绕组线头焊接后,要(　　)。

(A)清除残留焊剂　　　　　　(B)除毛刺

(C)涂焊剂　　　　　　　　　(D)恢复绝缘

313. 桩头接头焊接时,在清除芯线表面氧化层后,(　　)。

(A)多股芯线清除氧化层后要拧紧

(B)涂焊剂

(C)下焊

(D)清除残留焊剂

314. 焊接强电元件要用(　　)W 以上的电烙铁。

(A)25　　　(B)45　　　(C)75　　　(D)100

315. 焊接弱电元件要用( )W 及以下的电烙铁。

(A)25 (B)45 (C)75 (D)100

316. 固定管子焊接,按管径大小其焊接方法有( )种。

(A)1 (B)2 (C)3 (D)4

317. 水平固定管焊接时都按照( )顺序进行。

(A)平—立—仰 (B)仰—立—平

(C)仰—平—立 (D)立—仰—平

318. 水平固定管的焊接,按焊接操作顺序分为( )种。

(A)2 (B)3 (C)4 (D)5

319. 倾斜 45°固定管的焊接,焊接打底层时,用( )向前进行焊接。

(A)直击法 (B)间击法 (C)多层焊 (D)挑弧焊

320. 固定管板盖面层焊接,操作时可分为( )个过程。

(A)2 (B)3 (C)4 (D)5

321. 管板盖面层焊接时,一般是按( )的顺序焊接。

(A)先右侧焊,后左侧焊 (B)先左侧焊,后右侧焊

(C)先止方焊,后下方焊 (D)先下方焊,后上方焊

4.2 初级维修电工理论知识自测题(二)——判断题

( )1. 各种电气图的命名主要是根据其所表达信息的类型和表达方式而确定的。

( )2. 电气制图中线上的箭头可开口也可不开口。

( )3. 同一张电气图只能选用一种图形形式,图形符号的线条和粗细应基本一致。

( )4. 项目代号为:=T4+D25—K6:A1,它表示继电器 A1 号端子。

( )5. 电压互感器可用旧符号 LH 表示。

( )6. 生产机械的电气图由系统图、电路图构成。

（　　）7. 互连图是表示单元之间的连接情况的，通常不包括单元内部的连接关系。

（　　）8. 分析电气图可以按信息流向逐级分析。

（　　）9. 电气图的识读主要是根据具体要求来进行。

（　　）10. 看 M7130 型平面磨床电气图的主标题栏是为了了解电气图的名称。

（　　）11. 电容器具有隔直流、通交流作用。

（　　）12. 只有电子才能形成电流。

（　　）13. 电场力将单位正电荷从电源负极转移到正极做的功叫电动势。

（　　）14. 在一个闭合电路中，当电源内阻一定时，电源的端电压随电流的增大而减小。

（　　）15. 在任何闭合回路中，各段电压的和为零。

（　　）16. 两只标有"220V，40W"的灯泡串联后接在 220V 的电源上，每只灯泡的实际功率是 20W。

（　　）17. 并联电路中的总电阻，等于各并联电阻和的倒数。

（　　）18. 在 n 个电动势串联的无分支电路中，某点的电位就等于该点到参考点路径上所有电动势的代数和。

（　　）19. 在交流电路中，因电流的大小和方向不断变化，所以电路中没有高低电位之分。

（　　）20. 正弦交流电的最大值也是瞬时值。

（　　）21. 正弦交流电在变化的过程中，有效值也发生变化。

（　　）22. 交流电的有效值是交流电在一个周期内的平均值。

（　　）23. 正弦交流电压的平均值是指在半个周期内所有瞬时值的平均值。

（　　）24. 铁磁材料的相对磁导率远远大于1。

（　　）25. 当线圈中的电流一定时，线圈的匝数越多，磁通势越大。

（　　）26. 通电直导体在磁场中与磁场方向垂直时，受力最大，平行时受力为零。

（　）**27.** 电磁感应现象就是变化磁场在导体中产生感应电动势的现象。

（　）**28.** 便携式电工指示仪表的精度较高,广泛用于电气试验、精密测量及仪表鉴定中。

（　）**29.** 在便携式电磁系电流表中,扩大电流量程一般采用并联分流器的方法来实现。

（　）**30.** 磁电系测量机构并联分流电阻后,可使流过测量机构的电流增加,从而扩大电流量程。

（　）**31.** T19—V型仪表表示安装式电磁系电压表。

（　）**32.** 电工钳、电工刀、螺钉旋具是常用电工基本工具。

（　）**33.** 角尺是测量直角的量具,也是划平行线和垂直线的导向工具。

（　）**34.** 使用绝缘电阻表前不必切断被测设备的电源。

（　）**35.** 万用表使用后,转换开关可置于任意位置。

（　）**36.** 电磁系电压表使用时不分"＋","－"极性,只要与被测电路并联即可。

（　）**37.** 电流表要与被测电路并联。

（　）**38.** 凡是刷握结构尺寸相同、滑动接触传导电流的场所,可选用同一材质、规格的电刷。

（　）**39.** 钢芯铝绞线中钢芯起提高机构强度的作用,而铝芯截面担任传导电流的功能。

（　）**40.** 型号LGJ—70,表示标称截面为70mm^{2}的钢芯铝绞线,其标准截面70,系指导电铝芯实际截面的近似值。

（　）**41.** 电线电缆用热塑性塑料最多的是聚乙烯和聚氯乙烯,可作电线电缆的绝缘保护层。

（　）**42.** 型号为3240的有机硅环氧层压玻璃布板耐热等级的是B级。

（　　）43. 热老化多见于高压电器,电老化多见于低压电器。

（　　）44. 石棉制品有石棉砂、线、绳、纸、板、编织带等多种,具有保温、耐温、耐酸碱、防腐蚀等特点,但不绝缘。

（　　）45. 磁性材料是指由铁磁物质组成的材料。

（　　）46. 硅钢片 DQ230—35 比 DQ200—50 的铁损小。

（　　）47. 硅钢片中硅的主要作用是提高磁导率,降低磁滞损耗,减轻硅钢片老化现象。

（　　）48. 工农业生产中广泛使用的是滑动轴承,且已标准化生产。

（　　）49. 我国现行滚动轴承标准类型代号共分十大类。

（　　）50. 滚动轴承基本代号由结构类型、尺寸系列、内径、接触角构成。

（　　）51. 润滑脂是由基础油、稠化剂和添加剂在高温下混合而成的膏状物。

（　　）52. 铝基润滑脂及复合铝基润滑脂抗水性最优良。

（　　）53. 润滑脂按锥入度大小定牌号,号数越小锥入度越小。

（　　）54. 变压器可以改变直流电压。

（　　）55. 变压器运行时铁耗是不变的。

（　　）56. 变压器气敏继电器是变压器的主要保护装置。

（　　）57. 阻抗电压是变压器在额定电流时,阻抗压降的大小。

（　　）58. 电焊变压器是一种特殊的降压变压器。

（　　）59. 电焊变压器必须具有较大的漏抗。

（　　）60. 交流电焊机暂载率越高焊接时间越长。

（　　）61. 电压互感器使用中,副边绕组不准开路。

（　　）62. 电流互感器在使用时,副边一端与铁心必须可靠接地。

（　　）63. 电流互感器使用时一定要注意极性。

（　　）64. 变压器高、低压绕组必须有可靠绝缘性能。

（　　）65. 三相变压器并联运行,不要求并联运行的变压器有相同的连接组别。

（　　）**66.** 短路电压相等的变压器并联运行，各变压器按其容量大小成正比地分配负载电流。

（　　）**67.** 三相异步电动机的调速性能十分优越。

（　　）**68.** 单相异步电动机用电抗器调速时，电抗器应与电动机绕组串接。

（　　）**69.** 直流电动机可以无级调速。

（　　）**70.** 交流电动机定子铁心采用硅钢片叠压而成是为了减小铁耗。

（　　）**71.** 电容起动单相异步电动机起动后，当起动绕组断开时，转速会减慢。

（　　）**72.** 串励式直流电动机的机械特性是软特性。

（　　）**73.** 交流三相异步电动机铭牌上的频率是电动机转子绕组电动势的频率。

（　　）**74.** 绝缘材料为 Y 级的电动机工作时的极限温度为 90℃。

（　　）**75.** 交流三相异步电动机定子绕组为同心式绕组时，同一个极相组的元件节距大小不等。

（　　）**76.** 每对磁极下定子绕组的电流方向相同。

（　　）**77.** 交流异步电动机圆形接线圈可以表示各相线圈连接方式与规律。

（　　）**78.** 4 极交流三相异步电动机定子绕组每相绕组的并联支路数最多为 4 路。

（　　）**79.** 电器是所有电工器械的简称。但对于非电现象转换为电现象的器械则不属于电器的范畴。

（　　）**80.** 低压开关、接触器、继电器、主令电器、电磁铁等都属于低压控制电器。

（　　）**81.** 现在我国使用的电气技术中文字符号标准是 GB/T 7159—1987《电气技术中的文字符号制订通则》，代替 GB/T 315—1964。

（　　）**82.** 选用低压电器，要根据用电设备使用场所的自然环境条件、用电设备性质和技术参数(功率、电压、电流、频率、定额)及价格因素等方面综合考虑来选择合适的低压电器。

(　　)83. 熔断器熔体额定电流允许在超过熔断器额定电流下使用。

(　　)84. RM10 系列无填料封闭管式熔断器多用于低压电力网和成套配电装置中,其分断能力很大,可多次切断电路,不必更换熔断管。

(　　)85. HZ3 系列转换开关是有限位型转换开关,它只能在 90°范围内旋转,有定位限制,即所谓两位置转换类型。例如:HZ3—132 型转换开关的手柄,有倒、顺、停三个位置,手柄只能从"停"位置,左转 90°和右转 90°。

(　　)86. 低压断路器集控制和多种保护于一身,其整定电流表示开关的脱扣器不动作时的最大电流。

(　　)87. 交流接触器线圈一般做成薄而长的圆筒状,且不设骨架。

(　　)88. 直流接触器和交流接触器工作原理相同。

(　　)89. 主令控制器是用来按顺序操纵多个控制回路的主令电器,型号是 LK 系列。

(　　)90. 中间继电器是将一个输入信号变成一个或多个输出信号的继电器。

(　　)91. 过电流继电器的线圈装在电动机主电路中,其常闭触头安装在电动机接触器的控制回路中。

(　　)92. 零压继电器接于被测电路中,一般动作电压为 $0.1 \sim 0.35 U_n$ 时对电路进行零压保护。

(　　)93. 一般速度继电器转轴转速达到 $120 r/min$ 以上时,其触头就动作。

(　　)94. 热继电器的主双金属片与作为温度补偿元件的双金属片,其弯曲方向相反。

(　　)95. 晶体管时间继电器也称半导体时间继电器或电子式时

间继电器。

(　　)96. 常用的压力继电器有 YJ 系列、TE52 系列和 YT—1226 等系列。

(　　)97. 电磁离合器制动属于电气制动。

(　　)98. 电磁铁是利用电磁吸力来操纵和牵引机械装置以完成预期的动作,或用于钢铁零件的吸持固定、铁磁物体的起重搬运等,因此它也是将电能转换为机械能的一种低压电器。

(　　)99. 铁片栅电阻元件,是用冲压或浇铸方法制成的曲折的栅状铁片。其机械强度最高,体积大而笨重,因此广泛应用。

(　　)100. 频敏变阻器是异步电动机的一种起动设备,能实现电动机平稳无级起动。在工矿企业中广泛采用频敏变阻器,代替所有异步电动机的起动电阻。

(　　)101. 交流电磁铁的吸力特性比较陡峭,直流电磁铁吸力特性一般比较平坦。

(　　)102. 电磁离合器可对机床设备进行制动,还可以改变机床设备的运转方向。

(　　)103. 对于频敏正反转及密集通断工作的电动机所用的过载保护,选择热继电器是最佳方案。

(　　)104. 操作频率表示开关电器在每半个小时内可能实现的最高操作循环次数。

(　　)105. 直接起动的优点是电气设备少,线路简单,维修量小。

(　　)106. 三相异步电动机串电阻降压起动的目的是提高功率因数。

(　　)107. 自耦变压器降压起动是指电动机起动时,利用自耦变压器来降低加在电动机定子绕组上的起动电压。

(　　)108. 三相笼型异步电动机都可以用 Y-△降压起动。

(　　)109. 延边三角形的降压起动方法,是在 Y-△降压起动方法的基础上加以改进的一种新的起动方法。

(　　)110. 用倒顺开关控制电动机的一个突出的优点,是可随时对电动机进行反接制动的手动操作。

（　　）**111.** 电磁抱闸通电动作型的性能是：当线圈通电时闸瓦紧紧抱住闸轮制动。

（　　）**112.** 电磁离合器的制动原理是：当电动机静止时，制动电磁铁无电；当电动机失电后，制动电磁铁动作制动。

（　　）**113.** 反接制动是指依靠电动机定子绕组的电源相序来产生制动力矩，迫使电动机迅速停转的方法。

（　　）**114.** 能耗制动的制动力矩与电流成正比，因此电流越大越好。

（　　）**115.** CA6140 型车床的主轴电动机与冷却泵电动机的控制属于顺序控制。

（　　）**116.** 对多地控制，只要把各地的起动按钮并接即可实现。

（　　）**117.** 位置开关是一种将机械信号转换为电气信号以控制运动部件位置或行程的控制电器。

（　　）**118.** 绕线式转子异步电动机在转子电路中串接电阻器，用以限制起动电流，同时也限制起动转矩。

（　　）**119.** 绕线式异步电动机在转子电路中串接频敏变阻器，用以限制起动电流，同时也限制了起动转矩。

（　　）**120.** 绕线式三相异步电动机，转子串电阻调速属于变极调速。

（　　）**121.** 绕线式异步电动机的制动分为机械制动和电力制动。

（　　）**122.** 白炽灯属于热辐射光源。

（　　）**123.** 荧光灯属于气体放电光源。

（　　）**124.** 高压汞灯属于气体放电光源。

（　　）**125.** 卤钨灯属于热辐射光源。

（　　）**126.** 钠灯是气体放电光源。

（　　）**127.** 车间电气照明按照明范围可分为三种。

（　　）**128.** 大容量的照明负荷宜采用三相四线制供电，应尽量使各相负荷平均分配。

（　　）**129.** 穿管配线时,同一交流回路的导线必须穿于同一钢管内。

（　　）**130.** 瓷瓶配线时,截面在 $6mm^2$ 及以下的导线可采用单绑法。

（　　）**131.** 工作接地是指为运行的需要而将电力系统中的某一点接地。

（　　）**132.** 在 $380/220V$ 中性点不接地电网中,保护接地是很有效的保安技术措施。

（　　）**133.** 禁止在保护接地线上安装熔断器。

（　　）**134.** 接零保护可以避免触及设备外壳的人体承受电压。

（　　）**135.** 禁止在保护零线上安装熔断器或单独的断流开关。

（　　）**136.** 有雷电时,禁止进行倒闸操作和更换保险丝。

（　　）**137.** 塑料管配线适用于有酸碱腐蚀作用及潮湿的环境。

（　　）**138.** 高压断路器和自动空气开关(亦称低压断路器)有完善的灭弧装置,在使用过程中可将缺油的断路器拉闸。

（　　）**139.** 低压电器一般应水平安放在不易受振动的地方。

（　　）**140.** 二极管具有单向导电性。

（　　）**141.** 按制作材料,二极管可分为硅管和锗管。

（　　）**142.** 晶体管发射区掺杂浓度远大于基区掺杂浓度。

（　　）**143.** 在实际工作中,NPN 型晶体管和 PNP 型晶体管可直接替换。

（　　）**144.** 稳压二极管若工作在击穿区,必然烧毁。

（　　）**145.** 硅稳压管只要工作在击穿区就立即损坏。

（　　）**146.** 整流电路是把正弦交流电变换成脉动直流电的电路。

（　　）**147.** 电容滤波器会产生浪涌电流。

（　　）**148.** 在硅稳压管稳压电路中,稳压管必须与负载串联。

（　　）**149.** 串联型稳压电路中的基准电压,其温度稳定性不会影响到输出电压的稳定性。

（　）**150.** 单管共发射极放大电路,输入信号和输出信号相位相同。

（　）**151.** 射极输出器,输出信号与输入信号相位相反。

（　）**152.** 合理选择划线基准,是提高划线质量和效率的关键。

（　）**153.** 錾子两个刃面的夹角称为前角。

（　）**154.** 单齿纹锉刀适用于锉软材料,双齿纹锉刀适用于锉硬材料。

（　）**155.** 麻花钻主切削刃上,各点的前角大小是相等的。

（　）**156.** 只把铆钉的铆合头端部加热进行的铆接是混合铆。

（　）**157.** 圆柱内表面形成的螺纹是外螺纹。

（　）**158.** 套丝时,材料受到挤压而变形,圆杆直径应稍大于小螺纹大径的尺寸。

（　）**159.** 矫正薄板料,不是使板料面积延展,而是利用拉伸或压缩的原理。

（　）**160.** 金属材料弯曲时,其他条件一定,弯曲半径越小,变形也越小。

（　）**161.** 锯割薄壁管子时,应用粗齿锯条。

（　）**162.** 扩孔时,扩孔钻没有横刃,切削不必自外缘到中心。

（　）**163.** 对设备进行日常检查,目的是及时发现不正常现象,并加以排除。

（　）**164.** 虚假焊是指焊件表面没有充分镀上锡,其原因是因焊件表面的氧化层没有清除干净或焊剂用得少。

（　）**165.** 多股铝导线的焊接可采用锡焊。

（　）**166.** 倾斜 45°固定管的焊接,打底层时,选用直径为 3.2mm 的焊条。

（　）**167.** 水平固定管焊接时,难度最大的是在平焊位置的操作。

（　）**168.** 固定管板焊接操作时,可分为左侧焊和右侧焊两种。

( )**169.** 管板焊接时,应先左侧焊,后右侧焊。

4.3 初级维修电工技能鉴定自测题(三)——操作题

4.3.1 初级维修电工操作技能鉴定要素(表4.1)

表 4.1 初级维修电工操作技能鉴定要素

行为领域	鉴定范围			鉴 定 点		
	代码	名　称	鉴定比重	代码	名　　称	重要程度
操作技能	A	基本技能	10	01	导线的连接及恢复绝缘	X
				02	塑料护套线线路的简单设计和安装	X
				03	PVC管线路的简单设计和安装	X
				04	塑料槽板线路的简单设计和安装	X
				05	常用照明灯具的安装	Y
				06	瓷瓶线路导线的绑扎	X
				07	量配电装置的简单设计和安装	X
				08	常用低压电器的识别	X
				09	常用低压电器的拆卸、组装	Y
				10	各种线圈的绕制	Y
				11	钳工基本制作	Y
				12	电焊基本操作	X
				13	常用测量工具的使用、维护及保养	X
				14	电工材料的识别	X
				15	简单的触电急救	X
	B	设计、安装与调试	30	01	用硬线进行继电-接触式基本控制线路的安装与调试	X

行为领域	鉴定范围			鉴定点		
	代码	名　称	鉴定比重	代码	名　　称	重要程度
操作技能	B	设计、安装与调试	30	02	用软线进行继电-接触式基本控制线路的安装与调试	X
				03	继电-接触式控制线路的设计、安装与调试	Y
				04	简单电子线路的安装与调试	X
				05	按工艺规程，进行 55kW 以下中、小型三相异步电动机定子绕组的绕线、接线、包扎及调试	Y
				06	按工艺规程，进行 10kW 以下单相异步电动机定子绕组的绕线、接线、包扎及调试	Y
				07	按工艺规程，进行 55kW 以下中、小型三相异步电动机的拆装及调试	Y
				08	按工艺规程，进行单相异步电动机的拆装及调试	Y
				09	按工艺规程，进行 55kW 以下中、小型三相异步电动机的安装及调试	Y
	C	故障检修	40	01	简单继电-接触式基本控制线路的检修	X
				02	在模拟板上检修机床设备的电气线路	X
				03	机床设备电气线路的检修	X
				04	简单电子线路的检修	X
				05	小型变压器的故障检修	Y

行为领域	鉴定范围			鉴定点		
	代码	名　称	鉴定比重	代码	名　　称	重要程度
操作技能	C	故障检修	40	06	单相异步电动机的故障检修	Y
				07	55kW 以下三相异步电动机的故障检修	Y
				08	车间动力线路、照明线路及信号装置的检修	X
	D	仪器、仪表的使用与维修	10	01	万用表的选择、使用及维护	X
				02	绝缘电阻表的选择、使用及维护	X
				03	电流表的选择、使用及维护	X
				04	电压表的选择、使用及维护	X
				05	钳形电流表的选择、使用及维护	X
				06	离心式转速表的选择、使用及维护	Y
现场评分	E	安全文明生产	10	01	正确遵守各种安全规程	

注:X——核心内容,Y——一般内容。

技能鉴定试卷由 A+B+C+D+E 各取一项组成,共 100 分。例如由 A(01)+B(04)+C(03)+D(02)+E(01)即构成一份操作技能考核试卷。

4.3.2　初级维修电工操作技能考核自测题(一)——基本技能

1. 试题 1

进行 1.5~2.5mm² 单股铜芯绝缘电线的 T 形连接,并在连接处进行绝缘恢复。

(1)器材准备(表 4.2)

表 4.2　器材表

序号	名　称	型号与规格	单位	数量	备注
1	铜芯绝缘电线	BV—1.5~2.5mm² 或自定	m	1	
2	绝缘带	自定	卷	1	
3	黑胶布	自定	卷	1	
4	塑料胶带	自定	卷	1	
5	电工通用工具	验电笔、钢丝钳、螺钉旋具(一字形和十字形)、电工刀、尖嘴钳、活扳手、剥线钳等	套	1	
6	劳保用品	绝缘鞋、工作服等	套	1	

(2)考核要求

1)连接方法正确,合乎规定;连接紧密,缠绕圈数合适,导线不得损伤。在电线连接处包缠 2 层绝缘带,方法正确,质量符合要求。

2)正确使用工具。

3)考核注意事项:

①满分 10 分,时间为 15min;

②安全文明操作。

(3)配分、评分标准(表 4.3)

表 4.3　评分表

序号	主要内容	考核要求	评分标准	配分	扣分	得分
1	导线连接	正确剖削绝缘导线,正确缠绕导线,导线缠绕紧密,切口平整,芯线不得损伤	1. 剖削绝缘导线方法不正确,扣 2 分; 2. 缠绕方法不正确扣 2 分; 3. 密排并绕不紧有间隙,每处扣 2 分; 4. 导线缠绕不整齐扣 2 分; 5. 切口不平整,每处扣 2 分; 6. 芯线被严重损伤,每处扣 2 分	6		

续表 4.3

序号	主要内容	考核要求	评分标准	配分	扣分	得分
2	恢复绝缘	在导线连接处包缠 2 层绝缘带,方法正确,质量符合要求	1. 包缠方法不正确扣 2分; 2. 包缠质量达不到要求扣 2 分	4		
备注			合　　计			
			考评员签字	年　　月　　日		

2. 试题 2

用护套线装接一个插座及两地控制一盏白炽灯的线路,然后试灯。

(1)器材准备(表 4.4)

表 4.4　器材表

序号	名　　称	型号与规格	单位	数量	备注
1	护套线	BLVV—2×2.5mm²	m	15	
2	护套线配套卡、钉	与护套线配套	个	40	
3	拉线开关	自定	只	2	
4	白炽灯及灯座	~220V,40W	套	1	
5	单相三极插座	~250V,15A,全套	套	1	
6	配线板	500mm×(600~2000)mm×25mm	块	1	
7	单相交流电源	~220V 和 36V,5A	处	1	
8	电工通用工具	验电笔、钢丝钳、螺钉旋具(一字形和十字形)、电工刀、尖嘴钳、活扳手、剥线钳等	套	1	
9	万用表	自定	只	1	
10	黑胶布	自定	卷	1	
11	透明胶布	自定	卷	1	
12	圆珠笔	自定	支	1	

序号	名　　称	型号与规格	单位	数量	备注
13	演草纸	A4 或 B5 或自定	张	1	
14	劳保用品	绝缘鞋、工作服等	套	1	

(2)考核要求

1)正确绘制安装图。

2)线路的安装要求元件布置正确合理,接线正确、美观。

3)通电试验合格。

4)考核注意事项:

①满分 10 分,考试时间 60min;

②正确使用工具和仪表;

③安全文明操作。

(3)配分、评分标准(表 4.5)

表 4.5　评分表

序号	主要内容	考核要求	评分标准	配分	扣分	得分
1	安装设计	正确绘制电路图	绘制电路图不正确扣 2 分	2		
2	线路的安装	元件布置正确合理,接线正确、美观	1. 元件布置不合理扣 1 分; 2. 木台、灯座、开关、插座和挂线盒等安装松动,每处扣 2 分; 3. 电器元件损坏,每只扣 1 分; 4. 火线未进开关扣 1 分; 5. 护套线不平直,每根扣 1 分; 6. 芯线剖削有损伤,每处扣 1 分; 7. 护套线转角不符合要求,每处扣 1 分; 8. 卡、钉安装不符合要求,每处扣 1 分	8		

序号	主要内容	考核要求	评分标准	配分	扣分	得分
3	通电试验	安装正确无误	安装线路错误,造成断路、短路故障,每通电试验一次扣 5 分,扣完 10 分为止			
备注			合　计			
			考评员 签字	年　　月　　日		

3. 试题 3

进行 CJ20—20 型交流接触器的拆装及试运行。

(1)器材准备(表 4.6)

表 4.6　器材表

序号	名称	型号与规格	单位	数量	备注
1	交流电源	～3×380/220V,三相四线	处	1	
2	交流接触器	CJ20—20,线圈电压 220V 或 380V	只	1	
3	镊子	自定	把	1	
4	电工通用工具	验电笔、钢丝钳、螺钉旋具(一字形和十字形)、电工刀、尖嘴钳、活扳手、剥线钳等	套	1	
5	万用表	自定	只	1	
6	劳保用品	绝缘鞋、工作服等	套	1	

(2)考核要求

1)按工艺要求,正确拆卸、组装交流接触器。通电运行时,吸合后无噪声,通、断电时动作正常,技术特性符合要求。

2)考核注意事项:

①满分 10 分,考试时间 10min;

②正确使用工具和仪表;

③安全文明操作。

(3)配分、评分标准(表 4.7)

表 4.7　评分表

序号	主要内容	考核要求	评分标准	配分	扣分	得分
1	拆卸和组装	按工艺要求,正确拆卸、组装常用低压电器	1. 拆卸、组装步骤有1步不正确,扣1分; 2. 损坏或丢失零件,每只扣2分	5		
2	通电试验	通电运行时,通、断动作正常,吸合后无噪声	1. 组装不合格,扣5分; 2. 电源接错,扣1分; 3. 通断动作不正常,扣2分; 4. 吸合后有噪声,扣2分	5		
备注			合　　计			
			考评员 签字	年　　月　　日		

4.3.3　初级维修电工操作技能考核自测题(二)——安装与调试

4. 试题 4

安装和调试三相异步电动机 Y-△降压起动控制电路。

(1)器材准备(表 4.8)

表 4.8　器材表

序号	名　　称	型号与规格	单位	数量	备注
1	三相电动机	Y132M—4;7.5kW,380V,△接法;或自定	台	1	
2	配线板	500mm×450mm×20mm	块	1	
3	组合开关	HZ10—25/3	个	1	
4	交流接触器	CJ10—20,线圈电压 380V	只	3	
5	热继电器	JR16—20/3D,整定电流 15A	只	1	
6	时间继电器	JS7—4A,线圈电压 380V	只	1	

序号	名 称	型号与规格	单位	数量	备注
7	熔断器及熔芯配套	RL1—60/30A	套	3	
8	熔断器及熔芯配套	RL1—15/4A	套	2	
9	三联按钮	LA10—3H 或 LA4—3H	个	1	
10	接线端子排	JX2—1015,500V,10A,15 节	条	1	
11	木螺钉	$\phi3\times20mm$ 或 $\phi3\times15mm$	个	25	
12	平垫圈	$\phi4mm$	个	25	
13	单芯塑料铜线	BV—$4mm^2$,颜色自定	m	15	
14	单芯塑料铜线	BV—$1.5mm^2$,颜色自定	m	15	
15	塑料软铜线	BVR—$0.75mm^2$,颜色自定	m	5	
16	圆珠笔	自定	支	1	
17	异型编码套管	$\phi3.5mm$	m	0.3	
18	单相交流电源	～220V 和 36V,5A	处	1	
19	三相四线电源	～3×380/220V,20A	处	1	
20	电工通用工具	验电笔、钢丝钳、螺钉旋具(一字形和十字形)、电工刀、尖嘴钳、活扳手、剥线钳等	套	1	
21	万用表	自定	只	1	
22	绝缘电阻表	型号自定,或 500V,0～200MΩ	只	1	
23	钳形电流表	0～50A	只	1	
24	劳保用品	绝缘鞋、工作服等	套	1	

(2)考核要求

1)按图(4.1)的要求进行正确熟练的安装。元件在配线板上布置要合理,安装要正确紧固,布线要求横平竖直,应尽量避免交叉跨越,接线紧固美观。正确使用工具和仪表。

2)按钮盒不固定在板上,电源和电动机配线、按钮接线要接到端子排上,要注明引出端子标号。

3)考核注意事项:

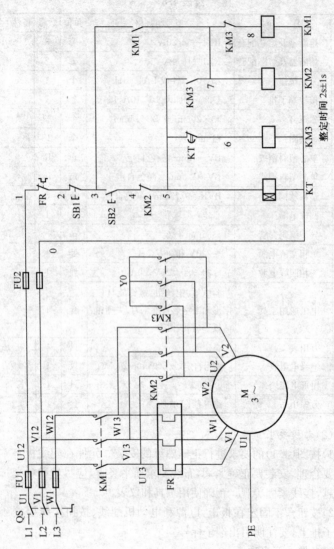

图 4.1 初级操作技能自测试题 4

①满分 30 分,考试时间 240min;

②安全文明操作。

(3)配分、评分标准(表 4.9)

表 4.9　评分表

序号	主要内容	考核要求	评分标准	配分	扣分	得分
1	元件安装	1. 按图纸的要求,正确利用工具和仪表,熟练地安装电气元器件; 2. 元件在配电板上布置要合理,安装要正确紧固; 3. 按钮盒不固定在板上	1. 元件布置不整齐、不匀称、不合理,每只扣1分; 2. 元件安装不牢固,安装元件时漏装螺钉,每只扣1分; 3. 损坏元件,每只扣2分	5		
2	布浅	1. 布接线要求横平竖直,接线紧固美观 2. 电源和电动机配线、按钮接线要接到端子排上,要注明引出端子标号; 3. 导线不能乱线敷设	1. 电动机运行正常,但未按电路图接线,扣1分; 2. 布线不横平竖直,主、控制电路每根扣0.5分; 3. 接点松动,接头露铜过长,反圈,压绝缘层,标记线号不清楚,有遗漏或误标,每处扣0.5分; 4. 损伤导线绝缘或线芯,每根扣0.5分; 5. 导线乱线敷设扣10分	10		

序号	主要内容	考核要求	评分标准	配分	扣分	得分
3	通电试验	在保证人身和设备安全的前提下,通电试验一次成功	1. 时间继电器及热继电器整定值错误各扣2分; 2. 主、控制电路配错熔体,每个扣1分; 3. 一次试车不成功扣5分,二次试车不成功扣10分,三次试车不成功扣15分	15		
备注			合　计			
			考评员 签字	年　　月　　日		

5. 试题 5

安装和调试电子助听器电路。

(1)器材准备(表 4.10)

表 4.10　器材表

序号	名　称	型号与规格	单位	数量	备注
1	三极管 VT1~VT4	3AX31	只	4	
2	电阻 R1	$2.2k\Omega, 0.25W$	只	1	
3	电阻 R2	$51k\Omega, 0.25W$	只	1	
4	电阻 R3,R5,R8	$1.5k\Omega, 0.25W$	只	3	
5	电阻 R4	$47k\Omega, 0.25W$	只	1	
6	电阻 R6	$270\Omega, 0.25W$	只	1	
7	电阻 R7	$33k\Omega, 0.25W$	只	1	
8	电阻 R9	$100\Omega, 0.25W$	只	1	
9	电阻 R10	$39k\Omega, 0.25W$	只	1	
10	电解电容 C1	$1\mu F/16V$	只	1	
11	电解电容 C2	$100\mu F/16V$	只	1	

序号	名 称	型号与规格	单位	数量	备注
12	电解电容 C3～C5	$100\mu F/16V$	只	3	
13	耳机 BE	8Ω	只	1	
14	驻极体话筒 BM	自定	只	1	
15	电池 G	1.5V	节	4	
16	单股镀锌铜线(连接元器件用)	AV—$0.1mm^2$	m	1	
17	多股细铜线(连接元器件用)	AVR—$0.1mm^2$	m	1	
18	万能印刷线路板(或铆丁板)	$2mm \times 70mm \times 100mm$(或 $2mm\times150mm\times200mm$)	块	1	
19	电烙铁、烙铁架、焊料与焊剂	自定	套	1	
20	直流稳压电源	$0～36V$	台	1	
21	信号发生器	XD1	台	1	
22	示波器	自定	台	1	
23	单相交源电源	$～220V$ 和 36V,5A	处	1	
24	电工通用工具	验电笔、钢丝钳、螺钉旋具(一字形和十字形)、电工刀、尖嘴钳、活扳手、剥线钳等	套	1	
25	万用表	自定	只	1	
26	劳保用品	绝缘鞋、工作服等	套	1	

(2)考核要求

1)装接前要先检查元器件的好坏,核对元件数量和规格,如在调试中发现元器件损坏,则按损坏元器件扣分。

2)在规定时间内,按图 4.2 的要求进行正确熟练的安装,正确连接仪器与仪表,能正确进行调试。

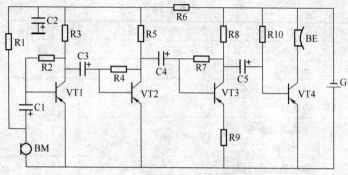

图 4.2　初级操作自测试题 5

3)正确使用工具和仪表,装接质量要可靠,装接技术要符合工艺要求。

4)考核注意事项:

①满分 30 分,考试时间 150min;

②安全文明操作。

(3)配分、评分标准(表 4.11)

表 4.11　评分表

序号	主要内容	考核要求	评分标准	配分	扣分	得分
1	按图焊接	正确使用工具和仪表,装接质量可靠,装接技术符合工艺要求	1. 布局不合理扣 1 分; 2. 焊点粗糙、拉尖、有焊接残渣,每处扣 1 分; 3. 元件虚焊、有气孔、漏焊、松动、损坏元件,每处扣 1 分; 4. 引线过长,焊剂不擦干净扣 1 分; 5. 元器件的标称值不直观,安装高度不符合要求扣 1 分; 6. 工具、仪表使用不正确,每次扣 1 分; 7. 焊接时损坏元件每只扣 2 分	20		

序号	主要内容	考核要求	评分标准	配分	扣分	得分
2	调试后通电试验	在规定时间内,利用仪器、仪表调试后进行通电试验	1. 通电调试一次不成功扣 2 分;二次不成功扣 4 分;三次不成功扣 6 分; 2. 调试过程中损坏元件,每只扣 2 分	10		
备注			合 计			
			考评员 签字	年 月 日		

6. 试题 6

按工艺规程进行 55kW 以下中、小型异步电动机的拆装及调试。

(1)器材准备(表 4.12)

表 4.12 器材表

序号	名 称	型号与规格	单位	数量	备注
1	55kW 以下中、小型异步电动机	Y100L—2 或 Y132S2—2 或 Y160M—4 或自定	台	1	
2	绕组的嵌线专用工具、材料和测试仪表	配套自定	套	1	
3	单相交流电源	~220V 和 36V,5A	处	1	
4	三相四线电源	~3×380/220V,20A	处	1	
5	电工通用工具	验电笔、钢丝钳、螺钉旋具(一字形和十字形)、电工刀、尖嘴钳、活扳手、剥线钳等	套	1	
6	万用表	自定	只	1	
7	绝缘电阻表	500V,0~200MΩ	只	1	
8	钳形电流表	自定	只	1	
9	黑胶布	自定	卷	1	

序号	名　称	型号与规格	单位	数量	备注
10	透明胶布	自定	卷	1	
11	圆珠笔	自定	支	1	
12	演草纸	A4 或 B5 或自定	张	2	
13	劳保用品	绝缘鞋、工作服等	套	1	

（2）考核要求

1）准备。

①工作前将所需工具和材料准备好，运至现场；

②拆除电动机电源电缆头及电动机外壳保护地线，并做好接头标记，电缆头应有保安措施；

③正确拉下联轴器；

④拆卸和装配的工具准备齐全；

⑤各种仪表、仪器准备齐全。

2）拆卸。

①拆卸方法和步骤正确；

②不碰伤绕组；

③不损坏零部件；

④标记清楚。

3）装配。

①装配方法和步骤正确；

②不碰伤绕组；

③不损坏零部件；

④轴承清洗干净，加润滑油适量；

⑤螺钉紧固；

⑥装配后转动灵活。

4）接线。

①接线正确、熟练；

②电缆头金属保护层接地良好；

③电动机外壳接地良好。

5)电气测试。

①测量电动机绝缘电阻合格；

②测量电路机的电流、振动、转速及温度等正常。

6)试车。

①空载试验方法正确；

②根据试验结果判定电动机是否合格。

7)考核注意事项：

①满分30分，考试时间180min；

②正确使用工具和仪表；

③遵守电动机拆装及调试的有关规程。

(3)配分、评分标准(表4.13)

表4.13　评分表

序号	主要内容	考核要求	评分标准	配分	扣分	得分
1	拆装前的准备	1.考核前将所需工具、仪器及材料准备好； 2.正确拆除电动机电源电缆头及电动机外壳保护地线。电缆头应有保护措施； 3.正确拉下联轴器	1.考核前没有将所需工具、仪器及材料准备好，扣1分； 2.拆除电动机电源电缆头及电动机外壳保护地线工艺不正确，电缆头没有保护措施，共扣0.5分； 3.拉联轴器方法不正确扣0.5分	2		
2	拆卸	1.拆卸方法和步骤正确； 2.不能碰伤绕组； 3.不损坏零部件； 4.标记清楚	1.拆卸步骤方法不正确，每次扣1分； 2.碰伤绕组扣2分； 3.损坏零部件，每次扣1分； 4.装配标记不清楚，每处扣1分	7		

序号	主要内容	考核要求	评分标准	配分	扣分	得分
3	装配	1. 装配方法和步骤正确； 2. 不能碰伤绕组； 3. 不损坏零部件； 4. 轴承清洗干净，加润滑油适量； 5. 螺钉紧固； 6. 装配后转动灵活	1. 装配步骤方法错误，每次扣1分； 2. 损伤绕组扣3分； 3. 损伤零部件，每次扣2分； 4. 轴承清洗不干净，加润滑油不适量，每只扣2分； 5. 紧固螺钉未拧紧，每只扣2分； 6. 装配后转动不灵活扣3分	10		
4	接线	1. 接线正确、熟练； 2. 电动机外壳接地良好	1. 接线不正确、不熟练扣2分； 2. 电动机外壳接地不好扣1分	3		
5	电气测量	1. 测量电动机绝缘电阻合格； 2. 测量电动机的电流、振动、转速及温度等	1. 电动机绝缘电阻不合格扣1分； 2. 不会测量电动机的电流、振动、转速及温度等扣2分	3		
6	试车	1. 空载试验方法正确； 2. 根据试验结果判定电动机是否合格	1. 空载运转试验方法不正确扣2分； 2. 不会根据试验结果判定电动机是否合格扣3分	5		
			合　　计			
备注			考评员 签字		年　　月　　日	

4.3.4 初级维修电工操作技能考核自测题(三)——故障检修

7. 试题 7

检修 M7120 平面磨床电气线路模拟板上的故障。在其电气线路(图 4.3)上,设隐蔽故障 3 处,其中主回路 1 处,控制回路 2 处。考生向考评员询问故障现象时,故障现象可以告诉考生,考生必须单独排除故障。

(1)器材准备(表 4.14)

表 4.14 器材表

序号	名 称	型号与规格	单位	数量	备注
1	M7120 平面磨床电气线路模拟板	依据图 4.3 自配	台	1	
2	配套电路图	详见图 4.3	套	1	
3	故障排除所用材料	和相应的模拟板配套	套	1	
4	单相交流电源	~220V 和 36V,5A	处	1	
5	三相四线电源	~3×380/220V,20A	处	1	
6	电工通用工具	验电笔、钢丝钳、螺钉旋具(一字形和十字形)、电工刀、尖嘴钳、活扳手、剥线钳等	套	1	
7	万用表	自定	块	1	
8	绝缘电阻表	500V,0～200MΩ	台	1	
9	钳形电流表	0～50A	块	1	
10	黑胶布	自定	卷	1	
11	透明胶布	自定	卷	1	
12	圆珠笔	自定	支	1	
13	劳保用品	绝缘鞋、工作服等	套	1	

(2)考核要求

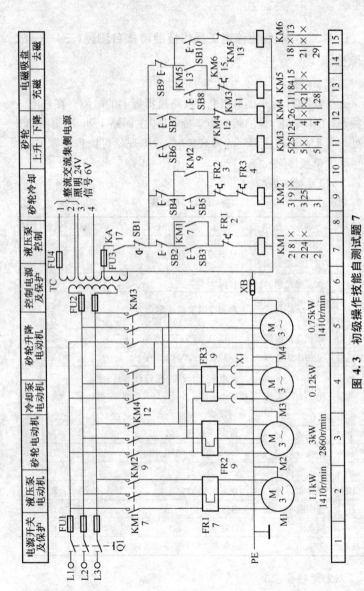

图 4.3 初级操作技能自测试题 7

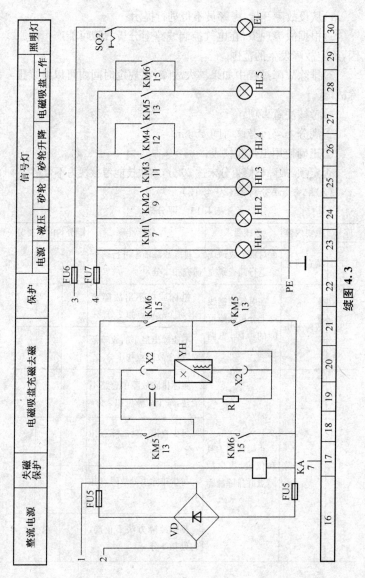

续图 4.3

1)从设故障开始,考评员不得进行提示。

2)根据故障现象,在电气控制线路上分析故障可能产生的原因,确定故障发生的范围。

3)排除故障过程中如果扩大故障,在规定时间内可以继续排除故障。

4)考核注意事项:

①满分 40 分,考试时间 45min;

②正确使用工具和仪表;

否定项:故障检修得分未达 20 分,本次技能考核视为不合格。

(3)配分、评分标准(表 4.15)

表 4.15 评分表

序号	主要内容	考核要求	评分标准	配分	扣分	得分
1	调查研究	对每个故障现象进行调查研究	排除故障前不进行调查研究扣 1 分	1		
2	故障分析	在电气控制线路上分析故障可能的原因,思路正确	错标或标不出故障范围,每个故障点扣 2 分	6		
			不能标出最小的故障范围,每个故障点扣 1 分	3		
3	故障排除	正确使用工具和仪表,找出故障点并排除故障	实际排除故障中思路不清楚,每个故障点扣 2 分	6		
			每少查出 1 处故障点扣 2 分	6		
			每少排除 1 处故障点扣 3 分	9		
			排除故障方法不正确,每处扣 3 分	9		

序号	主要内容	考核要求	评分标准	配分	扣分	得分
4	其他	操作有误,要从此项总分中扣分	1. 排除故障时产生新的故障后不能自行修复,每个扣 10 分;已经修复,每个扣 5 分; 2. 损坏电动机扣 10 分			
			合计			
备注		考评员 签字		年　　月　　日		

8. 试题 8

检修 C620 型车床的电气线路故障。在其电气线路(图 4.4)上,设隐蔽故障 3 处,其中主回路 1 处,控制回路 2 处。考生向考评员询问故障现象时,故障现象可以告诉考生,考生必须单独排除故障。

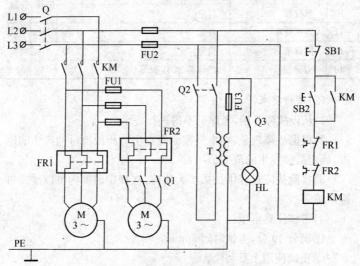

图 4.4　初级操作技能自测试题 8

(1)器件准备(表4.16)

表 4.16 器材表

序号	名称	型号与规格	单位	数量	备注
1	机床	C620 型车床	台	1	
2	配套电路图	C620 型车床配套电路图(图4.4)	套	1	
3	故障排除所用材料	和相应的机床配套	套	1	
4	单相交流电源	～220V 和 36V,5A	处	1	
5	三相四线电源	～3×380/220V,20A	处	1	
6	电工通用工具	验电笔、钢丝钳、螺钉旋具(一字形和十字形)、电工刀、尖嘴钳、活扳手、剥线钳等	套	1	
7	万用表	自定	只	1	
8	绝缘电阻表	500V,0～200MΩ	只	1	
9	钳形电流表	0～50A	只	1	
10	黑胶布	自定	卷	1	
11	透明胶布	自定	卷	1	
12	圆珠笔	自定	支	1	
13	劳保用品	绝缘鞋、工作服等	套	1	

(2)考核要求

1)从设故障开始,考评员不得进行提示。

2)根据故障现象,在电气控制线路上分析故障可能产生的原因,确定故障发生的范围。

3)排除故障过程中如果扩大故障,在规定时间内可以继续排除故障。

4)考核注意事项:

①满分 40 分,考试时间 60min;

②正确使用工具和仪表。

否定项:故障检修得分未达 20 分,本次技能考核视为不合格。

（3）配分、评分标准（表 4.17）

表 4.17　评分表

序号	主要内容	考核要求	评分标准	配分	扣分	得分
1	调查研究	对每个故障现象进行调查研究	排除故障前不进行调查研究扣1分	1		
2	故障分析	在电气控制线路上分析故障可能的原因，思路正确	错标或标不出故障范围，每个故障点扣2分	6		
			不能标出最小的故障范围，每个故障点扣1分	3		
3	故障排除	正确使用工具和仪表，找出故障点并排除故障	实际排除故障中思路不清楚，每个故障点扣2分	6		
			每少查出1处故障点扣2分	6		
			每少排除1处故障点扣3分	9		
			排除故障方法不正确，每处扣3分	9		
4	其他	操作有误，要从此项总分中扣分	1. 排除故障时产生新的故障后不能自行修复，每个扣10分；已经修复，每个扣5分； 2. 损坏电动机扣10分			
			合　　计			
备注			考评员签字		年　　月　　日	

4.3.5 初级维修电工操作技能考核自测题(四)——仪表使用

9. 试题 9

用万用表判断二极管的好坏、极性及材料。

(1)器材准备(表 4.18)

表 4.18 器材表

序号	名 称	型号与规格	单位	数量	备注
1	万用表	500 型或其他	块	1	
2	二极管	其他型号的锗二极管也可	只	2	
3	二极管	其他型号的硅二极管也可	只	2	
4	单相交流电源	~220V 和 36V,5A	处	1	
5	电工通用工具	验电笔、钢丝钳、螺钉旋具(一字形和十字形)、电工刀、尖嘴钳、活扳手、剥线钳等	套	1	
6	透明胶布	自定	卷	1	
7	劳保用品	绝缘鞋、工作服等	套	1	

(2)考核要求

1)正确使用万用表,包括欧姆挡调零,正确选择挡位等,正确判断二极管好坏、极性及材料。

2)考核注意事项:

①满分 10 分,考核时间 10min;

②每人至少应测量 2 只二极管;

③测量时,二极管应加以适当包装,仅露出二接线端即可。

否定项:不能损坏仪器仪表,损坏仪器仪表扣 10 分。

(3)配分、评分标准(表 4.19)

表 4.19　评分表

序号	主要内容	考核要求	评分标准	配分	扣分	得分
1	测量准备	测量准备工作准确到位	万用表测量挡位选择不正确扣2分	2		
2	测量过程	测量过程准确无误	测量过程中，操作步骤每错1处扣1分	4		
3	测量结果	测量结果在误差范围之内	测量结果有较大误差或错误扣3分	3		
4	维护保养	对使用的仪器、仪表进行简单的维护保养	维护保养有误扣1分	1		
			合　　计			
备注			考评员 签字　　　年　　月　　日			

10. 试题 10

用绝缘电阻表测量电动机的绝缘电阻。

（1）器材准备（表 4.20）

表 4.20　器材表

序号	名　　称	型号与规格	单位	数量	备注
1	绝缘电阻表	ZC25—3	块	1	
2	三相笼型异步电动机	自定	台	1	
3	绝缘导线	BVR—2.5mm²	根	2	
4	单相交流电源	～220V 和 36V，5A	处	1	
5	电工通用工具	验电笔、钢丝钳、螺钉旋具（一字形和十字形）、电工刀、尖嘴钳、活扳手、剥线钳等	套	1	
6	透明胶布	自定	卷	1	
7	劳保用品	绝缘鞋、工作服等	套	1	

（2）考核要求

1）用绝缘电阻表正确测量电动机各绕组间的绝缘电阻以及各绕组对地绝缘电阻。

2）考核注意事项：

①满分 10 分，考试时间 10min；

②测量时考生要注意安全。

否定项：不能损坏仪器仪表，损坏仪器仪表扣 10 分。

（3）配分、评分标准（表 4.21）

表 4.21　评分表

序号	主要内容	考核要求	评分标准	配分	扣分	得分
1	测量准备	检查仪表是否完好	检查绝缘电阻表方法不正确扣 2 分	2		
2	测量过程	测量过程准确无误	测量过程中，操作步骤每错 1 处扣 1 分	4		
3	测量结果	测量结果在允许误差范围之内	测量结果有较大误差或错误扣 3 分	3		
4	维护保养	对使用的仪器、仪表进行简单的维护保养	维护保养有误扣 1 分	1		
备注			合　计			
			考评员签字　　　年　　月　　日			

11. 试题 11

用绝缘电阻表测量三相异步电动机定子绕组相间绝缘电阻及对地绝缘电阻，并将三相电动机接成△或 Y 形，用钳形电流表测量其线电流，用转速表测量转速。

（1）器材准备（表 4.22）

表4.22 器材表

序号	名　　称	型号与规格	单位	数量	备注
1	三相交流异步电动机	Y112M—4,4kW,380V,△接法	台	1	
2	绝缘电阻表	500V	个	1	
3	钳形电流表	0～50A	个	1	
4	转速表	自定	个	1	
5	单相交流电源	～220V 和 36V,5A	处	1	
6	电工通用工具	验电笔、钢丝钳、螺钉旋具(一字形和十字形)、电工刀、尖嘴钳、活扳手、剥线钳等	套	1	
7	透明胶布	自定	卷	1	
8	劳保用品	绝缘鞋、工作服等	套	1	

(2)考核要求

1)工具、设备的使用与维护要正确无误,不得损坏,测量结果要正确。

2)考核注意事项:

①满分10分,考试时间30min;

②安全文明操作;

③拆卸时要注意安全。

否定项:不能损坏仪器仪表,损坏仪器仪表扣10分。

(3)配分、评分标准(表4.23)

表4.23 评分表

序号	主要内容	考核要求	评分标准	配分	扣分	得分
1	测量准备	测量准备工作准确到位	钳型电流表测量挡位选择不正确扣2分	2		

序号	主要内容	考核要求	评分标准	配分	扣分	得分
2	测量过程	测量过程准确无误	测量过程中,操作步骤每错1处扣1分	4		
3	测量结果	测量结果在允许误差范围之内	测量结果有较大误差或错误扣3分	3		
4	维护保养	对使用的仪器、仪表进行简单的维护保养	维护保养有误扣1分	1		
		合　计				
备注		考评员签字	年　　月　　日			

4.3.6　初级维修电工操作技能考核自测题(五)——文明生产

12. 试题12

各项操作技能考核中,要遵守安全文明生产的有关规定。

(1)器材准备(表4.24)

表4.24　器材表

序号	名　称	型号与规格	单位	数量	备注
1	劳保用品	绝缘鞋、工作服等	套	1	
2	安全设施	配套自定	套	1	

(2)考核要求

①劳动保护用品穿戴整齐;

②电工工具佩带齐全;

③遵守操作规程;

④尊重考评员,讲文明礼貌;

⑤考试结束要清理现场。

(3)配分、评分标准(表4.25)

表4-25　评分表

序号	主要内容	考核要求	评分标准	配分	扣分	得分
1	安全文明生产	1. 劳动保护用品穿戴整齐； 2. 电工工具佩带齐全； 3. 遵守操作规程； 4. 尊重考评员,讲文明礼貌； 5. 考试结束要清理现场	1. 各项考试中,违反安全文明生产考核要求的任何一项扣2分,扣完为止； 2. 考生在不同的技能试题考核中,违反安全文明生产考核要求同一项内容的,要累计扣分； 3. 当考评员发现考生有重大事故隐患时,要立即予以制止,并每次从考生安全文明生产总分中扣5分	10		
		合　　计				
备注		考评员 签字		年　　月　　日		

4.4　初级维修电工职业技能鉴定自测题解答

4.4.1　初级维修电工理论知识自测题(一)解答

1. A　　2. D　　3. B　　4. D　　5. D　　6. A　　7. C

8. A　　9. D　　10. C　　11. D　　12. A　　13. A　　14. A

15. B　　16. A　　17. D　　18. C　　19. A　　20. C　　21. C

22. C　　23. B　　24. B　　25. C　　26. D　　27. B　　28. C

29. C　　30. C　　31. D　　32. B　　33. D　　34. D　　35. A

36. C　　37. D　　38. B　　39. B　　40. C　　41. C　　42. C

43. A	44. A	45. C	46. B	47. B	48. B	49. D
50. A	51. B	52. C	53. A	54. C	55. B	56. D
57. A	58. C	59. D	60. B	61. B	62. B	63. A
64. C	65. D	66. C	67. B	68. D	69. B	70. D
71. D	72. C	73. C	74. C	75. A	76. B	77. B
78. C	79. D	80. C	81. D	82. B	83. D	84. A
85. A	86. C	87. D	88. A	89. D	90. B	91. C
92. D	93. D	94. C	95. A	96. B	97. A	98. B
99. C	100. D	101. B	102. A	103. D	104. C	105. B
106. D	107. A	108. A	109. A	110. A	111. A	112. A
113. C	114. A	115. A	116. A	117. A	118. A	119. B
120. A	121. A	122. A	123. B	124. B	125. D	126. B
127. A	128. A	129. A	130. B	131. D	132. D	133. A
134. B	135. A	136. B	137. C	138. B	139. A	140. D
141. B	142. C	143. B	144. C	145. A	146. A	147. A
148. B	149. D	150. A	151. B	152. C	153. A	154. B
155. B	156. D	157. B	158. B	159. B	160. A	161. B
162. C	163. C	164. B	165. B	166. A	167. D	168. C
169. D	170. A	171. B	172. D	173. B	174. B	175. C
176. C	177. A	178. B	179. C	180. B	181. A	182. C
183. A	184. D	185. A	186. D	187. D	188. C	189. B
190. C	191. A	192. C	193. C	194. A	195. B	196. C
197. C	198. A	199. D	200. B	201. B	202. B	203. A
204. B	205. A	206. B	207. B	208. A	209. B	210. B
211. D	212. D	213. B	214. D	215. A	216. A	217. A
218. B	219. A	220. A	221. B	222. B	223. A	224. B
225. A	226. C	227. A	228. A	229. C	230. D	231. A
232. A	233. D	234. D	235. D	236. A	237. D	238. D

239. A 240. B 241. A 242. A 243. D 244. D 245. B

246. B 247. C 248. C 249. A 250. B 251. C 252. C

253. C 254. C 255. A 256. D 257. A 258. C 259. D

260. A 261. D 262. C 263. B 264. A 265. B 266. B

267. D 268. B 269. A 270. C 271. A 272. D 273. B

274. C 275. B 276. B 277. B 278. C 279. D 280. A

281. D 282. B 283. C 284. B 285. C 286. A 287. C

288. A 289. A 290. C 291. D 292. C 293. A 294. D

295. A 296. D 297. D 298. B 299. A 300. B 301. D

302. B 303. A 304. D 305. C 306. A 307. D 308. B

309. B 310. B 311. A 312. D 313. A 314. B 315. B

316. C 317. B 318. B 319. D 320. A 321. A

4.4.2 初级维修电工理论知识自测题(二)解答

1. √ 2. × 3. √ 4. √ 5. √ 6. × 7. √

8. √ 9. √ 10. √ 11. √ 12. √ 13. × 14. √

15. × 16. × 17. × 18. √ 19. × 20. √ 21. ×

22. × 23. √ 24. √ 25. √ 26. √ 27. √ 28. √

29. √ 30. × 31. × 32. √ 33. √ 34. × 35. ×

36. √ 37. × 38. × 39. √ 40. √ 41. √ 42. √

43. × 44. √ 45. √ 46. × 47. √ 48. × 49. ×

50. √ 51. √ 52. √ 53. √ 54. × 55. √ 56. √

57. √ 58. √ 59. √ 60. √ 61. √ 62. √ 63. √

64. √ 65. × 66. √ 67. × 68. √ 69. √ 70. √

71. × 72. √ 73. × 74. √ 75. √ 76. √ 77. ×

78. √ 79. × 80. × 81. √ 82. √ 83. × 84. ×

85. × 86. × 87. √ 88. √ 89. √ 90. √ 91. √

92. √ 93. √ 94. × 95. √ 96. √ 97. × 98. √

99. × 100. × 101. × 102. √ 103. × 104. × 105. √

106. × 107. ✓ 108. × 109. ✓ 110. × 111. × 112. ✓
113. ✓ 114. × 115. ✓ 116. × 117. ✓ 118. × 119. ×
120. × 121. ✓ 122. ✓ 123. ✓ 124. ✓ 125. ✓ 126. ✓
127. ✓ 128. ✓ 129. ✓ 130. ✓ 131. ✓ 132. ✓ 133. ✓
134. × 135. ✓ 136. ✓ 137. × 138. ✓ 139. × 140. ✓
141. ✓ 142. ✓ 143. × 144. × 145. × 146. ✓ 147. ✓
148. × 149. × 150. × 151. × 152. ✓ 153. × 154. ✓
155. × 156. ✓ 157. × 158. × 159. × 160. × 161. ×
162. ✓ 163. ✓ 164. ✓ 165. × 166. ✓ 167. × 168. ✓
169. ×

5 中级维修电工职业技能鉴定自测题

5.1 中级维修电工理论知识自测题(一)——选择题

1. 任何一个含源二端网络都可以用一个适当的理想电压源与一个电阻( )来代替。

(A)串联 (B)并联

(C)串联或并联 (D)随意联接

2. 一含源二端网络,测得其开路电压为 100V,短路电流为 10A,当外接 10Ω 负载电阻时,负载电流是( )。

(A)10A (B)5A (C)15A (D)20A

3. 一含源二端网络,测得其开路电压为 10V,短路电流为 5A。若把它用一个电源来代替,电源内阻为( )。

(A)1Ω (B)10Ω (C)5Ω (D)2Ω

4. 一电流源的内阻为 2Ω,当把它等效变换成 10V 的电压源时,电流源的电流是( )。

(A)5A (B)2A (C)10A (D)2.5A

5. 电动势为 10V、内阻为 2Ω 的电压源变换成电流源时,电流源的电流和内阻是( )。

(A)10A,2Ω (B)20A,2Ω (C)5A,2Ω (D)2A,5Ω

6. 正弦交流电压 $U = 100\sin(628t + 60°)$ V,它的频率为( )。

(A)100Hz (B)50Hz (C)60Hz (D)628Hz

7. 纯电感或纯电容电路无功功率等于( )。

(A)单位时间内所储存的电能

(B)电路瞬时功率的最大值

(C)电流单位时间内所做的功

(D)单位时间内与电源交换的有功电能

8. 在 RLC 串联电路中,视在功率 P_s、有功功率 P、无功功率 P_{qc}、P_{ql} 四者的关系是(　　)。

(A)$P_s = P + P_{ql} + P_{qc}$　　　　(B)$P_s = P + P_{ql} - P_{qc}$

(C)$P_s^2 = P^2 + (P_{ql} - P_{qc})^2$　　(D)$P_s = P^2 + (P_{ql} + P_{qc})^2$

9. 电力系统负载大部分是感性负载,要提高电力系统的功率因数常采用(　　)。

(A)串联电容补偿　　　　(B)并联电容补偿

(C)串联电感　　　　　　(D)并联电感

10. 一阻值为 3Ω、感抗为 4Ω 的电感线圈接在交流电路中,其功率因数为(　　)。

(A)0.3　　(B)0.6　　(C)0.5　　(D)0.4

11. 一台电动机的效率是 0.75,若输入功率是 2kW 时,它的额定功率是(　　)kW。

(A)1.5　　(B)2　　(C)2.4　　(D)1.7

12. 一台额定功率是 15kW,功率因数是 0.5 的电动机,效率为 0.8,它的输入功率是(　　)kW。

(A)17.5　　(B)30　　(C)18.8　　(D)28

13. 在 Y 形联结的三相对称电路中,相电流与线电流的相位关系是(　　)。

(A)相电流超前线电流 30°　　(B)相电流滞后线电流 30°

(C)相电流与线电流同相　　　(D)相电流滞后线电流 60°

14. 在三相四线制中性点接地供电系统中,线电压指的是(　　)的电压。

(A)相线之间　　　　　　(B)零线对地间

(C)相线对零线间　　　　(D)相线对地间

15. 三相四线制供电的相电压为 200V,与线电压最接近的值为(　　)V。

(A)280　　(B)346　　(C)250　　(D)380

16. 低频信号发生器是用来产生(　　)信号的信号源。

(A)标准方波　　　　　　　　(B)标准直流

(C)标准高频正弦　　　　　　(D)标准低频正弦

17. 低频信号发生器的低频振荡信号由(　　)振荡器产生。

(A)LC　　　　　　　　　　(B)电感三点式

(C)电容三点式　　　　　　　(D)RC

18. 用普通示波器观测一波形,若荧光屏显示由左向右不断移动的不稳定波形时,应当调整(　　)旋钮。

(A)X位移　　　　　　　　　(B)扫描范围

(C)整步增幅　　　　　　　　(D)同步选择

19. 使用低频信号发生器时(　　)。

(A)先将"电压调节"放在最小位置,再接通电源

(B)先将"电压调节"放在最大位置,再接通电源

(C)先接通电源,再将"电压调节"放在最小位置

(D)先接通电源,再将"电压调节"放在最大位置

20. 疏失误差可以通过(　　)的方法来消除。

(A)校正测量仪表

(B)正负消去法

(C)加强责任心,抛弃测量结果

(D)采用合理的测试方法

21. 采用合理的测量方法可以消除(　　)误差。

(A)系统　　(B)读数　　(C)引用　　·(D)疏失

22. 用单臂直流电桥测量电阻时,若发现检流计指针向"＋"方向偏转,则需(　　)。

(A)增加比例臂电阻　　　　　(B)增加比较臂电阻

(C)减小比例臂电阻　　　　　(D)减小比较臂电阻

23. 用单臂直流电桥测量一估算为 12Ω 的电阻,比例臂应

选（　　）。

(A)1　　　(B)0.1　　　(C)0.01　　　(D)0.001

24. 使用直流双臂电桥测量小电阻时,被测电阻的电流端钮应接在电位端钮的(　　)。

(A)外测　　　(B)内侧　　　(C)并联　　　(D)内侧或外侧

25. 电桥使用完毕后,要将检流计锁扣锁上,以防(　　)。

(A)电桥出现误差　　　　　　(B)破坏电桥平衡

(C)搬动时振坏检流计　　　　(D)电桥的灵敏度降低

26. 发现示波管的光点太亮时,应调节(　　)。

(A)聚焦旋钮　　　　　　　　(B)辉度旋钮

(C)Y轴增幅旋钮　　　　　　(D)X轴增幅旋钮

27. 调节普通示波器"X轴位移"旋钮,可以改变光点在(　　)。

(A)垂直方向的幅度　　　　　(B)水平方向的幅度

(C)垂直方向的位置　　　　　(D)水平方向的位置

28. 搬动检流计或使用完毕后,应该(　　)。

(A)用导线将两接线端子短路

(B)将两接线端子开路

(C)将两接线端子与电阻串联

(D)将两接线端子与电阻并联

29. 使用检流计时发现灵敏度低,可(　　)以提高灵敏度。

(A)适当提高张丝张力　　　　(B)适当放松张丝张力

(C)减小阻尼力矩　　　　　　(D)增大阻尼力矩

30. 电桥所用的电池电压超过电桥说明书上要求的规定值时,可能造成电桥的(　　)。

(A)灵敏度上升　　　　　　　(B)灵敏度下降

(C)桥臂电阻被烧坏　　　　　(D)检流计被击穿

31. 用单臂直流电桥测量电感线圈的直流电阻时,发现检流计不指零,应该(　　),然后调节比较臂电阻,使检流计指零。

(A)先松开电源按钮,再松开检流计按钮

(B)先松开检流计按钮,再松开电源按钮

(C)同时松开检流计按钮和电源按钮

(D)同时按下检流计按钮和电源按钮

32. 直流双臂电桥可以精确测量(　　)的电阻。

(A)1Ω 以下　　　　　　　　　　(B)10Ω 以上

(C)100Ω 以上　　　　　　　　　(D)100kΩ 以上

33. 在潮湿的季节,对久置不用的电桥,最好能隔一定时间通电(　　)小时,以驱除机内潮气,防止元件受潮变值。

(A)0.5　　　(B)6　　　(C)12　　　(D)24

34. 不要频繁开闭示波器的电源,防止损坏(　　)。

(A)电源　　　　　　　　　　　(B)示波管灯丝

(C)保险丝　　　　　　　　　　(D)X 轴放大器

35. 对于长期不使用的示波器,至少(　　)个月通电一次。

(A)3　　　(B)5　　　(C)6　　　(D)10

36. 使用检流计时要做到(　　)。

(A)轻拿轻放　　　　　　　　　(B)水平放置

(C)竖直放置　　　　　　　　　(D)随意放置

37. 判断检流计线圈的通断(　　)来测量。

(A)用万用表的 R×1 挡

(B)用万用表的 R×1000 挡

(C)用电桥

(D)不能用万用表或电桥直接

38. 为了提高中、小型电力变压器铁心的导磁性能,减少铁损耗,其铁心多采用(　　)制成。

(A)0.35mm 厚,彼此绝缘的硅钢片叠装

(B)整块钢材

(C)2mm 厚彼此绝缘的硅钢片叠装

(D)0.5mm 厚,彼此不需绝缘的硅钢片叠装

39. 油浸式中、小型电力变压器中变压器油的作用是(　　)。

(A)润滑和防氧化　　　　　(B)绝缘和散热

(C)阻燃和防爆　　　　　　(D)灭弧和均压

40. 变压器负载运行时,副边感应电动势的相位滞后于原边电源电压的相位应(　　)180°。

(A)大于　　(B)等于　　(C)小于　　(D)小于等于

41. 变压器带感性负载运行时,副边电流的相位滞后于原边电流的相位小于(　　)。

(A)180°　　(B)90°　　(C)60°　　(D)30°

42. 变压器负载运行时的外特性是指当原边电压和负载的功率因数一定时,副边端电压与(　　)的关系。

(A)时间　　(B)主磁通　　(C)负载电流　　(D)变压比

43. 提高企业用电负荷的功率因数可以使变压器的电压调整率(　　)。

(A)不变　　(B)减小　　(C)增大　　(D)基本不变

44. 当变压器的铜损耗(　　)铁损耗时,变压器的效率最高。

(A)小于　　(B)等于　　(C)大于　　(D)正比于

45. 变压器过载运行时的效率(　　)额定负载时的效率。

(A)大于　　(B)等于　　(C)小于　　(D)大于等于

46. 变压器的额定容量是指变压器在额定负载运行时(　　)。

(A)原边输入的有功功率　　(B)原边输入的视在功率

(C)副边输出的有功功率　　(D)副边输出的视在功率

47. 有一台电力变压器,型号为 SJL—560/10,其中的字母"L"表示变压器的(　　)的。

(A)绕组是用铝线绕制　　(B)绕组是用铜线绕制

(C)冷却方式是油浸风冷式　　(D)冷却方式是油浸自冷式

48. 一台三相变压器的联结组别为 Y,Y0,其中"Y"表示变压器的(　　)。

（A）高压绕组为 Y 形接法　　　（B）高压绕组为△形接法

（C）低压绕组为 Y 形接法　　　（D）低压绕组为△形接法

49. 一台三相变压器的联结组别为 Y，Yn0，其中"Yn"表示变压器的（　　）。

（A）低压绕组为有中性线引出的 Y 形联结

（B）低压绕组为 Y 形联结，中性点需接地，但不引出中性线

（C）高压绕组为有中性线引出的 Y 形联结

（D）高压绕组为 Y 形联结，中性点需接地，但不引出中性线

50. 三相变压器并联运行时，要求并联运行的三相变压器的联接组别（　　）。

（A）必须相同，否则不能并联运行

（B）不可相同，否则不能并联运行

（C）组标号的差值不超过 1 即可

（D）只要组标号相等，Y，Y 联结和 Y，d 联结的变压器也可并
　　联运行

51. 三相变压器并联运行时，要求并联运行的三相变压器短路电压（　　），否则不能并联运行。

（A）必须绝对相等

（B）的差值不超过其平均值的 20%

（C）的差值不超过其平均值的 15%

（D）的差值不超过其平均值的 10%

52. 为了适应电焊工艺的要求，交流电焊变压器的铁心应（　　）。

（A）有较大且可调的空气隙

（B）有很小且不变的空气隙

（C）有很小且可调的空气隙

（D）没有空气隙

53. 磁分路动铁式电焊变压器的原、副绕组（　　）。

（A）应同心地套在一个铁心柱上

(B)分别套在两个铁心柱上

(C)副绕组的一部分与原绕组同心地套在一个铁心柱上，另一部分单独套在另一个铁心柱上

(D)原绕组的一部分与副绕组同心地套在一个铁心柱上，另一部分单独套在另一个铁心柱上

54. 为了满足电焊工艺的要求，交流电焊机在额定负载时的输出电压应在（　　）V 左右。

(A)85　　　(B)60　　　(C)30　　　(D)15

55. 若要调小磁分路动铁式电焊变压器的焊接电流，可将动铁心（　　）。

(A)调出　　　　　　　(B)调入

(C)向左心柱调节　　　(D)向右心柱调节

56. 直流电焊机之所以不能被交流电焊机取代，是因为直流电焊机具有（　　）的优点。

(A)制造工艺简单，使用控制方便

(B)电弧稳定，可焊接碳钢、合金钢和有色金属

(C)使用直流电源，操作较安全

(D)故障率明显低于交流电焊机

57. AXP—500 型弧焊发电机他励励磁电路使用（　　）供电，以减小电源电压波动时对励磁回路的影响。

(A)晶体管稳压整流电路　　(B)晶闸管可控整流电路

(C)整流滤波电路　　　　　(D)铁磁稳压器

58. 他励加串励式直流弧焊发电机焊接电流的粗调是靠（　　）来实现的。

(A)改变他励绕组的匝数

(B)调节他励绕组回路中串联电阻的大小

(C)改变串励绕组的匝数

(D)调节串励绕组回路中串联电阻的大小

59. 直流弧焊发电机为（　　）直流发电机。

（A）增磁式　　　（B）去磁式　　　（C）恒磁式　　　（D）永磁式

60. 直流弧焊发电机在使用中，出现电刷下有火花且个别换向片有炭迹，可能的原因是（　　　）。

（A）导线接触电阻过大　　　　　（B）电刷盒的弹簧压力过小

（C）个别电刷刷绳线断　　　　　（D）个别换向片凸出或凹下

61. 直流弧焊发电机在使用中发现火花大，全部换向片发热的原因可能是（　　　）。

（A）导线接触电阻过大　　　　　（B）电刷盒的弹簧压力过小

（C）励磁绕组匝间短路　　　　　（D）个别电刷刷绳线断

62. 与直流弧焊发电机相比，整流式直流电焊机具有（　　　）的特点。

（A）制造工艺简单，使用控制方便

（B）制造工艺复杂，使用控制不便

（C）使用直流电源，操作较安全

（D）使用调速性能优良的直流电动机拖动，使得焊接电流易于调整

63. 整流式直流电焊机磁饱和电抗器的铁心由（　　　）字形铁心组成。

（A）一个"口"　　　　　　　　（B）三个"口"

（C）一个"日"　　　　　　　　（D）三个"日"

64. 整流式直流弧焊机具有（　　　）的外特性。

（A）平直　　　（B）陡降　　　（C）上升　　　（D）稍有下降

65. 整流式直流电焊机通过（　　　）获得电弧焊所需的外特性。

（A）整流装置　　　　　　　　　（B）逆变装置

（C）调节装置　　　　　　　　　（D）稳压装置

66. 整流式直流电焊机焊接电流调节范围小，其故障原因可能是（　　　）。

（A）变压器初级线圈匝间短路

(B)饱和电抗器控制绕组极性接反

(C)稳压器谐振线圈短路

(D)稳压器补偿线圈匝数不恰当

67. 整流式直流电焊机焊接电流不稳定,其故障原因可能是( )。

(A)变压器初级线圈匝间短路

(B)饱和电抗器控制绕组极性接反

(C)稳压器谐振线圈短路

(D)稳压器补偿线圈匝数不恰当

68. 中、小型电力变压器控制盘上的仪表,指示着变压器的运行情况和电压质量,因此必须经常监察,在正常运行时应每( )小时抄表一次。

(A)0.5　　(B)1　　(C)2　　(D)4

69. 在中、小型电力变压器的定期检查维护中,若发现变压器箱顶油面温度与室温之差超过( ),说明变压器过载或变压器内部已发生故障。

(A)35℃　　(B)55℃　　(C)105℃　　(D)120℃

70. 中、小型电力变压器投入运行后,每年应小修一次,而大修一般为( )年进行一次。

(A)2　　(B)3　　(C)5~10　　(D)15~20

71. 在检修中、小型电力变压器的铁心时,用1kV绝缘电阻表测量铁轭夹件,穿心螺栓绝缘电阻的数值应不小于( )kΩ。

(A)0.5　　(B)2　　(C)4　　(D)10

72. 进行变压器耐压试验时,若试验中无击穿现象,要把变压器试验电压均匀降低,大约在5秒钟内降低到试验电压的( )%或更小,再切断电源。

(A)15　　(B)25　　(C)45　　(D)55

73. 进行变压器耐压试验时,试验电压的上升速度,先可以任意速度上升到额定试验电压的( )%,以后再以均匀缓慢的速度升到额定试验电压。

(A)10　　(B)20　　(C)40　　(D)50

74. 电力变压器大修后,耐压试验的试验电压应按"交接和预防性试验电压标准"选择,标准中规定电压级次为 0.3kV 的油浸变压器试验电压为( )kV。

(A)1　　(B)2　　(C)5　　(D)6

75. 电力变压器大修后,耐压试验的试验电压应按"交接和预防性试验电压标准"选择,标准中规定电压级次为 3kV 的油浸变压器试验电压为( )kV。

(A)5　　(B)10　　(C)15　　(D)21

76. 大修后的变压器进行耐压试验时,发生局部放电,则可能是因为( )。

(A)绕组引线对油箱壁位置不当

(B)更换绕组时,绕组绝缘导线的截面选择偏小

(C)更换绕组时,绕组绝缘导线的截面选择偏大

(D)变压器油装得过满

77. 变压器在大修时无意中在绝缘中夹入了异物(非绝缘物),则在进行耐压试验时会( )。

(A)完全正常　　　　　　(B)发生局部放电

(C)损坏耐压试验设备　　(D)造成操作者人身伤害

78. 在三相交流异步电动机定子上布置结构完全相同、在空间位置上互差 120°电角度的三相绕组,分别通入( ),则在定子与转子的空气隙间将会产生旋转磁场。

(A)直流电　　　　　　　(B)交流电

(C)脉动直流电　　　　　(D)三相对称交流电

79. 在三相交流异步电动机的定子上布置有( )的三相绕组。

(A)结构相同,空间位置互差 90°电角度

(B)结构相同,空间位置互差 120°电角度

(C)结构不同,空间位置互差180°电角度

(D)结构不同,空间位置互差120°电角度

80. 三相异步电动机定子各相绕组在每个磁极下应均匀分布,以达到( )的目的。

(A)磁场均匀　　　　　　　(B)磁场对称

(C)增强磁场　　　　　　　(D)减弱磁场

81. 绘制三相单速异步电动机定子绕组接线图时,要先将定子槽数按极数均分,每一等份代表( )电角度。

(A)90°　　(B)120°　　(C)180°　　(D)360°

82. 一台三相异步电动机,磁极对数为2,定子槽数为36,则极距是( )槽。

(A)18　　(B)9　　(C)6　　(D)3

83. 一台三相异步电动机,磁极数为4,定子槽数为24,定子绕组形式为单层链式,节距为5,并联支路数为1,在绘制绕组展开图时,同相各线圈的连接方法应是( )。

(A)正串联　　(B)反串联　　(C)正并联　　(D)反并联

84. 中、小型单速异步电动机定子绕组概念图中,每个小方块上面的箭头表示的是该段线圈组的( )。

(A)绕向　　　　　　　　　(B)嵌线方向

(C)电流方向　　　　　　　(D)电流大小

85. 对照三相单速异步电动机的定子绕组,画出实际的概念图,若每相绕组都是顺着极相组电流箭头方向串联成的,这个定子绕组接线( )。

(A)一半接错　　　　　　　(B)全部接错

(C)全部接对　　　　　　　(D)不能说明对错

86. 一台三相异步电动机,定子槽数为36,磁极数为4,定子每槽电角度是( )。

(A)15°　　(B)60°　　(C)30°　　(D)20°

87. 采用 YY/△接法的三相变极双速异步电动机变极调速

时,调速前后电动机的(　　)基本不变。

(A)输出转矩　　　　　　　　(B)输出转速

(C)输出功率　　　　　　　　(D)磁极对数

88. 按功率转换关系,同步电机可分(　　)类。

(A)1　　(B)2　　(C)3　　(D)4

89. 在变电站中,专门用来调节电网的无功功率,补偿电网功率因数的设备是(　　)。

(A)同步发电机　　　　　　　(B)同步补偿机

(C)同步电动机　　　　　　　(D)异步发电机

90. 在水轮发电机中,如果 $n=100\text{r/min}$,则发电机应为(　　)对极。

(A)10　　(B)30　　(C)50　　(D)100

91. 汽轮发电机的转子一般做成隐极式,采用(　　)。

(A)良好异磁性能的硅钢片叠加而成

(B)良好导磁性能的高强度合金钢锻成

(C)1～1.5mm 厚的钢片冲制后叠成

(D)整块铸钢或锻钢制成

92. 同步发电机的定子上装有一套在空间上彼此相差(　　)的三相对称绕组。

(A)60°　　(B)60°电角度　　(C)120°　　(D)120°电角度

93. 同步电动机转子的励磁绕组的作用是通电后产生一个(　　)磁场。

(A)脉动

(B)交变

(C)极性不变但大小变化的

(D)大小和极性都不变化的恒定

94. 同步电动机出现"失步"现象的原因是(　　)。

(A)电源电压过高

(B)电源电压太低

(C)电动机轴上负载转矩太大

(D)电动机轴上负载转矩太小

95. 异步起动时,同步电动机的励磁绕组不能直接短路,否则( )。

(A)引起电流太大,电动机发热

(B)将产生高电势,影响人身安全

(C)将发生漏电,影响人身安全

(D)转速无法上升到接近同步转速,不能正常起动

96. 直流电机励磁绕组不与电枢连接,励磁电流由独立的电源供给,称为( )电机。

(A)他励　　(B)串励　　(C)并励　　(D)复励

97. 直流电机主磁极上两个励磁绕组,一个与电枢绕组串联,一个与电枢绕组并联,称为( )电机。

(A)他励　　(B)串励　　(C)并励　　(D)复励

98. 直流电机主磁极的作用是( )。

(A)产生换向磁场　　　　(B)产生主磁场

(C)削弱主磁场　　　　　(D)削弱电枢磁场

99. 直流电机中的换向极由( )组成。

(A)换向极铁心

(B)换向极绕组

(C)换向器

(D)换向极铁心和换向极绕组

100. 直流电动机是利用( )的原理工作的。

(A)导体切割磁力线

(B)通电线圈产生磁场

(C)通电导体在磁场中受力运动

(D)电磁感应

101. 直流发电机电枢上产生的电动势是( )。

(A)直流电动势　　　　　(B)交变电动势

(C)脉冲电动势 (D)非正弦交变电动势

102. 直流电机中的换向器是由( )而成。

(A)相互绝缘的特殊形状的梯形硅钢片组装

(B)相互绝缘的特殊形状的梯形铜片组装

(C)特殊形状的梯形铸铁加工

(D)特殊形状的梯形整块钢板加工

103. 直流发电机中换向器的作用是( )。

(A)把电枢绕组的直流电势变成电刷间的直流电势

(B)把电枢绕组的交流电势变成电刷间的直流电势

(C)把电刷间的直流电势变成电枢绕组的交流电势

(D)把电刷间的交流电势变成电枢绕组的直流电势

104. 直流电机换向极的作用是( )。

(A)削弱主磁场 (B)增强主磁场

(C)抵消电枢磁场 (D)产生主磁场

105. 对于没有换向极的小型直流电动机,带恒定负载向一个方向旋转,为了改善换向,可将其电刷自几何中性面处沿电枢转向( )。

(A)向前适当移动 β 角 (B)向后适当移动 β 角

(C)向前移动 $90°$ (D)向后移到主磁极轴线上

106. 直流并励发电机空载时,可以认为发电机的电动势 E_0 与端电压 U 的关系是( )。

(A)$E_0 \neq U$ (B)$E_0 > U$ (C)$E_0 = U$ (D)$E_0 < U$

107. 在直流积复励发电机中,并励绕组起( )作用。

(A)产生主磁场

(B)使发电机建立电压

(C)补偿负载时电枢回路的电阻压降

(D)电枢反应的去磁

108. 直流并励电动机的机械特性曲线是( )。

(A)双曲线 (B)抛物线 (C)一条直线 (D)圆弧线

109. 直流串励电动机的机械特性曲线是(　　　)。

(A)一条直线　　　(B)双曲线　　　(C)抛物线　　　(D)圆弧线

110. 直流电动机出现振动现象,其原因可能是(　　　)。

(A)电枢平衡未校好　　　　　(B)负载短路

(C)电机绝缘老化　　　　　　(D)长期过载

111. 直流电动机无法起动,其原因可能是(　　　)。

(A)串励电动机空载运行　　　(B)电刷磨损过短

(C)通风不良　　　　　　　　(D)励磁回路断开

112. 测速发电机在自动控制系统中常作为(　　　)元件使用。

(A)电源　　　(B)负载　　　(C)测速　　　(D)放大

113. 测速发电机在自动控制系统和计算装置中,常作为(　　　)元件使用。

(A)电源　　　(B)负载　　　(C)放大　　　(D)解算

114. 若按定子磁极的励磁方式来分,直流测速发电机可分为(　　　)两大类。

(A)有槽电枢和无槽电枢　　　(B)同步和异步

(C)永磁式和电磁式　　　　　(D)空心杯形转子和同步

115. 我国研制的(　　　)系列高灵敏度直流测速发电机,其灵敏度比普通测速发电机高 1000 倍,特别适合作为低速伺服系统中的速度检测元件。

(A)CY　　　(B)ZCF　　　(C)CK　　　(D)CYD

116. 交流测速发电机的定子上装有(　　　)。

(A)一个绕组

(B)两个串联的绕组

(C)两个并联的绕组

(D)两个在空间相差 90°电角度的绕组

117. 交流测速发电机的杯形转子是用(　　　)材料做成的。

(A)高电阻　　　(B)低电阻　　　(C)高导磁　　　(D)低导磁

118. 交流测速发电机的输出电压与(　　　)成正比。

(A)励磁电压频率　　　　　　(B)励磁电压幅值

(C)输出绕组负载 (D)转速

119. 若被测机械的转向改变,则交流测速发电机的输出电压( )。

(A)频率改变 (B)大小改变
(C)相位改变90° (D)相位改变180°

120. 在自动控制系统中,把输入的电信号转换成电机轴上的角位移或角速度的电磁装置称为( )。

(A)伺服电动机 (B)测速发电机
(C)交磁放大机 (D)步进电机

121. 低惯量直流伺服电动机( )。

(A)输出功率大 (B)输出功率小
(C)对控制电压反应快 (D)对控制电压反应慢

122. 交流伺服电动机实质上就是一种( )。

(A)交流测速发电机 (B)微型交流异步电动机
(C)交流同步电动机 (D)微型交流同步电动机

123. 交流伺服电动机的定子圆周上装有( )绕组。

(A)一个 (B)两个互差90°电角度的
(C)两个互差180°电角度的 (D)两个串联的

124. 直流伺服电动机的机械特性曲线是( )。

(A)双曲线 (B)抛物线 (C)圆弧线 (D)直线

125. 交流伺服电动机在没有控制信号时,定子内( )。

(A)没有磁场 (B)只有旋转磁场
(C)只有永久磁场 (D)只有脉动磁场

126. 交流伺服电动机的控制绕组与( )相连。

(A)交流电源 (B)直流电源
(C)信号电压 (D)励磁绕组

127. 在工程上,信号电压一般多加在直流伺服电动机的( )两端。

(A)定子绕组 (B)电枢绕组
(C)励磁绕组 (D)起动绕组

128. 电磁调速异步电动机主要由一台单速或多速的三相笼型异步电动机和（　　）组成。

（A）机械离合器　　　　　　　　（B）电磁离合器

（C）电磁转差离合器　　　　　　（D）测速发电机

129. 把封闭式异步电动机的凸缘端盖与离合器机座合并成为一个整体的叫（　　）电磁调速异步电动机。

（A）组合式　　（B）整体式　　（C）分立式　　（D）独立式

130. 电磁转差离合器中,磁极的转速应该（　　）电枢的转速。

（A）远大于　　（B）大于　　（C）等于　　（D）小于

131. 在电磁转差离合器中,如果电枢和磁极之间没有相对转速差时,（　　）,也就没有转矩去带动磁极旋转,因此取名为"转差离合器"。

（A）磁极中不会有电流产生

（B）磁极就不存在

（C）电枢中不会有趋肤效应产生

（D）电枢中就不会有涡流产生

132. 电磁转差离合器的主要缺点是（　　）。

（A）过载能力差　　　　　　　　（B）机械特性曲线较软

（C）机械特性曲线较硬　　　　　（D）消耗功率较大

133. 被控制量对控制量能有直接影响的调速系统称为（　　）调速系统。

（A）开环　　（B）闭环　　（C）直流　　（D）交流

134. 在使用电磁调速异步电动机调速时,三相交流测速发电机的作用是（　　）。

（A）将转速转变成直流电压

（B）将转速转变成单相交流电压

（C）将转速转变成三相交流电压

（D）将三相交流电压转换成转速

135. 使用电磁调速异步电动机自动调速时,为改变控制角 α,只需改变(　　)即可。

(A)主电路的输入电压　　　　(B)触发电路的输入电压

(C)放大电路的放大倍数　　　(D)触发电路的输出电压

136. 交磁电机扩大机是一种用于自动控制系统中的(　　)元件。

(A)固定式放大　　　　　　　(B)旋转式放大

(C)电子式放大　　　　　　　(D)电流放大

137. 交磁电机扩大机的功率放大倍数可达(　　)倍。

(A)20～50　　　　　　　　　(B)50～200

(C)200～50000　　　　　　　(D)5000～100000

138. 交磁电机扩大机中去磁绕组的作用是(　　)。

(A)减小主磁场　　　　　　　(B)增大主磁场

(C)减小剩磁电压　　　　　　(D)增大剩磁电压

139. 交磁电机扩大机直轴电枢反应磁通的方向为(　　)。

(A)与控制磁通方向相同　　　(B)与控制磁通方向相反

(C)垂直于控制磁通　　　　　(D)不确定

140. 交磁电机扩大机的补偿绕组与(　　)。

(A)控制绕组串联　　　　　　(B)控制绕组并联

(C)电枢绕组串联　　　　　　(D)电枢绕组并联

141. 交磁电机扩大机的定子铁心由(　　)。

(A)硅钢片冲叠而成,铁心上有大、小两种槽形

(B)硅钢片冲叠而成,铁心上有大、中、小三种槽形

(C)钢片冲叠而成,铁心上有大、中、小三种槽形

(D)钢片冲叠而成,铁心上有大、小两种槽形

142. 三相交流电动机耐压试验中,不包括(　　)之间的耐压。

(A)定子绕组相与相　　　　　(B)每相与机壳

(C)线绕式转子绕组相与地　　(D)机壳与地

143. 线绕式电动机的定子做耐压试验时,转子绕组应（   ）。

（A）开路　　（B）短路　　（C）接地　　（D）严禁接地

144. 交流电动机做耐压试验时,试验时间应为（   ）。

（A）30s　（B）60s　（C）3min　（D）10min

145. 对额定电压为380V、功率为3kW及以上的电动机做耐压试验时,试验电压应取（   ）V。

（A）500　　（B）1000　　（C）1500　　（D）1760

146. 不会造成交流电动机绝缘被击穿的原因是（   ）。

（A）电动机轴承内缺乏润滑油　（B）电动机绝缘受潮
（C）电动机长期过载运行　　　（D）电动机长期过压运行

147. 交流电动机耐压试验中,绝缘被击穿的原因可能是（   ）。

（A）试验电压高于电动机额定电压两倍
（B）笼型转子断条
（C）长期停用的电动机受潮
（D）转轴弯曲

148. 直流电动机耐压试验的目的是考核（   ）。

（A）导电部分的对地绝缘强度
（B）导电部分之间的绝缘强度
（C）导电部分对地绝缘电阻的大小
（D）导电部分所耐电压的高低

149. 直流电机的耐压试验主要是考核（   ）之间的绝缘强度。

（A）励磁绕组与励磁绕组　　　（B）励磁绕组与电枢绕组
（C）电枢绕组与换向片　　　　（D）各导电部分与地

150. 做直流电机耐压试验时,加在被试部件上的电压由零上升至额定试验电压值后,应维持（   ）。

（A）30s　（B）60s　（C）3min　（D）6min

151. 功率在 1kW 以上的直流电机做耐压试验时,成品试验电压为( )V。

(A)$2U_N+1000$　　(B)$2U_N+500$　　(C)1000　　(D)500

152. 直流电机在耐压试验中,绝缘被击穿的原因可能是( )。

(A)换向器内部绝缘不良　　　　(B)试验电压为交流

(C)试验电压偏高　　　　　　　(D)试验电压偏低

153. 直流电机耐压试验中,绝缘被击穿的原因可能是( )。

(A)试验电压高于电机额定电压

(B)电枢绕组接反

(C)电枢绕组开路

(D)槽口击穿

154. 晶体管时间继电器按电压鉴别线路的不同可分为( )类。

(A)5　　(B)4　　(C)3　　(D)2

155. 采用单结晶体管延时电路的晶体管时间继电器,其延时电路由( )等部分组成。

(A)延时环节、鉴幅器、输出电路、电源和指示灯

(B)主电路、辅助电源、双稳态触发器及其附属电路

(C)振荡电路、记数电路、输出电路、电源

(D)电磁系统、触头系统

156. 晶体管时间继电器与气囊式时间继电器在寿命长短、调节方便、耐冲击三项性能相比( )。

(A)差　　　　　　　　　　　(B)良

(C)优　　　　　　　　　　　(D)因使用场合不同而异

157. 晶体管时间继电器比气囊式时间继电器精度( )。

(A)相等　　　　　　　　　　(B)低

(C)高　　　　　　　　　　　(D)因使用场所不同而异

158. BG4 和 BG5 型功率继电器主要用于电力系统( )。

(A)二次回路功率的测量及过载保护

(B)过流保护

(C)过电压保护

(D)功率方向的判别元件

159. 功率继电器中属于晶体管功率继电器的型号是(　　)。

(A)LG—11 　　　　　　　　(B)BG4,BG5

(C)GG—11 　　　　　　　　(D)LG—11 和 BG4

160. 检测各种金属,应选用(　　)型的接近开关。

(A)超声波 　　　　　　　　(B)永磁型及磁敏元件

(C)高频振荡 　　　　　　　(D)光电

161. 检测不透光的所有物质,应选择工作原理为(　　)型的接近开关。

(A)高频振荡 　　(B)电容 　　(C)电磁感应 　　(D)光电

162. 晶体管接近开关原理方框图是由(　　)个方框组成。

(A)2 　　(B)3 　　(C)4 　　(D)5

163. 晶体管无触点开关的应用范围比普通位置开关更(　　)。

(A)窄 　　(B)广 　　(C)接近 　　(D)极小

164. 下列关于高压断路器用途的说法正确的是(　　)。

(A)切断空载电流

(B)控制分断或接通正常负荷电流

(C)既能切换正常负荷又可切除故障,同时承担着控制和保护双重任务

(D)接通或断开电路空载电流,严禁带负荷拉闸

165. 10kV 高压断路器交流耐压试验的方法是(　　)。

(A)在断路器所有试验合格后,最后一次试验通过工频试验变压器,施加高于额定电压一定数值的试验电压并持续 1min,进行绝缘观测

(B)通过试验变压器加额定电压进行,持续时间 1min

(C)先做耐压试验,后做其他电气基本试验

(D)在被试物上,通过工频试验变压器加一定数值的电压,持
续 2min

166. 高压负荷开关的用途是( )。

(A)主要用来切断和闭合线路的额定电流

(B)用来切断短路故障电流

(C)用来切断空载电流

(D)既能切断负载电流又能切断故障电流

167. 高压 10kV 型号为 FN4—10 的户内用负荷开关的最高
工作电压为( )kV。

(A)15　　(B)20　　(C)10　　(D)11.5

168. 型号为 GN8—10/600 型高压隔离开关,经大修后需进
行交流耐压试验,应选耐压试验标准电压为( )kV。

(A)10　　(B)20　　(C)35　　(D)42

169. 高压 10kV 隔离开关交流耐压试验方法正确的是
( )。

(A)先做隔离开关的基本预防性试验,后做交流耐压试验

(B)做交流耐压试验取额定电压值即可,不必考虑过电压的
影响

(C)做交流耐压试验前应先用 500V 绝缘电阻表测绝缘电阻
合格后,方可进行

(D)交流耐压试验时,升压至试验电压后,持续 5min

170. 电压互感器可采用户内或户外式电压互感器,通常电压
在( )kV 以下的制成户内式。

(A)10　　(B)20　　(C)35　　(D)6

171. 高压 10kV 互感器的交流耐压试验是指( )对外壳
的工频交流耐压试验。

(A)初级线圈　　　　　　(B)次级线圈

(C)瓷套管　　　　　　　(D)线圈连同套管一起

172. 高压 10kV 以下油断路器做交流耐压前、后,其绝缘电

阻不下降( )%为合格。

(A)15　(B)10　(C)30　(D)20

173. 对于过滤及新加油的高压断路器,必须等油中气泡全部逸出后才能进行交流耐压试验,一般需静止( )小时左右,以免油中气泡引起放电。

(A)5　(B)4　(C)3　(D)10

174. FN3—10T 型负荷开关,在新安装之后用 2500V 绝缘电阻表测量开关动片和触点对地绝缘电阻,交接试验时应不少于( )MΩ。

(A)300　(B)500　(C)1000　(D)800

175. FN4—10 型真空负荷开关是三相户内高压电器设备,在出厂做交流耐压试验时,应选用交流耐压试验标准电压( )kV。

(A)42　(B)20　(C)15　(D)10

176. 大修后,在对 6kV 隔离开关进行交流耐压试验时,应选耐压试验标准为( )kV。

(A)24　(B)32　(C)42　(D)10

177. 运行中 10kV 隔离开关,在检修时对其有机材料传动杆,使用 2500V 绝缘电阻表测得绝缘电阻阻值不得低于( )MΩ。

(A)200　(B)300　(C)500　(D)1000

178. LFC—10 型高压互感器额定电压比为 10000/100,在次级绕组用 1000V 或 2500V 绝缘电阻表摇测绝缘电阻,其阻值应不低于( )MΩ。

(A)1　(B)2　(C)3　(D)0.5

179. 额定电压 3kV 的互感器在进行大修后做交流耐压试验,应选交流耐压试验标准为( )kV。

(A)10　(B)15　(C)28　(D)38

180. 对 SN3—10G 型户内少油断路器进行交流耐压试验时,在刚加试验电压 15kV 时,却出现绝缘拉杆有放电闪烁造成击穿,其原因是( )。

（A)绝缘油不合格　　　　　　(B)支柱绝缘子有脏污

（C)绝缘拉杆受潮　　　　　　(D)周围湿度过大

181. 对户外多油断路器 DW7—10 检修后做交流耐压试验时,合闸状态试验合格,分闸状态在升压过程中却出现"噼啪"声,电路跳闸击穿,其原因是( )。

（A)支柱绝缘子破损　　　　　(B)油质含有水分

（C)拉杆绝缘受潮　　　　　　(D)油箱有脏污

182. 对 FN1—10 型户内高压负荷开关在进行交流耐压试验时,发现击穿,其原因是( )。

（A)支柱绝缘子破损,绝缘拉杆受潮

（B)周围环境湿度减小

（C)开关动、静触头接触良好

（D)灭弧室功能完好

183. 高压断路器和高压负荷开关在交流耐压试验时,标准电压数值均为( )kV。

（A)10　　(B)20　　(C)15　　(D)38

184. 对 GN5—10 型户内高压隔离开关进行交流耐压试验时,在升压过程中发现,在绝缘拉杆处有闪烁放电,造成跳闸击穿,其击穿原因是( )。

（A)绝缘拉杆受潮　　　　　　(B)支柱瓷瓶良好

（C)动、静触头脏污　　　　　(D)环境湿度增加

185. 对高压隔离开关进行交流耐压试验,在选择标准试验电压时应为 38kV,其加压方法是在 1/3 试验电压前可以稍快,其后升压应按每秒( )%试验电压均匀升压。

（A)5　　(B)10　　(C)3　　(D)8

186. 额定电压为 10kV 的 JDZ—10 型电压互感器,在进行交流耐压试验时,产品合格,但在试验后被击穿。其击穿原因是( )。

（A)绝缘受潮

(B)互感器表面脏污

(C)环氧树脂浇注质量不合格

(D)试验结束,试验者忘记降压就拉闸断电

187. CJ0—20 型交流接触器,采用的灭弧装置是( )。

(A)半封闭绝缘栅片陶土灭弧罩

(B)半封闭式金属栅片陶土灭弧罩

(C)磁吹式灭弧装置

(D)窄缝灭弧装置

188. B9～B25A 电流等级 B 系列交流接触器是我国引进德国技术生产的产品,它采用的灭弧装置是( )。

(A)电动力灭弧 　　　　　(B)金属栅片陶土灭弧罩

(C)窄缝灭弧 　　　　　　(D)封闭式灭弧室

189. 陶土金属灭弧罩的金属是( )。

(A)镀铜铁片或镀锌铁片 　　(B)铝片

(C)薄锡片 　　　　　　　(D)锰薄片

190. CJ20 系列交流接触器是全国统一设计的新型接触器,容量为 6.3～25A 的采用( )灭弧罩的型式。

(A)纵缝灭弧室 　　　　　(B)栅片式

(C)陶土 　　　　　　　　(D)不带

191. 熄灭直流电弧,常采取的途径是( )。

(A)使电弧拉长和强冷的方法 (B)使电弧扩散

(C)复合 　　　　　　　　(D)窄缝灭弧

192. 直流电弧稳定燃烧的条件是( )。

(A)输入气隙的能量大于因冷却而输出的能量

(B)输入气隙的能量等于因冷却而输出的能量

(C)没有固定规律

(D)输入气隙的能量小于因冷却而输出的能量

193. 直流电器灭弧装置多采用( )。

(A)陶土灭弧罩 　　　　　(B)金属栅片灭弧罩

(C)封闭式灭弧室　　　　　　(D)串联磁吹式灭弧装置

194. 磁吹式灭弧装置的磁吹灭弧能力与电弧电流的大小关系是(　　)。

(A)电弧电流越大磁吹灭弧能力越小

(B)无关

(C)电弧电流越大磁吹灭弧能力越强

(D)没有固定规律

195. 接触器检修后由于灭弧装置损坏,该接触器(　　)使用。

(A)仍能继续　　　　　　　　(B)不能

(C)在额定电流下可以　　　　(D)短路故障下也可

196. 检修接触器,当线圈工作电压在(　　)%U_N 以下时,交流接触器动铁心应释放,主触头自动打开切断电路,起欠压保护作用。

(A)85　　(B)50　　(C)30　　(D)90

197. 检修继电器,当发现触头接触部分磨损到银或银基合金触头厚度的(　　)时,应换新触头。

(A)1/3　　(B)2/3　　(C)1/4　　(D)3/4

198. 检修后,电磁式继电器的衔铁与铁心闭合位置要正,其歪斜度要求(　　),吸合后不应有杂音、抖动。

(A)不得超过 1mm　　　　　(B)不得歪斜

(C)不得超过 2mm　　　　　(D)不得超过 5mm

199. 对 RN 系列室内高压熔断器,检测其支持绝缘子的绝缘电阻,应选用额定电压为(　　)V 的绝缘电阻表进行测量。

(A)1000　　(B)2500　　(C)500　　(D)250

200. RW3—10 型户外高压熔断器作为小容量变压器的前级保护安装在室外,要求熔丝管底端对地面距离以(　　)m 为宜。

(A)3　　(B)3.5　　(C)4　　(D)4.5

201. 检修 SN10—10 高压少油断路器时,根据检修规程,应测断路器可动部分的绝缘电阻,应选取额定电压( )V 的绝缘电阻表进行绝缘电阻摇测。

(A)250 　(B)500 　(C)2500 　(D)1000

202. SN10—10 系列少油断路器中的油是起灭弧作用的,两导电部分和灭弧室的对地绝缘是通过( )来实现的。

(A)变压器油 　　　　　(B)绝缘框架

(C)绝缘拉杆 　　　　　(D)支持绝缘子

203. 检修交流电磁铁,发现交流噪声很大,应检查的部位是( )。

(A)线圈直流电阻 　　　　(B)工作机械

(C)铁心及衔铁短路环 　　(D)调节弹簧

204. 低压电磁铁的线圈的直流电阻用电桥进行测量,根据检修规程,线圈直流电阻与铭牌数据之差不得大于( )%。

(A)10 　(B)5 　(C)15 　(D)20

205. 异步电动机不希望空载或轻载的主要原因是( )。

(A)功率因数低 　　　　　(B)定子电流较大

(C)转速太高有危险 　　　(D)转子电流较大

206. 改变三相异步电动机的旋转磁场方向就可以使电动机( )。

(A)停速 　(B)减速 　(C)反转 　(D)降压起动

207. 三相异步电动机的正、反转控制关键是改变( )。

(A)电源电压 　　　　　(B)电源相序

(C)电源电流 　　　　　(D)负载大小

208. 起重机电磁抱闸制动原理属于( )制动。

(A)电力 　(B)机械 　(C)能耗 　(D)反接

209. 三相异步电动机反接制动时,采用对称制动电阻接法,可以在限制制动转矩的同时,也限制( )。

(A)制动电流 　　　　　(B)起动电流

(C)制动电压 　　　　　(D)起动电压

210. 三相异步电动机按转速高低划分,有( )种。

(A)2　　(B)3　　(C)4　　(D)5

211. 由可控硅整流器和可控硅逆变器组成的调速装置,其调速原理是( )调速。

(A)变极　　(B)变频　　(C)改变转差率　　(D)降压

212. 直流电动机起动时,起动电流很大,可达额定电流的( )倍。

(A)4～7　　(B)2～25　　(C)10～20　　(D)5～6

213. 直流电动机采用电枢回路串变阻器起动时,将起动电阻( )。

(A)由大往小调　　　　　　(B)由小往大调

(C)不改变其大小　　　　　(D)不一定向哪个方向调

214. 改变直流电动机励磁电流方向的实质是改变( )。

(A)电压的大小　　　　　　(B)磁通的方向

(C)转速的大小　　　　　　(D)电枢电流的大小

215. 为使直流电动机反转,应采取( )措施可改变主磁场的方向。

(A)改变励磁绕组极性　　　(B)减少电流

(C)增大电流　　　　　　　(D)降压

216. 将直流电动机电枢的动能变成电能消耗在电阻上,称为( )。

(A)反接制动　　　　　　　(B)回馈制动

(C)能耗制动　　　　　　　(D)机械制动

217. 直流电动机回馈制动时,电动机处于( )。

(A)电动状态　　　　　　　(B)发电状态

(C)空载状态　　　　　　　(D)短路状态

218. 改变直流电动机的电源电压进行调速,当电源电压降低时,其转速( )。

(A)升高　　(B)降低　　(C)不变　　(D)不一定

219. 直流电动机电枢回路串电阻调速,当电枢回路电阻增大时,其转速(　　)。

(A)升高　　(B)降低　　(C)不变　　(D)不一定

220. 同步电动机不能自行起动,其原因是(　　)。

(A)本身无起动转矩　　　　(B)励磁绕组开路

(C)励磁绕组串电阻　　　　(D)励磁绕组短路

221. 三相同步电动机的转子在(　　)时才能产生同步电磁转矩。

(A)直接起动　　　　　　　(B)同步转速

(C)降压起动　　　　　　　(D)异步起动

222. 同步电动机采用能耗制动时,要将运行中的同步电动机定子绕组电源(　　)。

(A)短路　　(B)断开　　(C)串联　　(D)并联

223. 三相同步电动机采用能耗制动时,电源断开后,保持转子励磁绕组的直流励磁,同步电动机就成为电枢被外电阻短接的(　　)。

(A)异步电动机　　　　　　(B)异步发电机

(C)同步发电机　　　　　　(D)同步电动机

224. 转子绕组串电阻起动适用于(　　)。

(A)笼型异步电动机　　　　(B)绕线式异步电动机

(C)串励直流电动机　　　　(D)并励直流电动机

225. 适用于电动机容量较大且不允许频繁起动的降压起动方法是(　　)。

(A)Y-△　　　　　　　　　(B)自耦变压器

(C)定子串电阻　　　　　　(D)延边三角形

226. 自动往返控制线路属于(　　)线路。

(A)正、反转控制　　　　　(B)点动控制

(C)自锁控制　　　　　　　(D)顺序控制

227. 正、反转控制线路,在实际工作中最常用、最可靠的是

（　　）。

(A)倒、顺开关　　　　　　　　(B)接触器联锁

(C)按钮联锁　　　　　　　　　(D)按钮、接触器双重联锁

228. 对于要求制动准确、平稳的场合,应采用(　　)制动。

(A)反接　　　(B)能耗　　　(C)电容　　　(D)再生发电

229. 对存在机械摩擦与阻尼的生产机械和需要多台电动机同时制动的场合,应采用(　　)制动。

(A)反接　　　(B)能耗　　　(C)电容　　　(D)再生发电

230. 双速电动机的调速属于(　　)调速方法。

(A)变频　　　　　　　　　　　(B)改变转差率

(C)改变磁极对数　　　　　　　(D)降低电压

231. 三相绕线转子异步电动机的调速控制采用(　　)的方法。

(A)改变电源频率

(B)改变定子绕组磁极对数

(C)转子回路串联频敏变阻器

(D)转子回路串联可调电阻

232. 直流电动机除极小容量外,不允许(　　)起动。

(A)降压　　　　　　　　　　　(B)全压

(C)电枢回路串电阻　　　　　　(D)降低电枢电压

233. 串励直流电动机起动时,不能(　　)起动。

(A)串电阻　　　　　　　　　　(B)降低电枢电压

(C)空载　　　　　　　　　　　(D)有载

234. 串励电动机的反转宜采用励磁绕组反接法。因为串励电动机的电枢两端电压很高,励磁绕组两端的(　　),反接较容易。

(A)电压很低　　　　　　　　　(B)电流很低

(C)电压很高　　　　　　　　　(D)电流很高

235. 他励直流电动机改变旋转方向,常采用(　　)来完成。

(A)电枢绕组反接法

(B)励磁绕组反接法

(C)电枢、励磁绕组同时反接

(D)断开励磁绕组,电枢绕组反接

236. 串励直流电动机的能耗制动方法有( )种。

(A)2　　(B)3　　(C)4　　(D)5

237. 直流电动机反接制动时,当电动机转速接近于零时,就应立即切断电源,防止( )。

(A)电流增大　　　　　　(B)电机过载

(C)发生短路　　　　　　(D)电动机反向转动

238. 改变励磁磁通调速法是通过改变( )的大小来实现的。

(A)励磁电流　　　　　　(B)电源电压

(C)电枢电压　　　　　　(D)电源频率

239. 改变电枢电压调速,常采用( )作为调速电源。

(A)并励直流发电机　　　(B)他励直流发电机

(C)串励直流发动机　　　(D)交流发电机

240. 同步电动机采用异步法起动时,起动过程可分为( )大过程。

(A)2　　(B)3　　(C)4　　(D)5

241. 同步电动机的起动方法有同步起动法和( )起动法。

(A)异步　　(B)反接　　(C)降压　　(D)升压

242. 同步电动机采用能耗制动时,将运行中的同步电动机定子绕组( ),并保留转子励磁绕组的直流励磁。

(A)电源短路　　(B)电源断开　　(C)开路　　(D)串联

243. 同步电动机采用能耗制动时,将运行中的定子绕组电源断开,并保留转子励磁绕组的( )。

(A)直流励磁　　　　　　(B)交流励磁

(C)电压　　　　　　　　(D)交、直流励磁

244. 半导体发光数码管由( )个条状的发光二极管组成。

(A)5　　(B)6　　(C)7　　(D)8

245. 工业上通称的 PC 机是指( )。

(A)顺序控制器　　　　　　(B)工业控制器

(C)可编程控制器　　　　　(D)PC 微型计算机

246. M7120 型磨床的控制电路,当具备可靠的( )后,才允许起动砂轮和液压系统,以保证安全。

(A)交流电压　　　　　　　(B)直流电压

(C)冷却泵获电　　　　　　(D)交流电流

247. C6140 型车床主轴电动机与冷却泵电动机的电气控制的顺序是( )。

(A)主轴电动机起动后,冷却泵电动机方可选择起动

(B)主轴与冷却泵电动机可同时起动

(C)冷却泵电动机起动后,主轴电动机方可起动

(D)冷却泵由组合开关控制,与主轴电动机无电气关系

248. 在 M7120 型磨床控制电路中,为防止砂轮升降电动机的正、反转线路同时接通,故需进行( )控制。

(A)点动　　(B)自锁　　(C)联锁　　(D)顺序

249. Z3050 型摇臂钻床的摇臂升降控制,采用单台电动机的( )控制。

(A)点动　　　　　　　　　(B)点动互锁

(C)自锁　　　　　　　　　(D)点动、双重联锁

250. 起重机各移动部分均采用( )作为行程定位保护。

(A)反接制动　　　　　　　(B)能耗制动

(C)限位开关　　　　　　　(D)电磁离合器

251. C5225 车床的工作台电动机制动原理为( )。

(A)反接制动　　　　　　　(B)能耗制动

(C)电磁离合器　　　　　　(D)电磁抱闸

252. T610 型卧式镗床主轴停车时的制动原理是( )。

(A)反接制动　　　　　　　(B)能耗制动
(C)电磁离合器　　　　　　(D)电磁抱闸

253. 起重机设备上的移动电动机和提升电动机均采用
(　　)制动。
(A)反接　　　　　　　　　(B)能耗
(C)电磁离合器　　　　　　(D)电磁抱闸

254. 电流截止负反馈在交磁电机扩大机自动调速系统中起
(　　)作用。
(A)限流　　　　　　　　　(B)减少电阻
(C)增大电压　　　　　　　(D)增大电流

255. 交磁电机扩大机电压负反馈系统使发电机端电压
(　　),因而使转速也接近不变。
(A)接近不变　　(B)增大　　(C)减少　　(D)不变

256. 直流发电机-直流电动机自动调速系统在额定转速基速
以下调速时,调节直流发电机励磁电路电阻的实质是(　　)。
(A)改变电枢电压　　　　　(B)改变励磁磁通
(C)改变电路电阻　　　　　(D)限制起动电流

257. 直流发电机-直流电动机自动调速系统在基速以上调节
直流电动机励磁电路电阻的实质是(　　)。
(A)改变电枢电压　　　　　(B)改变励磁磁通
(C)改变电路电阻　　　　　(D)限制起动电流

258. 电流正反馈自动调速电路中,电流正反馈反映的是
(　　)的大小。
(A)电压　　(B)转速　　(C)负载　　(D)能量

259. 电压负反馈自动调速线路中的被调量是(　　)。
(A)转速　　　　　　　　　(B)电动机端电压
(C)电枢电压　　　　　　　(D)电枢电流

260. 交磁扩大机的(　　)自动调速系统需要一台测速发电
机。

(A)转速负反馈　　　　　　　(B)电压负反馈

(C)电流正反馈　　　　　　　(D)电流截止负反馈

261. 交磁扩大机在工作时,一般将其补偿程度调节在( )。

(A)欠补偿　　(B)全补偿　　(C)过补偿　　(D)无补偿

262. 直流发电机-直流电动机自动调速系统的调速常采用( )种方式。

(A)2　　(B)3　　(C)4　　(D)5

263. 直流发电机-直流电动机自动调速系统采用变电枢电压调速时,实际转速( )额定转速。

(A)等于　　(B)大于　　(C)小于　　(D)不小于

264. 采用比例调节器调速,避免了信号( )输入的缺点。

(A)串联　　　　　　　　　(B)并联

(C)混联　　　　　　　　　(D)电压并联、电流串联

265. 带有电流截止负反馈环节的调速系统,为使电流截止负反馈参与调节后机械特性曲线下垂段更陡一些,应把反馈取样电阻阻值选得( )。

(A)大一些　　　　　　　　(B)小一些

(C)接近无穷大　　　　　　(D)接近零

266. 按实物测绘机床电气设备控制线路的接线图时,同一电器的各元件要画在( )处。

(A)1　　(B)2　　(C)3　　(D)多

267. 根据实物测绘机床电气设备电气控制线路的布线图时,应按( )绘制。

(A)实际尺寸　　　　　　　(B)比实际尺寸大

(C)比实际尺寸小　　　　　(D)一定比例

268. 桥式起重机采用( )实现过载保护。

(A)热继电器　　　　　　　(B)过流继电器

(C)熔断器　　　　　　　　(D)空气开关的脱扣器

269. 桥式起重机主钩电动机放下空钩时,电动机工作在( )状态。

(A)正转电动　　　　　　(B)反转电动

(C)倒拉反转　　　　　　(D)再生发电

270. T610 镗床工作台回转有( )种方式。

(A)1　　(B)2　　(C)3　　(D)4

271. T610 型卧式镗床主轴进给方式有快速进给、工作进给、点动进给、微调进给几种。进给速度的变换是靠( )来实现的。

(A)改变进给装置的机械传动机构

(B)液压装置改变油路油压

(C)电动机变速

(D)离合器变速

272. X62W 万能铣床的进给操作手柄的功能是( )。

(A)只操纵电器　　　　　　(B)只操纵机械

(C)操纵机械和电器　　　　(D)操纵冲动开关

273. X62W 万能铣床左、右进给手柄扳向右,工作台向右进给时,上、下,前、后进给手柄必须处于( )。

(A)上面　　(B)后面　　(C)零位　　(D)任意位置

274. Z37 摇臂钻床零压继电器的功能是( )。

(A)失压保护　　　　　　(B)零励磁保护

(C)短路保护　　　　　　(D)过载保护

275. Z37 摇臂钻床的摇臂升、降开始前,一定先使( )松开。

(A)立柱　　　　　　(B)联锁装置

(C)主轴箱　　　　　　(D)液压装置

276. M7475B 磨床中的电磁吸盘在进行可调励磁时,下列晶体管起作用的是( )。

(A)V1　　(B)V2　　(C)V3　　(D)V4

277. M7475B 磨床电磁吸盘退磁时，YH 中电流的频率等于（　　）。

(A)交流电源频率

(B)多谐振荡器的振荡频率

(C)交流电源频率的两倍

(D)零

278. 放大电路的静态工作点，是指输入信号（　　）晶体管的工作点。

(A)为零时　　　(B)为正时　　　(C)为负时　　　(D)很小时

279. 欲使放大器净输入信号削弱，应采取的反馈类型是（　　）。

(A)串联反馈　　　　　　　　(B)并联反馈

(C)正反馈　　　　　　　　　(D)负反馈

280. 将一个具有反馈的放大器的输出端短路，即晶体管输出电压为 0，反馈信号消失，则该放大器采用的反馈是（　　）。

(A)正反馈　　　　　　　　　(B)负反馈

(C)电压反馈　　　　　　　　(D)电流反馈

281. 阻容耦合多级放大器可放大（　　）。

(A)直流信号　　　　　　　　(B)交流信号

(C)交、直流信号　　　　　　(D)反馈信号

282. 阻容耦合多级放大电路的输入电阻等于（　　）。

(A)第一级输入电阻　　　　　(B)各级输入电阻之和

(C)各级输入电阻之积　　　　(D)末级输入电阻

283. 对功率放大电路最基本的要求是（　　）。

(A)输出信号电压大

(B)输出信号电流大

(C)输出信号电压和电流均大

(D)输出信号电压大、电流小

284. 推挽功率放大电路在正常工作过程中，晶体管工作在

（　　）状态。

（A）放大　（B）饱和　（C）截止　（D）放大或截止

285. 正弦波振荡器由（　　）大部分组成。

（A）2　（B）3　（C）4　（D）5

286. LC振荡器中，为容易起振而引入的反馈属于（　　）。

（A）负反馈　　　　　　　（B）正反馈

（C）电压反馈　　　　　　（D）电流反馈

287. 直流耦合放大电路产生零点漂移的主要原因是：（　　）变化。

（A）温度　（B）湿度　（C）电压　（D）电流

288. 直流放大器克服零点漂移的措施是采用（　　）。

（A）分压式电流负反馈放大电路

（B）振荡电路

（C）滤波电路

（D）差动放大电路

289. 二极管两端加上正向电压时（　　）。

（A）一定导通　　　　　　（B）超过死区电压才导通

（C）超过0.3V才导通　　　（D）超过0.7V才导通

290. 用于整流的二极管型号是（　　）。

（A）2AP9　（B）2CW14C　（C）2CZ52B　（D）2CK84A

291. 由一个晶体管组成的基本门电路是（　　）。

（A）与门　（B）非门　（C）或门　（D）异或门

292. 在脉冲电路中，应选择（　　）的晶体管。

（A）放大能力强　　　　　（B）开关速度快

（C）集电极最大耗散功率高　（D）价格便宜

293. 数字集成门电路，目前生产最多且应用最普遍的门电路是（　　）。

（A）与门　（B）或门　（C）非门　（D）与非门

294. TTL"与非"门电路是以（　　）为基本元件构成的。

(A)电容器　　　　　　　　(B)双极性晶体管

(C)二极管　　　　　　　　(D)晶闸管

295. 普通晶闸管管心由(　　)层杂质半导体组成。

(A)1　(B)2　(C)3　(D)4

296. 晶闸管外部的电极数目为(　　)个。

(A)1　(B)2　(C)3　(D)4

297. 欲使导通晶闸管关断,错误的做法是(　　)。

(A)阳极、阴极间加反向电压

(B)撤去门极电压

(C)将阳极、阴极间正压减小至小于维持电压

(D)减小阴极电流,使其小于维持电流

298. 晶闸管硬开通是在(　　)情况下发生的。

(A)阳极反向电压小于反向击穿电压

(B)阳极正向电压小于正向转折电压

(C)阳极正向电压大于正向转折电压

(D)阴极加正压,门极加反压

299. 室温下,阳极加 6V 正压,为保证可靠触发所加的门极电流应(　　)门极触发电流。

(A)小于　　(B)等于　　(C)大于　　(D)任意

300. 在晶闸管寿命期内,若浪涌电流不超过 $6\pi I_T$,晶闸管能忍受的次数是(　　)。

(A)1 次　　(B)20 次　　(C)40 次　　(D)100 次

301. 单结晶体管触发电路输出触发脉冲中的幅值取决于(　　)。

(A)发射极电压 U_e　　　　(B)电容 C

(C)电阻 R_b　　　　　　　(D)分压比 η

302. 同步电压为锯齿波的晶体管触发电路,以锯齿波电压为基准,再串入(　　)控制晶体管状态。

(A)交流控制电压　　　　　(B)直流控制电压

(C)脉冲信号　　　　　　　　(D)任意波形电压

303. 关于同步电压为锯齿波的晶体管触发电路叙述正确的是(　　)。

(A)产生的触发功率最大　　　(B)适用于大容量晶闸管

(C)锯齿波线性度最好　　　　(D)适用于较小容量晶闸管

304. 单相半波可控整流电路,若负载平均电流为 10mA,则实际通过整流二极管的平均电流为(　　)mA。

(A)5　(B)0　(C)10　(D)20

305. 单相全波可控整流电路,若控制角 α 变大,则输出平均电压(　　)。

(A)不变　(B)变小　(C)变大　(D)为零

306. 三相半波可控整流电路,若负载平均电流为 18A,则每个晶闸管实际通过的平均电流为(　　)A。

(A)18　(B)9　(C)6　(D)3

307. 三相半波可控整流电路,若变压器次级电压为 U_2,且 $0° < \alpha < 30°$,则输出平均电压为(　　)。

(A)$1.17U_2\cos\alpha$　　　　　(B)$0.9U_2\cos\alpha$

(C)$0.45U_2\cos\alpha$　　　　　(D)$1.17U_2$

308. 电工常用的电焊条是(　　)焊条。

(A)低合金钢　(B)不锈钢　(C)堆焊　(D)结构钢

309. 根据国标规定,低氢型焊条一般在常温下超过 4 小时应重新烘干,烘干次数不超过(　　)次。

(A)2　(B)3　(C)4　(D)5

310. 气焊低碳钢应采用(　　)火焰。

(A)氧化焰　　　　　　　　　(B)轻微氧化焰

(C)中性焰或轻微碳化焰　　　(D)中性焰或轻微氧化焰

311. 埋弧焊是电弧在焊剂下燃烧进行焊接的方法,分为(　　)种。

(A)2　(B)3　(C)4　(D)5

312. 常见焊接缺陷按其在焊缝中的位置不同,可分为(　　)

种。

（A）2　　（B）3　　（C）4　　（D）5

313. 焊缝内部缺陷的检查,可用表面无损探伤的方法来进行,常用的表面无损探伤方法有（　　）种。

（A）2　　（B）3　　（C）4　　（D）5

314. 电焊钳的功用是夹紧焊条和（　　）。

（A）传导电流　　　　　　　　（B）减小电阻

（C）降低发热量　　　　　　　（D）保证接触良好

315. 部件测绘时,首先要对部件（　　）。

（A）画零件图　　　　　　　　（B）拆卸成零件

（C）画装配图　　　　　　　　（D）分析研究

316. 部件的装配略图可作为拆卸零件后（　　）的依据。

（A）画零件图　　　　　　　　（B）重新装配成部件

（C）画总装图　　　　　　　　（D）安装零件

317. 起吊设备时,只允许（　　）指挥,指挥信号必须明确。

（A）1 人　　（B）2 人　　（C）3 人　　（D）4 人

318. 使用两根绳起吊一个重物,当起吊绳与吊钩垂线的夹角为（　　）时,起吊绳受力是所吊重物的重量。

（A）0°　　（B）30°　　（C）45°　　（D）60°

319. 对从事产品生产制造和提供生产服务场所的管理,是（　　）。

（A）生产现场管理　　　　　　（B）生产现场质量管理

（C）生产现场设备管理　　　　（D）生产计划管理

320. 生产第一线的质量管理叫（　　）。

（A）生产现场管理　　　　　　（B）生产现场质量管理

（C）生产现场设备管理　　　　（D）生产计划管理

321. 用电压测量法检查低压电气设备时,把万用表扳到交流电压（　　）挡位上。

（A）10V　　（B）50V　　（C）100V　　（D）500V

322. 在检查电气设备故障时,(　　)只适用于压降极小的导线及触头之类的电气故障。

(A)短接法 　　　　　　　　(B)电阻测量法

(C)电压测量法 　　　　　　(D)外表检查法

323. 电气设备用高压电动机,其定子绕组绝缘电阻为(　　)时,方可使用。

(A)0.5MΩ 　(B)0.38MΩ 　(C)1MΩ/kV 　(D)1MΩ

324. 检修后的机床电器装置,其操纵、复位机构必须(　　)。

(A)无卡阻现象 　　　　　　(B)灵活可靠

(C)接触良好 　　　　　　　(D)外观整洁

325. 降低电力线路的(　　),可节约用电。

(A)电流 　　(B)电压 　　(C)供电损耗 　　(D)电导

326. 工厂企业供电系统的日负荷波动较大时,将影响供电设备效率,而使线路的功率损耗增加。所以应调整(　　),以达到节约用电的目的。

(A)线路负荷 　　　　　　　(B)设备负荷

(C)线路电压 　　　　　　　(D)设备电压

327. 为了提高设备的功率因数,可采用措施降低供用电设备消耗的(　　)。

(A)有功功率 　(B)无功功率 　(C)电压 　(D)电流

328. 采用降低供用电设备的无功功率,可提高(　　)。

(A)电压 　　(B)电阻 　　(C)总功率 　　(D)功率因数

5.2　中级维修电工理论知识自测题(二)——判断题

(　　)**1.** 用戴维南定理解决任何复杂电路问题都方便。

(　　)**2.** 戴维南定理是求解复杂电路中某条支路电流的唯一方法。

(　　)**3.** 任何电流源都可转换成电压源。

（　　）**4.** 解析法是用三角函数式表示正弦交流电的一种方法。

（　　）**5.** 正弦交流电的有效值、频率、初相位都可以运用符号法从代数式中求出来。

（　　）**6.** 在交流电路中视在功率就是电源提供的总功率，它等于有功功率与无功功率之和。

（　　）**7.** 在交流电路中功率因数为：

$$\cos\varphi＝有功功率/（有功功率＋无功功率）$$

（　　）**8.** 对用电器来说提高功率因数，就是提高用电器的效率。

（　　）**9.** 负载作△形联结时的相电流，是指相线中的电流。

（　　）**10.** 三相对称负载作△联结，若每相负载的阻抗为 10Ω，接在线电压为 380V 的三相交流电路中，则电路的线电流为 38A。

（　　）**11.** 低频信号发生器的频率完全由 RC 所决定。

（　　）**12.** 低频信号发生器开机后需加热 30min 方可使用。

（　　）**13.** 采用正负消去法可以消除系统误差。

（　　）**14.** 单臂直流电桥主要用来精确测量电阻值。

（　　）**15.** 直流双臂电桥可以较好地消除接线电阻和接触电阻对测量结果的影响，是因为双臂电桥的工作电流较大的缘故。

（　　）**16.** 调节示波器"Y轴增益"旋钮可以改变显示波形在垂直方向的位置。

（　　）**17.** 测量检流计内阻时，必须采用准确度较高的电桥去测量。

（　　）**18.** 电桥使用完毕后应将检流计的锁扣锁住，防止搬动电桥时检流计的悬丝被振坏。

（　　）**19.** 直流双臂电桥可以精确测量电阻值。

（　　）**20.** 光点在示波器荧光屏一个地方长期停留，该点将受损老化。

（　　）**21.** 绝对不准用电桥测量检流计的内阻。

（　　）**22.** 中、小型电力变压器无载调压分接开关的调节范围是其额定输出电压的±15%。

（　）23. 变压器负载运行时，副绕组的感应电动势、漏抗电动势和电阻压降共同与副边输出电压相平衡。

（　）24. 变压器的电压调整率越大，说明变压器的副边端电压越稳定。

（　）25. 变压器负载运行时效率等于其输入功率除以输出功率。

（　）26. 为用电设备选择供电用的变压器时，应选择额定容量大于用电设备总的视在功率的变压器。

（　）27. 表示三相变压器联接组别的"时钟表示法"规定：变压器高压边线电势相量为长针，永远指向钟面上的 12 点；低压边线电势相量为短针，指向钟面上哪一点，则该点数就是变压器联接组别的标号。

（　）28. 三相电力变压器并联运行可提高供电的可靠性。

（　）29. 交流电焊机的主要组成部分是漏抗较大且可调的变压器。

（　）30. 交流电焊机为了保证容易起弧，应具有 100V 的空载电压。

（　）31. 直流弧焊发电机与交流电焊机相比，结构较复杂。

（　）32. 由于直流电焊机应用的是直流电源，因此是目前使用最广泛的一种电焊机。

（　）33. 直流电焊机使用中出现环火时，仍可继续使用。

（　）34. 整流式直流电焊机是一种直流弧焊电源设备。

（　）35. 整流式直流电焊机应用的是交流电源，因此使用较方便。

（　）36. 电源电压过低会使整流式直流弧焊机次级电压太低。

（　）37. 在中、小型电力变压器的定期检查中，若通过贮油柜的玻璃油位表能看到深褐色的变压器油，说明该变压器运行正常。

（　）38. 在中、小型电力变压器的检修中，用起重设备吊起器身时，应尽量把吊钩装得高些，使吊器身的钢绳的夹角不大于 45°，以避免油箱盖板弯曲变形。

（　　）39. 进行变压器高压绕组的耐压试验时,应将高压边的各相线端连在一起,接到试验机高压端子上,低压边的各相线端也连在一起,并和油箱一齐接地,试验电压即加在高压边与地之间。

（　　）40. 10kV 的油浸电力变压器大修后,耐压试验的试验电压为 30kV。

（　　）41. 如果变压器绕组绝缘受潮,在耐压试验时会使绝缘击穿。

（　　）42. 只要在三相交流异步电动机的每相定子绕组中都通入交流电流,便可产生定子旋转磁场。

（　　）43. 三相异步电动机定子绕组同相线圈之间的连接,应顺着电流方向进行。

（　　）44. 一台三相异步电动机,磁极数为 4,转子旋转一周为 360°电角度。

（　　）45. 对照实物绘制的三相单速异步电动机定子绕组的概念图中,一绕组的一半极相组电流箭头方向与另一半极相组的串联方向相反,说明该定子绕组接线错误。

（　　）46. 中、小型三相变极双速异步电动机,欲使极对数改变一倍,只要改变定子绕组的接线,使其中一半绕组中的电流反向即可。

（　　）47. 同步电机主要分同步发电机和同步电动机两类。

（　　）48. 同步电机与异步电机一样,主要是由定子和转子两部分组成。

（　　）49. 同步发电机运行时,必须在励磁绕组中通入直流电来励磁。

（　　）50. 异步起动时,同步电动机的励磁绕组不准开路,也不能将励磁绕组直接短路。

（　　）51. 并励直流电机的励磁绕组匝数多,导线截面较大。

（　　）52. 直流电机中的换向器用以产生换向磁场,以改善电机的换向。

（　　）**53.** 直流电机的运行是可逆的，即一台直流电机既可作发电机运行，又可作电动机运行。

（　　）**54.** 直流发电机在电枢绕组元件中产生的是交流电动势，只是由于加装了换向器和电刷装置，才能输出直流电动势。

（　　）**55.** 不论直流发电机还是直流电动机，其换向极绕组都应与主磁极绕组串联。

（　　）**56.** 直流并励发电机建立电势的两个必要条件是：①主磁级必须有剩磁；②励磁电流产生的磁通方向必须与剩磁方向相反。

（　　）**57.** 直流并励电动机的励磁绕组决不允许开路。

（　　）**58.** 要改变直流电动机的转向，只要同时改变励磁电流方向及电枢电流的方向即可。

（　　）**59.** 交流测速发电机的主要特点，是其输出电压与转速成正比。

（　　）**60.** 测速发电机分为交流和直流两大类。

（　　）**61.** 交流测速发电机的励磁绕组必须接在频率和大小都不变的交流励磁电压上。

（　　）**62.** 直流测速发电机由于存在电刷和换向器的接触结构，所以寿命较短，对无线电有干扰。

（　　）**63.** 直流伺服电动机不论是他励式还是永磁式，其转速都是由信号电压控制的。

（　　）**64.** 交流伺服电动机的转子通常做成笼型，但转子的电阻比一般异步电动机大得多。

（　　）**65.** 直流伺服电动机的优点是具有线性的机械特性，但起动转矩不大。

（　　）**66.** 在直流伺服电动机中，信号电压若加在电枢绕组两端，称为电枢控制；若加在励磁绕组两端，则称为磁极控制。

（　　）**67.** 电磁调速异步电动机又称为多速电动机。

（　　）**68.** 电磁转差离合器中，磁极的励磁绕组通入的是正弦交流电。

（　　）**69.** 电磁转差离合器的主要优点是它的机械特性曲线较软。

（　　）**70.** 在滑差电动机自动调速线路中,三相交流测速发电机可将转速转变为三相交流电压,经三相桥式整流和电容滤波后,由电阻分压得到反馈电压。

（　　）**71.** 交磁电机扩大机具有放大倍数高、时间常数小、励磁余量大等优点,且有多个控制绕组,便于实现自动控制系统中的各种反馈。

（　　）**72.** 交磁电机扩大机中,补偿绕组主要用来补偿直轴电枢反应磁通。

（　　）**73.** 交磁电机扩大机的定子铁心上分布有控制绕组、补偿绕组和换向绕组。

（　　）**74.** 电动机定子绕组相与相之间所能承受的电压叫耐压。

（　　）**75.** 交流电动机做耐压试验时,试验电压应从零逐步升高到规定的数据,历时 5min 后,再逐步减小到零。

（　　）**76.** 交流电动机在耐压试验中绝缘被击穿的原因之一,可能是试验电压超过额定电压两倍。

（　　）**77.** 直流电机做耐压试验的目的是考核导电部分对地的绝缘强度,以确保电机正常安全运行。

（　　）**78.** 做直流电机耐压试验时,试验电压应为直流。

（　　）**79.** 直流电机电枢绕组接地故障一般出现在槽口击穿或换向器内部绝缘击穿,以及绕组端线对支架的击穿等。

（　　）**80.** 晶体管时间继电器也称半导体时间继电器或称电子式时间继电器,是自动控制系统的重要元件。

（　　）**81.** 晶体管延时电路可采用单结晶体管延时电路、不对称双稳态电路的延时电路及 MOS 型场效应管延时电路三种来实现。

（　　）**82.** BG—5 型晶体管功率方向继电器为零序方向时,可用于接地保护。

（　　）**83.** 接近开关作为位置开关,由于精度高,只适用于操作频率的设备。

（　　）**84.** LJ 型接近开关比 JLXK 系列普通位置开关触头对数更多。

（　　）**85.** 交流耐压试验是高压电器最后一次对绝缘性能的检验。

（　　）**86.** 高压负荷开关虽有简单的灭弧装置,其灭弧能力有限,但可切断短路电流。

（　　）**87.** 高压隔离开关,实质上就是能耐高电压的闸刀开关,没有专门的灭弧装置,所以只有微弱的灭弧能力。

（　　）**88.** 互感器是电力系统中变换电压或电流的重要元件,其工作可靠性对整个电力系统具有重要意义。

（　　）**89.** 油断路器的交流耐压试验一般在大修后进行。

（　　）**90.** 型号为 FW4—10/200 的户外柱上负荷开关,额定电压为 10kV,额定电流为 200A,主要用于 10kV 电力系统在规定负荷电流下接通和切断线路。

（　　）**91.** 额定电压为 10kV 的隔离开关,大修后进行交流耐压试验,其试验电压标准为 10kV。

（　　）**92.** 高压互感器分高压电压互感器和高压电流互感器两大类。

（　　）**93.** 高压断路器交流工频耐压试验是保证电气设备耐电强度的基本试验,属于破坏性试验的一种。

（　　）**94.** 高压负荷开关的交流耐压试验属于检验开关绝缘强度最有效、最严格、最直接的试验方法。

（　　）**95.** 交流耐压试验对隔离开关来讲是检验隔离开关绝缘强度最严格、最直接、最有效的试验方法。

（　　）**96.** 互感器是电力系统中供测量和保护的重要设备。

（　　）**97.** 磁吹式灭弧装置是交流电器最有效的灭弧方法。

（　　）**98.** 交流电弧的特点是电流通过零点时熄灭,在下一个半波内经重燃而继续出现。

（　　）**99.** 直流电弧从燃烧到熄灭的暂态过程中,会因回路存在恒定电感的作用出现过电压现象,破坏线路和设备的绝缘。

(　　)**100.** 磁吹式灭弧装置中的磁吹线圈利用扁铜线弯成,且并联在电路中。

(　　)**101.** 接触器触头为了保持良好接触,允许涂以质地优良的润滑油。

(　　)**102.** 欠电压继电器当电路电压正常时衔铁吸合动作,当电压低于 $35\%U_N$ 时衔铁释放,触头复位。

(　　)**103.** 高压熔断器是人为地在电网中设置一个最薄弱的发热元件,当过负荷电流或短路电流流过该元件时,利用其熔体本身产生的热量将自己熔断,从而使电路断开,达到保护电网和电气设备的目的。

(　　)**104.** 高压断路器是供电系统中最重要的控制和保护电器。

(　　)**105.** 只要牵引电磁铁额定电磁吸力一样,额定行程相同,尽管通电持续率不同,两者在应用场合的适应性上也是相同的。

(　　)**106.** 绕线式三相异步电动机转子串频敏电阻器起动是为了限制起动电流,增大起动转矩。

(　　)**107.** 要使三相异步电动机反转,只要改变定子绕组任意两相绕组的相序即可。

(　　)**108.** 能耗制动的制动力矩与通入定子绕组中的直流电流成正比,因此电流越大越好。

(　　)**109.** 只要在绕线式电动机的转子电路中接入一个调速电阻,改变电阻的大小,就可平滑调速。

(　　)**110.** 直流电动机起动时,必须限制起动电流。

(　　)**111.** 励磁绕组反接法控制并励直流电动机正、反转的原理是:保持电枢电流方向不变,改变励磁绕组电流的方向。

(　　)**112.** 直流电机进行能耗制动时,必须将所有电源切断。

(　　)**113.** 直流电动机改变励磁磁通调速法是通过改变励磁电流的大小来实现的。

(　　)**114.** 同步电动机本身没有起动转矩,所以不能自行起动。

(　　)**115.** 同步电动机停车时,如需进行电力制动,最常用的方法是能耗制动。

（　）**116.** 要使三相绕线式异步电动机的起动转矩为最大转矩，可以通过在转子回路中串入合适电阻的方法来实现。

（　）**117.** 三相笼型异步电动机正、反转控制线路，采用按钮和接触器双重联锁较为可靠。

（　）**118.** 反接制动由于制动时对电机产生的冲击比较大，因此应串入限流电阻，而且仅用于小功率异步电动机。

（　）**119.** 改变三相异步电动机磁极对数的调速，称为变极调速。

（　）**120.** 并励直流电动机起动时，常用减小电枢电压和电枢回路串电阻两种方法。

（　）**121.** 并励直流电动机的正、反转控制可采用电枢反接法，即保持励磁磁场方向不变，改变电枢电流方向。

（　）**122.** 并励直流电动机采用反接制动时，经常是将正在电动运行的电动机电枢绕组反接。

（　）**123.** 在小型串励直流电动机上，常采用改变励磁绕组的匝数或接线方式来实现调磁调速。

（　）**124.** 同步电动机一般都采用同步起动法。

（　）**125.** 同步电动机能耗制动停车时，不需另外的直流电源设备。

（　）**126.** 最常用的数码显示器是七段式显示器件。

（　）**127.** X62W 铣床电气线路中采用了完备的电气联锁措施，主轴起动后才允许工作台做进给运动和快速移动。

（　）**128.** Z3050 型摇臂钻床的液压油泵电动机起夹紧和放松作用，二者需采用双重联锁。

（　）**129.** T68 卧式镗床常采用能耗制动。

（　）**130.** 铣床在高速切削后，停车很费时间，故采用能耗制动。

（　）**131.** 交磁电机扩大机自动调速系统采用转速负反馈时的调速范围较宽。

（　）**132.** 在直流发电机-直流电动机调速系统中，直流发电机可以在控制系统中作为一种直流功率放大器来使用。

（　）**133.** 电压负反馈调速系统静态特性要比同等放大倍数的转速负反馈调速系统好一些。

（　）**134.** 交磁扩大机电压负反馈系统的调速范围比转速负反馈调速范围要窄。

（　）**135.** 直流发电机-直流电动机自动调速系统必须用起动变阻器来限制起动电流。

（　）**136.** 电压负反馈调速系统对直流电动机电枢电阻、励磁电流变化带来的转速变化无法进行调节。

（　）**137.** 测绘较复杂机床电气设备电气控制线路图时，应按实际位置画出电路原理图。

（　）**138.** 桥式起重机的大车、小车和副钩电动机一般采用电磁制动器制动。

（　）**139.** T610 卧式镗床的钢球无级变速器达到极限位置，拖动变速器的电动机应当自动停车。

（　）**140.** 在 X62W 万能铣床电气线路中采用了两地控制方式，其控制按钮是按串联规律连接的。

（　）**141.** Z37 摇臂钻床的摇臂回转是靠电动机拖动实现的。

（　）**142.** M7475B 平面磨床的工作台左、右移动是点动控制。

（　）**143.** 共发射极放大电路既有电压放大作用，也有电流放大作用。

（　）**144.** 共集电极放大电路，输入信号与输出信号相位相同。

（　）**145.** 多级放大电路，要求信号在传输的过程中，失真要小。

（　）**146.** 在输入信号一个周期内，甲类功放与乙类功放相比，单管工作时间短。

（　）**147.** 自激振荡器是一个需外加输入信号的选频放大器。

（　）**148.** 差动放大电路既可双端输入，又可单端输入。

（　）**149.** 二极管正向电阻比反向电阻大。

（　）**150.** 实际工作中，放大晶体管与开关晶体管不能相互替换。

（　）**151.** 或门电路，只有当输入信号全部为 1 时输出才会是 1。

（　）**152.** 在 MOS 门电路中，欲使 NMOS 管导通可靠，栅极所加电压应小于开启电压 U_{TN}。

（　）**153.** 数字信号是指在时间上和数量上都不连续变化,且作用时间很短的电信号。

（　）**154.** 晶闸管都是用硅材料制作的。

（　）**155.** 晶闸管无论加多大正向阳极电压,均不导通。

（　）**156.** 晶闸管的通态平均电压越大越好。

（　）**157.** 单结晶体管具有单向导电性。

（　）**158.** 晶体管触发电路要求触发功率较大。

（　）**159.** 单向半波可控整流电路,无论输入电压极性如何改变,其输出电压极性都不会改变。

（　）**160.** 单向全波可控整流电路,可通过改变控制角大小改变输出负载电压。

（　）**161.** 在三相半波可控整流电路中,若触发脉冲在自然换相点之前加入,输出电压波形变为缺相波形。

（　）**162.** 焊条必须在干燥通风良好的室内仓库中存放。

（　）**163.** 采用电弧焊时,电流大小的调整取决于工件的厚度。

（　）**164.** 焊接产生的内部缺陷,必须通过无损探伤等方法才能发现。

（　）**165.** 焊工用面罩不得漏光,使用时应避免碰撞。

（　）**166.** 根据现有部件(或机器)画出其装配图和零件图的过程,称为部件测绘。

（　）**167.** 机械驱动的起重机械中必须使用钢丝绳。

（　）**168.** 生产作业的控制不属于车间生产管理的基本内容。

（　）**169.** 常用电气设备电气故障产生的原因主要是自然故障。

（　）**170.** 机床电器装置的所有触点均应完整、光洁,接触良好。

（　）**171.** 降低电力线路和变压器等电气设备的供电损耗,是节约电能的主要途径之一。

（　）**172.** 工厂企业中的车间变电所常采用低压静电电容器补偿装置,以提高功率因数。

5.3 中级维修电工技能鉴定自测题(三)——操作题

5.3.1 中级维修电工操作技能鉴定要素(表5.1)

表5.1 中级维修电工操作技能鉴定要素表

行为领域	鉴定范围			鉴定点		
	代码	名 称	鉴定比重	代码	名 称	重要程度
操作技能	A	设计、安装与调试	40	01	用软线进行较复杂继电-接触式基本控制线路的安装与调试	X
				02	用硬线进行较复杂继电-接触式基本控制线路的安装与调试	X
				03	用软线进行较复杂机床部分主要控制线路的安装并进行调试	X
				04	较复杂继电-接触式控制线路的设计、安装与调试	X
				05	较复杂分立元件模拟电子线路的安装与调试	X
				06	较复杂带集成块模拟电子线路的安装与调试	X
				07	带晶闸管的电子线路的安装与调试	Y
				08	按工艺规程,进行55kW以上交流异步电动机的拆装、接线和一般调试	Y
				09	按工艺规程,进行中、小型多速异步电动机的拆装、接线和一般调试	Y
				10	按工艺规程,进行60kW以下直流电动机的拆装、接线和一般调试	Y
				11	按工艺规程,进行55kW以上异步电动机的安装、接线及试验	Y
				12	按工艺规程,进行中、小型多速异步电动机的安装、接线及试验	Y
				13	按工艺规程,进行60kW以下直流电动机的安装、接线及试验	Y

行为领域	鉴定范围			鉴定点		
	代码	名　称	鉴定比重	代码	名　称	重要程度
操作技能	B	故障检修	40	01	检修较复杂机床的电气控制线路	X
				02	检修较复杂机床的模拟电气控制线路	X
				03	检修较复杂继电-接触式基本控制线路	X
				04	检修较复杂电子线路	X
				05	检修 55kW 以上异步电动机	Y
				06	检修中、小型多速异步电动机	Y
				07	检修 60kW 以下直流电动机	Y
				08	检修电焊机	Y
				09	主持检修 10/0.4kV,1000kV 以下电力变压器	Z
				10	检修 10kV 及以下高压互感器	Z
				11	检修电缆故障	Z
	C	仪器、仪表的使用与维护	10	01	功率表的选择、使用及维护	X
				02	直流电臂电桥的使用及维护	X
				03	直流双臂电桥的使用及维护	X
				04	接地电阻测量仪的使用及维护	Y
				05	普通示波器的使用及维护	X
现场评分	D	文明生产	10	01	正确遵守各种安全规程	

注:X——核心内容,Y——一般内容,Z——辅助内容。

技能鉴定试卷由 A＋B＋C＋D 各取一项组成,共 100 分。例如由 A(04)＋B(06)＋C(02)＋D(01)即构成一份操作技能考核试卷。

5.3.2　中级维修电工操作技能考核自测题(一)——安装与调试

1. 试题 1

安装和调试图 5.1 所示的双速交流异步电动机自动变速控制电路。

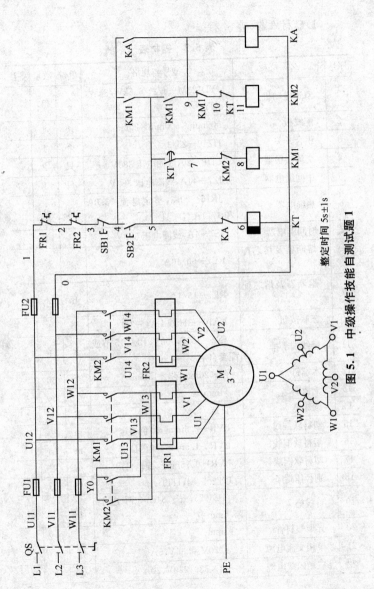

整定时间 5s±1s

图 5.1 中级操作技能自测试题 1

(1)器材准备(表5.2)

表5.2 器材表

序号	名 称	型号与规格	单位	数量	备注
1	双速电动机	YD123M—4/2, 6.5kW/8kW, △/2Y	台	1	
2	配线板	500mm×600mm×20mm	块	1	
3	组合开关	HZ10—25/3	个	1	
4	交流接触器	CJ10—20,线圈电压380V	只	2	
5	中间继电器	JZ7—44A,线圈电压380V	只	1	
6	热继电器	JR16—20/3,整定电流 13.8A 和17.1A 各1只	只	2	
7	时间继电器	JS7—4A,线圈电压380V	只	1	
8	熔断器及熔芯配套	RL1—60/40A	套	3	
9	熔断器及熔芯配套	RL1—15/4A	套	2	
10	三联按钮	LA10—3H 或 LA4—3H	个	1	
11	接线端子排	JX2—1015,500V,10A,15 节或配套自定	条	1	
12	木螺钉	$\phi 3 \times 20mm, \phi 3 \times 15mm$	个	30	
13	平垫圈	$\phi 4mm$	个	30	
14	圆珠笔	自定	支	1	
15	塑料软铜线	BVR—2.5mm^2,颜色自定	m	20	
16	塑料软铜线	BVR—1.5mm^2,颜色自定	m	20	
17	塑料软铜线	BVR—0.75mm^2,颜色自定	m	1	
18	别径压端子	UT2.5—4,UT1—4	个	20	
19	行线槽	TC3025,长 34cm,两边打 $\phi 3.5mm$ 孔	条	5	
20	异型塑料管	$\phi 3mm$	m	0.2	
21	单相交流电源	~220V 和 36V,5A	处	1	
22	三相四线电源	~3×380/220V,20A	处	1	

序号	名　　称	型号与规格	单位	数量	备注
23	电工通用工具	验电笔、钢丝钳、螺钉旋具(一字形和十字形)、电工刀、尖嘴钳、活扳手、剥线钳等	套	1	
24	万用表	自定	块	1	
25	绝缘电阻表	型号自定,500V,0~200MΩ	台	1	
26	钳形电流表	0~50A	块	1	
27	劳保用品	绝缘鞋、工作服等	套	1	

(2)考核要求

1)按图纸的要求进行正确熟练的安装。元件在配线板上布置要合理,安装要正确、紧固,配线要求紧固、美观,导线要进行线槽。正确使用工具和仪表。

2)按钮盒不固定在板上,电源和电动机配线、按钮接线要接到端子排上,进出线槽的导线要有端子标号,引出端要用别径压端子。

3)考核注意事项:

①满分 40 分,考试时间 210min;

②安全文明操作;

③在考核过程中,要注意安全。

(3)配分、评分标准(表 5.3)

表 5.3　评分表

序号	主要内容	考核要求	评分标准	配分	扣分	得分
1	元件安装	1. 按图纸的要求,正确使用工具和仪表,熟练地安装电气元器件;2. 元件在配电板上布置要合理,安装要准确紧固;3. 按钮盒不固定在板上	1. 元件布置不整齐、不匀称、不合理,每只扣 1分;2. 元件安装不牢固,安装元件时漏装螺钉,每只扣 1分;3. 损坏元件每只扣 2分	5		

序号	主要内容	考核要求	评分标准	配分	扣分	得分
2	布线	1.接线要求美观、紧固、无毛刺，导线要进行线槽。 2.电源和电动机配线、按钮接线要接到端子排上，进出线槽的导线要有端子标号，引出端要用别径压端子	1.电动机运行正常，如不按电路图接线，扣1分； 2.布线不进行线槽，不美观，主电路、控制电路每根扣0.5分； 3.接点松动、露铜过长、反圈、压绝缘层，标记线号不清楚，遗漏或误标，引出端无别径压端子，每处扣0.5分； 4.损伤导线绝缘或线芯，每根扣0.5分	15		
3	通电试验	在保证人身和设备安全的前提下，对鉴定所(站)指定控制线路进行通电试验，要求通电试验一次成功	1.时间继电器及热继电器整定值错误，各扣2分； 2.主、控电路配错熔体，每个扣1分； 3.一次试车不成功扣5分，二次试车不成功扣10分，三次试车不成功扣15分	20		
			合　　计			
备注			考评员 签字 　　　年　月　日			

2. 试题 2

有1台设备长10m，由2台电动机拖动工作，其中主轴电动机采用△形联结，油泵电动机采用三相微型电动机，工艺要求如下：

1)油泵电动机先起动，主轴电动机才能起动运转；

2)由于床身长且高,要求能三处起动、停止;

3)主轴电动机需降压起动;

4)主轴电动机停车后经 10min,油泵电动机方能停止;

5)两台电动机具有短路保护、过载保护、失压和欠压保护。

试设计符合技术要求的继电-接触式电路图,并按图进行安装调试。

(1)器材准备(表5.4)

表5.4　器材表

序号	名　　称	型号与规格	单位	数量	备注
1	三相四线电源	～3×380/220V,20A	处	1	
2	单相交流电源	～220V,36V,5A	处	1	
3	三相电动机	Y112M—4,△接或自定	台	1	
4	油泵电动机	Y802—4,0.75kW 或自定	台	1	
5	配线板	500mm×450mm×20mm	块	1	
6	组合开关	HZ10—25/3	个	1	
7	交流接触器	CJ10—10,线圈电压 380V 或 CJ10—20,线圈电压 380V	只	4	
8	热继电器	JR16—20/3D,整定电流按电动机容量选定	只	1	
9	熔断器及熔芯配套	RL1—60/20A	套	3	
10	熔断器及熔芯配套	RL1—15/4A	套	2	
11	三联按钮	LA10—3H 或 LA4—3H	个	3	
12	接线端子排	JX2—1015,500V(10A,15 节)	条	1	
13	木螺丝	φ3×20mm 或 φ3×15mm	个	30	
14	平垫圈	φ4mm	个	30	
15	圆珠笔	自定	支	1	
16	塑料软铜线	BVR—2.5mm², 颜色自定	m	20	
17	塑料软铜线	BVR—1.5mm², 颜色自定	m	20	
18	塑料软铜线	BVR—0.75mm², 颜色自定	m	1	
19	别径压端子	UT2.5—4,UT1—4	个	20	
20	行线槽	TC3025,长 34cm,两边打 φ3.5mm 孔	条	5	
21	异型塑料管	φ3.5mm	m	0.3	

序号	名称	型号与规格	单位	数量	备注
22	电工通用工具	验电笔、钢丝钳、螺钉旋具(一字形和十字形)、电工刀、尖嘴钳、活扳手、剥线钳等	套	1	
23	万用表	自定	个	1	
24	绝缘电阻表	500V	个	1	
25	钳形电流表	0～50A	个	1	
26	劳保用品	绝缘鞋、工作服等	套	1	
27	演草纸	A4 或 B5 或自定	张	2	
28	有关手册	自定。综合设计时,允许考生带电工手册、物资购销手册作为选择元器件时的参考	册	1	

(2)考核要求:

1)按要求设计继电接触式电气控制线路,并进行正确熟练的安装。元件在配线板上布置要合理,安装要准确紧固,配线要求美观、牢固,导线要进行线槽。正确使用工具和仪表。

2)按钮盒不固定在配线板上,电源和电动机配线、按钮接线要接到端子排上,进出线槽的导线要有端子标号,引出端要用别径压端子。

3)考核注意事项:

①满分 40 分,考试时间 240min;

②安全文明操作。

(3)配分、评分标准(表 5.5)

表 5.5 评分表

序号	主要内容	考核要求	评分标准	配分	扣分	得分
1	电路设计	1. 根据提出的电气控制要求,正确绘出电路图; 2. 按你所设计的电路图,提出主要材料单	1. 主电路设计有误,一次扣5分; 2. 控制电路设计有误,一次扣5分; 3. 主要材料单有误,每次扣1分	15		

序号	主要内容	考核要求	评分标准	配分	扣分	得分
2	元件安装	1. 按图纸的要求,正确使用工具和仪表,熟练地安装电气元器件; 2. 元件在配电板上布置要合理,安装要准确紧固; 3. 按钮盒不固定在板上	1. 元件布置不整齐、不匀称、不合理,每只扣1分; 2. 元件安装不牢固,安装元件时漏装螺钉,每只扣1分; 3. 损坏元件,每只扣1分	5		
3	布线	1. 要求美观、紧固、无毛刺,导线要进行线槽; 2. 电源和电动机配线、按钮接线要接到端子排上,进出线槽的导线要有端子标号,引出端要用别径压端子	1. 电动机运行正常,但未按电路图接线,扣1分; 2. 布线不进行线槽,不美观,主电路、控制电路每根扣0.5分; 3. 接点松动、接头露铜过长、反圈、压绝缘层,标记线号不清楚、遗漏或误标,引出端无别径压端子,每处扣0.5分; 4. 损伤导线绝缘或线芯,每根扣0.5分	10		
4	通电试验	在保证人身和设备安全的前提下,通电试验一次成功	1. 时间继电器及热继电器整定值错误各扣1分; 2. 主、控电路配错熔体,每个扣1分; 3. 一次试车不成功扣3分,二次试车不成功扣5分,三次试车不成功扣10分	10		
			合　计			
备注		考评员 签字		年　月　日		

3. 试题 3

按图(5.2)安装和调试互补对称式 OTL 电路。

(1)器材准备(表 5.6)

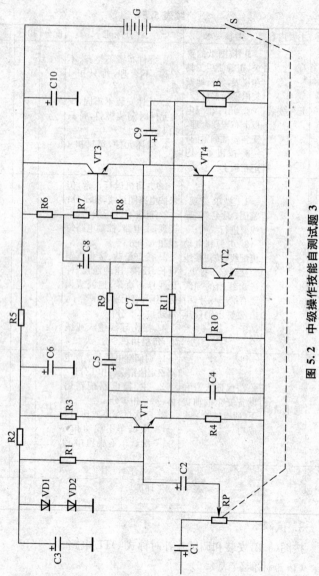

图 5.2 中级操作技能自测试题 3

表 5.6　器材表

序号	名　　　称	型号与规格	单位	数量	备注
1	二极管 VD1,VD2	IN4148	只	2	
2	晶体管 VT1,VT2	3DG6	只	2	
3	晶体管 VT3	3BX31	只	1	
4	晶体管 VT4	3AX31	只	1	
5	电阻 R1	47kΩ,0.25W	只	1	
6	电阻 R2	3.9kΩ,0.25W	只	1	
7	电阻 R3	2.7kΩ,0.25W	只	1	
8	电阻 R4	6.2Ω,0.25W	只	1	
9	电阻 R5	100Ω,0.25W	只	1	
10	电阻 R6	150Ω,0.25W	只	1	
11	电阻 R7	680Ω,0.25W	只	1	
12	电阻 R8	51Ω,0.25W	只	1	
13	电阻 R9	13kΩ,0.25W	只	1	
14	电阻 R10	5.1kΩ,0.25W	只	1	
15	电阻 R11	2kΩ,0.25W	只	1	
16	带开关电位器 RP	4.7kΩ,0.25～0.5W	只	1	
17	电解电容 C1,C2,C5	10μF/10V	只	3	
18	电解电容 C3	33μF/10V	只	1	
19	瓷片电容 C4	0.01μF	只	1	
20	电解电容 C6,C8,C9	100μF/10V	只	3	
21	瓷片电容 C7	6800pF	只	1	
22	电解电容 C10	220μF/10V	只	1	
23	扬声器 B	8Ω(4in),0.25W	只	1	
24	电池 G	1.5V	节	4	
25	单股镀锌铜线(连接元器件用)	AV—0.1mm²	m	1	

序号	名　称	型号与规格	单位	数量	备注
26	多股细铜线(连接元器件用)	AVR—0.1mm²	m	1	
27	万能印刷线路板(或铆钉板)	2mm×70mm×100mm (或 2mm×150mm×200mm)	块	1	
28	电烙铁、烙铁架、焊料与焊剂	自定	套	1	
29	直流稳压电源	0~36V	只	1	
30	信号发生器	XD1	只	1	
31	示波器		台	1	
32	单相交流电源	~220V 和 36V,5A	处	1	
33	电工通用工具	验电笔、钢丝钳、螺钉旋具(一字形和十字形)、电工刀、尖嘴钳、活扳手、剥线钳等	套	1	
34	万用表	自定	个	1	
35	劳保用品	绝缘鞋、工作服等	套	1	

(2)考核要求

1)装接前要先检查元器件的好坏,核对元件数量和规格,如在调试中发现元器件损坏,则按损坏元器件扣分。

2)在规定时间内,按图纸的要求进行正确熟练的安装。正确连接仪器与仪表,能正确进行调试。

3)正确使用工具和仪表,装接质量要可靠,装接技术要符合工艺要求。

4)考核注意事项:

①满分 40 分,考试时间 120min;

②安全文明操作。

(3)配分、评分标准(表 5.7)

表 5.7　评分表

序号	主要内容	考核要求	评分标准	配分	扣分	得分
1	按图焊接	正确使用工具和仪表，装接质量分靠，装接技术符合工艺要求	1. 布局不合理扣1分； 2. 焊点粗糙、拉尖、有焊接残渣，每处扣1分； 3. 元件虚焊、气孔、漏焊、松动，损坏元件，每处扣1分； 4. 引线过长，焊剂不擦干净，每处扣1分； 5. 元器件的标称值不直观，安装高度不合要求扣1分； 6. 工具、仪表使用不正确，每次扣1分； 7. 焊接时损坏元件，每只扣2分	20		
2	调试后通电试验［鉴定所（站）指定控制线路］	在规定时间内，对鉴定所（站）指定控制线路使用仪器仪表调试后进行通电试验	1. 通电调试一次不成功扣5分，二次不成功扣10分，三次不成功扣15分； 2. 调试过程中损坏元件，每只扣2分	20		
	线路检查（企业实际生产所装配的控制线路）	考评员对按企业实际生产所装配的控制线路进行检查，要求考生装配线路正确无误	1. 装配的线路有1处错误扣5分； 2. 装配的线路有2处错误扣10分； 3. 装配的线路有3处错误扣15分； 4. 装配的线路有4处错误扣20分	20		
备注			合　计			
			考评员签字　　　　　年　月　日			

4. 试题 4

按图(5.3)安装和调试单相可控调压电路。

(1)器材准备(表5.8)

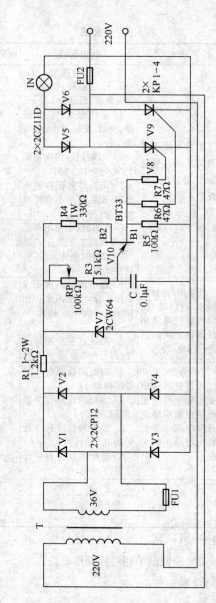

图 5.3 中级操作技能自测试题 4

表 5.8　器材表

序号	名　称	型号与规格	单位	数量	备注
1	二极管 V1	2CP12	只	1	
2	二极管 V2	2CP12	只	1	
3	二极管 V3	2CP12	只	1	
4	二极管 V4	2CP12	只	1	
5	二极管 V5	2CZ11D	只	1	
6	二极管 V6	2CZ11D	只	1	
7	稳压二极管 V7	2CW64,18~21V	只	1	
8	晶闸管 V8	KP1—4	只	1	
9	晶闸管 V9	KP1—4	只	1	
10	单结晶体管 V10	BT33	只	1	
11	电阻 R1	$1.2k\Omega,1\sim2W$	只	1	
12	电位器 RP	$100k\Omega,1W$	只	1	
13	电阻 R3	$5.1k\Omega(3.5k\Omega),0.25W$	只	1	
14	电阻 R4	$330\Omega,1W$	只	1	
15	电阻 R5	$100\Omega,0.25W$	只	1	
16	电阻 R6	$47\Omega,0.25W$	只	1	
17	电阻 R7	$47\Omega,0.25W$	只	1	
18	涤纶电容 C1	$0.1\mu F/160V$	只	1	
19	变压器 T	220/50V	只	1	
20	熔断器 FU1	0.2A	只	1	
21	熔断器 FU2	0.2A	只	1	
22	灯泡 IN	220V/60W	只	1	
23	单股镀锌铜线(连接元器件用)	$AV—0.1mm^2$	m	1	
24	多股细铜线(连接元器件用)	$AVR—0.1mm^2$	m	1	
25	万能印刷线路板(或铆钉板)	$2mm\times70mm\times100mm$（或 $2mm\times150mm\times200mm$）	块	1	

(2)考核要求

1)装接前要先检查元器件的好坏,核对元件数量和规格,如在调试中发现元器件损坏,则按损坏元器件扣分。

2)在规定时间内,按图纸的要求进行正确熟练的安装。正确连接仪器与仪表,能正确进行调试。

3)正确使用工具和仪表,装接质量要可靠,装接技术要符合工艺要求。

4)考核注意事项:

①满分 40 分,考试时间 120min;

②安全文明操作。

(3)配分、评分标准(表5.9)

表5.9　评分表

序号	主要内容	考核要求	评分标准	配分	扣分	得分
1	按图焊接	正确使用工具和仪表,装接质量可靠,装接技术符合工艺要求	1. 布局不合理扣1分; 2. 焊点粗糙、拉尖,有焊接残渣,每处扣1分; 3. 元件虚焊、气孔、漏焊、松动,损坏元件,每处扣1分; 4. 引线过长,焊剂不擦干净,每处扣1分; 5. 元器件的标称值不直观,安装高度不合要求扣1分; 6. 工具、仪表使用不正确,每次扣1分; 7. 焊接时损坏元件,每只扣2分	20		
2	调试后通电试验	在规定时间内,使用仪器仪表调试后进行通电试验	1. 通电调试一次不成功扣5分,二次不成功扣10分,三次不成功扣15分; 2. 调试过程中损坏元件,每只扣2分	20		
备注			合　计			
			考评员签字	年　月　日		

5. 试题 5

按工艺规程,进行 60kW 以下直流电动机的拆装、接线和调试。

(1)器材准备(表5.10)

表 5.10　器材表

序号	名　　称	型号与规格	单位	数量	备注
1	60kW 以下直流电动机	自定	台	1	
2	拆装、接线及调试的工具和仪表	配套自定	套	1	
3	助手	配初级工助手	人	1~2	
4	直流电源	配套自定	套	1	
5	电工通用工具	验电笔、钢丝钳、螺钉旋具(一字形和十字形)、电工刀、尖嘴钳、活扳手、剥线钳等	套	1	
6	万用表	自定	个	1	
7	绝缘电阻表	500V,0~200MΩ	个	1	
8	黑胶布	自定	卷	1	
9	透明胶布	自定	卷	1	
10	圆珠笔	自定	支	1	
11	演草纸	A4 或 B5 或自定	张	2	
12	劳保用品	绝缘鞋、工作服等	套	1	

(2)考核要求

1)准备:

①工作前装所需工具和材料准备好,运至现场;

②拆除电动机电源电缆头及电动机外壳保护地线,并做好接头标记,电缆头应有保安措施;

③正确拉下联轴器;

④拆卸和装配的工具准备齐全;

⑤各种仪器准备齐全。

2)拆卸:

①拆卸方法和步骤正确；

②不碰伤绕组和换向器；

③不损坏零部件；

④标记清楚。

3）装配：

①装配方法和步骤正确；

②不碰伤绕组；

③不损坏零部件；

④轴承清洗干净，加润滑油适量；

⑤螺钉紧固；

⑥装配后转动灵活；

⑦电刷位置在中性线上；

⑧调整电刷压力适当。

4）接线：

①接线正确、熟练；

②电缆头金属保护层接地良好；

③电动机外壳接地良好。

5）电气测试：

测量电动机绝缘电阻合格。

6）试车：

①空载试验方法正确；

②根据试验结果判定电动机是否合格。

7）考核注意事项：

①满分 40 分，考试时间 180min；

②正确使用工具和仪表；

③遵守电动机拆装及调试的有关规程；

④在考核过程中，考评员要进行监护，注意安全。

（3）配分、评分标准 （表5.11）

表 5.11　评分表

序号	主要内容	考核要求	评分标准	配分	扣分	得分
1	拆装前的准备	1. 考核前将所需工具、仪器及材料准备好； 2. 正确拆除电动机电源电缆头及电动机外壳保护地线，电缆头应有保安措施； 3. 正确拉下联轴器	1. 考核前没有将所需工具、仪器及材料准备好扣1分； 2. 拆除电动机电源电缆头及电动机外壳保护地线工艺不正确，电缆头没有保安措施，共扣1分； 3. 拉联轴器方法不正确扣1分	3		
2	拆卸	1. 拆卸方法和步骤正确； 2. 不能碰伤绕组和换向器； 3. 不损坏零部件； 4. 标记清楚	1. 拆卸步骤、方法不正确，每次扣1分； 2. 碰伤绕组和换向器扣2分； 3. 损坏零部件，每次扣2分； 4. 装配标记不清楚，每处扣1分	6		
3	装配	1. 装配方法和步骤正确； 2. 不能碰伤绕组； 3. 不损坏零部件； 4. 轴承清洗干净，加润滑油适量； 5. 螺钉紧固； 6. 电刷位置在中性线上； 7. 调整电刷压力到位； 8. 装配后转动灵活	1. 装配步骤、方法错误，每次扣0.5分； 2. 损伤绕组或换向器扣2分； 3. 损伤零部件，每次扣2分； 4. 轴承清洗不干净、加润滑油不适量，每只扣1分； 5. 紧固螺钉未拧紧，每只扣0.5分； 6. 电刷位置不在中性线上扣3分； 7. 调整的电刷压力大小不合适扣3分； 8. 装配后转动不灵活扣2分	16		

序号	主要内容	考核要求	评分标准	配分	扣分	得分
4	接线	1. 接线正确、熟练； 2. 电动机外壳接地良好	1. 接线不正确、不熟练扣 3 分； 2. 电动机外壳接地不好扣 2 分	5		
5	电气测量	测量电动机绝缘电阻合格	1. 不测量电动机绝缘电阻扣 1 分； 2. 不知道绝缘电阻标准扣 1 分	2		
6	试车	1. 空载试验方法正确； 2. 根据试验结果会判定电动机是否合格	1. 空运转试验方法不正确扣 4 分； 2. 根据试验结果不会判定电动机是否合格扣 4 分	8		
备注			合　　计			
			考评员 签字		年　月　日	

5.3.3　中级维修电工操作技能考核自测题(二)——故障检修

6. 试题 6

检修 X62W 万能铣床的电气线路(图 5.4)故障。在 X62W 万能铣床线路上,设隐蔽故障 3 处,其中主回路 1 处,控制回路 2 处。考生向考评员询问故障现象时,考评员可以将故障现象告诉考生,考生必须单独排除故障。

(1)器材准备(表 5.12)

表 5.12　器材表

序号	名　　称	型号与规格	单位	数量	备注
1	机床	X62W 万能铣床	台	1	
2	机床配套电路图	X62W 万能铣床配套电路图(图 5.4)	套	1	

序号	名　　称	型号与规格	单位	数量	备注
3	故障排除所用材料	与相应的机床配套	套	1	
4	单相交流电源	～220V 和 36V,5A	处	1	
5	三相四线电源	～3×380/220V,20A	处	1	
6	电工通用工具	验电笔、钢丝钳、螺钉旋具(一字形和十字形)、电工刀、尖嘴钳、活扳手、剥线钳等	套	1	
7	万用表	自定	个	1	
8	绝缘电阻表	型号自定,500V,0～200MΩ	个	1	
9	钳形电流表	0～50A	个	1	
10	黑胶布	自定	卷	1	
11	透明胶布	自定	卷	1	
12	圆珠笔	自定	支	1	
13	劳保用品	绝缘鞋、工作服等	套	1	

(2)考核要求

1)从设故障开始,考评员不得进行提示。

2)根据故障现象,在电气控制线路图上分析故障可能产生的原因,确定故障发生的范围。

3)排除故障过程中如果扩大故障,在规定时间内可以继续排除故障。

4)考核注意事项:

①满分 40 分,考试时间 60min;

②正确使用工具和仪表;

③在考核过程中,要注意安全。

否定项:故障检修得分未达 20 分,本次鉴定操作考核视为不合格。

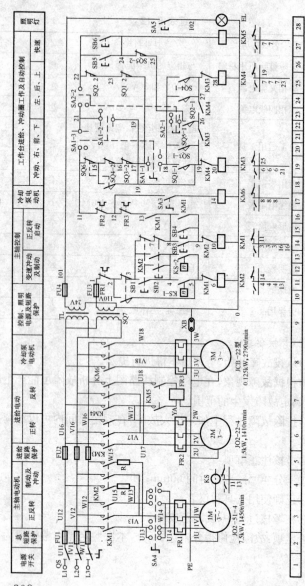

图 5.4 中级操作技能自测题 6

(3)配分、评分标准（表5.13）

表5.13 评分表

序号	主要内容	考核要求	评分标准	配分	扣分	得分
1	调查研究	对每个故障现象进行调查研究	排除故障前，不进行调查研究，扣1分	1		
2	故障分析	在电气控制线路上分析故障可能的原因，思路正确	错标或标不出故障范围，每个故障点扣2分	6		
			不能标出最小的故障范围，每个故障点扣1分	3		
3	故障排除	正确使用工具和仪表，找出故障点并排除故障	实际排除故障中思路不清楚，每个故障点扣2分	6		
			每少查出一次故障点扣2分	6		
			每少排除一次故障扣3分	9		
			排除故障方法不正确，每处扣3分	9		
4	其他	操作有误，要从此项总分中扣分	1. 排除故障时产生新的故障后不能自行修复，每个扣10分；已经修复，每个扣5分； 2. 损坏电动机扣10分			
			合　计			
备注			考评员 签字		年　月　日	

7. 试题7

按工艺规程，主持检修60kW以下直流电动机。

（1）器材准备（表5.14）

表 5.14 器材表

序号	名　　称	型号与规格	单位	数量	备注
1	60kW 以下直流电动机	自定	台	1	
2	故障检修专用工具	配套自定	套	1	
3	故障排除专用材料、备件及测试仪表	配套自定	套	1	
4	助手	配初级工助手	人	1～2	
5	直流电源	配套自定	套	1	
6	电工通用工具	验电笔、钢丝钳、螺钉旋具(一字形和十字形)、电工刀、尖嘴钳、活扳手、剥线钳等	套	1	
7	万用表	自定	个	1	
8	绝缘电阻表	500V,0～200MΩ	个	1	
9	圆珠笔	自定	支	1	
10	劳保用品	绝缘鞋、工作服等	套	1	

(2)考核要求

1)调查研究：

①对故障进行调查,弄清出现故障时的现象;

②查阅有关记录;

③检查电动机的外部有、无异常,必要时进行解体检查。

2)故障分析：

①根据故障现象,分析故障原因;

②判明故障部位;

③采取有针对性的处理方法进行故障部位的修复。

3)故障排除：

①正确使用工具和仪表;

②排除故障中思路清楚;

③排除故障中按工艺要求进行。

4)试验及判断：

①根据故障情况进行电气试验合格；

②试车时测量电动机的电流、振动、转速及温度等正常；

③对电动机进行观察和测试后，判断是否合格。

5)考核注意事项：

①满分40分，考试时间180min；

②正确使用工具和仪表；

③遵守电动机故障检修的有关规程；

④在考核过程中，要注意安全。

否定项：故障检修得分少于20分，本次技能考核视为不合格。

(3)配分、评分标准(表5.15)

表5.15 评分表

序号	主要内容	考核要求	评分标准	配分	扣分	得分
1	调查研究	1. 对故障进行调查，弄清出现故障时的现象； 2. 查阅有关记录； 3. 检查电动机的外部有、无异常，必要时进行解体检查	排除故障前，不进行调查研究扣1~2分	2		
2	故障分析	1. 根据故障现象，分析故障原因，思路正确； 2. 判明故障部位； 3. 商定采取有针对性的处理方法进行故障部位的修复	1. 故障分析思路不够清晰扣1~10分； 2. 不能标出最小的故障范围，每个故障点扣3分	13		

序号	主要内容	考核要求	评分标准	配分	扣分	得分
3	故障排除	1. 正确使用工具和仪表； 2. 找出故障点并排除故障； 3. 排除故障时要遵守电动机修理的有关工艺要求	1. 不能找出故障点扣3分； 2. 不能排除故障扣4分； 3. 排除故障方法不正确扣3分	10		
4	电气测量及判断	1. 根据故障情况，电气测试合格； 2. 试车时测量电动机的电流、振动、转速及温度等正常； 3. 电刷位置在中性线上； 4. 调整电刷压力到位； 5. 电动机进行观察和测试后，判断是否合格	1. 不会进行电气测试扣2分； 2. 试车时不会测量电动机的电流、振动、转速及温度等扣1～4分； 3. 电刷位置不在中性线上扣3分； 4. 调整的电刷压力大小不合适扣3分； 5. 对电动机进行观察和测试后，不能判断其是、否合格扣3分	15		
5	其他	操作如有失误，要从此项总分中扣分	1. 排除故障时产生新的故障后不能自行修复，每个故障从本项总分中扣10分；已经修复，每个故障从本项总分中扣5分； 2. 损坏电动机从本项总分中扣10～40分			
备注			合　计			
			考评员 签字		年　月　日	

5.3.4　中级维修电工操作技能考核自测题(三)——仪表使用

8. 试题 8

用单臂电桥测量交流电动机绕组的电阻。

(1)器材准备(表 5.16)

表 5.16　器材表

序号	名　　称	型号与规格	单位	数量	备注
1	万用表	500 型或自定	块	1	
2	直流单臂电桥	QJ23 型或自定	台	1	
3	三相笼型异步电动机	Y112M—4.4kW	台	1	
4	连接导线	BVR—2.5mm^2	m	1	

（2）考核要求

1）用万用表估测电动机每一相绕组的电阻后，用单臂电桥测量出每相绕组电阻的数值。

2）考核注意事项：

①满分 10 分，考核时间 20min；

②每次考核应分别测量出三个绕组的电阻值。

否定项：不能损坏仪器仪表，损坏仪器仪表扣 10 分。

（3）配分、评分标准（表 5.17）

表 5.17　评分表

序号	主要内容	考核要求	评分标准	配分	扣分	得分
1	测量准备	选择仪表正确，接线无误	仪表选择错误扣 2 分	2		
2	测量过程	测量过程准确无误	测量过程中，操作步骤每错一次扣 1 分	5		
3	测量结果	测量结果在允许误差范围之内	测量结果有较大误差或错误扣 2 分	2		
4	维护保养	对使用的仪器仪表进行简单的维护保养	维护保养有误扣 1 分	1		
			合　计			
备注		考评员签字　　　年　月　日				

9. 试题 9

用示波器观察试验电压的波形。

(1)器材准备(表5.18)

表5.18 器材表

序号	名称	型号与规格	单位	数量	备注
1	普通示波器	SB—10型	台	1	其他型号示波器也行
2	单相交流电源	~220V	处	1	
3	绝缘电线	BVR—2.5mm²	m	1	

(2)考核要求

1)要求用示波器观察机内试验电压的波形,使屏幕上稳定显示4个正弦波形。

2)考核注意事项:满分10分,考核时间10min。

否定项:不能损坏仪器仪表,损坏仪器仪表扣10分。

(3)配分、评分标准(表5.19)

表5.19 评分表

序号	主要内容	考核要求	评分标准	配分	扣分	得分
1	测量准备	测量准备工作齐全到位	开机准备工作不熟练,扣2分	2		
2	测量过程	测量过程准确无误	测量过程中,操作步骤每错一次扣1分	4		
3	测量结果	测量结果在允许误差范围之内	测量结果有较大误差或错误扣3分	3		
4	维护保养	对使用的仪器仪表进行简单的维护保养	维护保养有误扣1分	1		
备注			合　计			
			考评员 签字　　　　年　月　日			

5.3.5　中级维修电工操作技能考核自测题(四)——文明生产

10. 试题 10

在各项技能考核中,要遵守安全文明生产的有关规定。

(1)器材准备(表5.20)

表 5.20　器材表

序号	名称	型号与规格	单位	数量	备注
1	劳保用品	绝缘鞋、工作服等	套	1	
2	安全设施	配套自定	套	1	

（2）考核要求

①劳动保护用品穿戴整齐；

②电工工具佩带齐全；

③遵守操作规程；

④尊重考评员，讲文明礼貌；

⑤考试结束要清理现场。

否定项：出现严重违反考场纪律或发生重大事故，本次技能考核视为不合格。

（3）配分、评分标准（表 5.21）

表 5.21　评分表

序号	主要内容	考核要求	评分标准	配分	扣分	得分
1	安全文明生产	1. 劳动保护用品穿戴整齐； 2. 电工工具佩带齐全； 3. 遵守操作规程； 4. 尊重考评员，讲文明礼貌； 5. 考试结束要清理现场	1. 各项考试中，违犯安全文明生产考核要求的任何一项扣2分，扣完为止； 2. 考生在不同的技能试题考核中，违犯安全文明生产考核要求同一项内容的，要累计扣分； 3. 当考评员发现考生有重大事故隐患时，要立即予以制止，并每次从考生安全文明生产总分中扣5分	10		
备注		合　　计				
		考评员 签字	年　月　日			

5.4 中级维修电工职业技能鉴定自测题解答

5.4.1 中级维修电工理论知识自测题(一)解答

1. A	2. B	3. D	4. A	5. C	6. A	7. B
8. C	9. B	10. B	11. A	12. A	13. C	14. A
15. B	16. D	17. D	18. C	19. A	20. C	21. A
22. B	23. C	24. A	25. C	26. B	27. D	28. A
29. B	30. C	31. B	32. A	33. A	34. B	35. A
36. A	37. D	38. A	39. B	40. A	41. A	42. C
43. B	44. B	45. C	46. D	47. A	48. A	49. A
50. A	51. D	52. A	53. C	54. C	55. B	56. B
57. D	58. C	59. B	60. D	61. B	62. A	63. D
64. B	65. C	66. B	67. D	68. B	69. B	70. C
71. B	72. B	73. C	74. B	75. C	76. A	77. B
78. D	79. B	80. B	81. C	82. B	83. B	84. C
85. C	86. D	87. C	88. C	89. B	90. B	91. B
92. D	93. D	94. C	95. D	96. A	97. D	98. B
99. D	100. C	101. B	102. B	103. B	104. C	105. B
106. C	107. B	108. C	109. B	110. A	111. D	112. C
113. D	114. C	115. D	116. D	117. A	118. C	119. D
120. A	121. C	122. B	123. B	124. D	125. D	126. C
127. C	128. C	129. A	130. D	131. C	132. C	133. B
134. C	135. B	136. B	137. C	138. C	139. B	140. C
141. B	142. D	143. C	144. B	145. C	146. A	147. C
148. A	149. D	150. B	151. A	152. A	153. B	154. C
155. A	156. C	157. C	158. D	159. B	160. C	161. D
162. B	163. B	164. C	165. A	166. A	167. D	168. D
169. A	170. B	171. D	172. C	173. C	174. C	175. A
176. B	177. B	178. A	179. C	180. C	181. B	182. A

183. D	184. A	185. C	186. D	187. A	188. D	189. A
190. D	191. A	192. B	193. D	194. C	195. B	196. A
197. D	198. B	199. B	200. D	201. C	202. D	203. C
204. A	205. A	206. C	207. B	208. B	209. A	210. B
211. B	212. C	213. A	214. B	215. A	216. C	217. B
218. B	219. B	220. A	221. B	222. B	223. C	224. B
225. B	226. A	227. D	228. B	229. D	230. C	231. D
232. B	233. C	234. A	235. A	236. A	237. D	238. A
239. B	240. A	241. A	242. B	243. A	244. C	245. C
246. B	247. A	248. C	249. D	250. C	251. B	252. C
253. D	254. A	255. C	256. A	257. B	258. C	259. B
260. A	261. A	262. A	263. C	264. A	265. A	266. A
267. D	268. B	269. B	270. B	271. C	272. C	273. C
274. A	275. A	276. B	277. B	278. A	279. D	280. C
281. B	282. A	283. C	284. D	285. B	286. B	287. A
288. D	289. B	290. B	291. B	292. B	293. D	294. B
295. D	296. C	297. B	298. C	299. C	300. B	301. D
302. B	303. D	304. C	305. B	306. C	307. A	308. D
309. B	310. C	311. A	312. A	313. A	314. A	315. D
316. B	317. A	318. A	319. A	320. B	321. D	322. A
323. C	324. B	325. C	326. A	327. B	328. D	

5.4.2 中级维修电工理论知识自测题(2)解答

1. ×	2. ×	3. ×	4. √	5. ×	6. ×	7. ×
8. ×	9. ×	10. ×	11. √	12. ×	13. √	14. ×
15. ×	16. ×	17. ×	18. √	19. ×	20. √	21. √
22. ×	23. √	24. ×	25. √	26. √	27. √	28. √
29. √	30. ×	31. √	32. √	33. ×	34. √	35. √
36. √	37. √	38. √	39. √	40. √	41. √	42. ×
43. √	44. ×	45. √	46. √	47. ×	48. √	49. √

50. √　51. ✕　52. ✕　53. √　54. √　55. ✕　56. ✕

57. √　58. ✕　59. √　60. √　61. √　62. √　63. √

64. √　65. ✕　66. √　67. ✕　68. ✕　69. ✕　70. √

71. √　72. √　73. ✕　74. ✕　75. ✕　76. ✕　77. √

78. ✕　79. √　80. √　81. √　82. √　83. ✕　84. ✕

85. √　86. ✕　87. √　88. √　89. √　90. √　91. ✕

92. √　93. √　94. √　95. √　96. √　97. ✕　98. √

99. √　100. ✕　101. ✕　102. √　103. √　104. √　105. ✕

106. √　107. √　108. ✕　109. √　110. √　111. √　112. ✕

113. √　114. √　115. √　116. √　117. √　118. √　119. √

120. √　121. √　122. √　123. √　124. ✕　125. √　126. √

127. √　128. √　129. ✕　130. ✕　131. √　132. √　133. ✕

134. √　135. ✕　136. √　137. ✕　138. √　139. √　140. ✕

141. ✕　142. √　143. √　144. √　145. √　146. ✕　147. ✕

148. √　149. ✕　150. √　151. ✕　152. ✕　153. ✕　154. √

155. ✕　156. ✕　157. ✕　158. √　159. √　160. √　161. √

162. √　163. ✕　164. √　165. √　166. √　167. √　168. ✕

169. ✕　170. √　171. √　172. √

6 初、中级维修电工职业技能 鉴定模拟试卷

6.1 初级维修电工职业技能鉴定理论知识模拟试卷

一、选择题(第 1～60 题。选择正确的答案,将相应的字母填入题内的括号中。每题 1.0 分,满分 60 分)

1. 电气图包括:系统图和框图、电路图、功能表图、逻辑图、位置图和(　　)。

(A)部件图　　　　　　　　(B)接线图与接线表

(C)元件图　　　　　　　　(D)装配图

2. 如图所示电器的名称为(　　)。

(A)单相笼型异步电动机

(B)三相笼型异步电动机

(C)三相绕线式异步电动机

(D)交流测速发电机

3. 接线表应与(　　)相配合。

(A)电路图　　(B)逻辑图　　(C)功能图　　(D)接线图

4. 如图所示为某一复杂电路的一条回路,已知 2Ω 电阻上的电流方向,电流的大小为(　　)。

(A)1A

(B)0.2A

(C)2A

(D)0.3A

5. 两个电阻,若 $R_1:R_2=2:3$,将它们并联接入电路,则它

们两端的电压和通过的电流之比分别是( )。

(A)2:3 3:2　　　　　　(B)3:2 2:3

(C)1:1 3:2　　　　　　(D)2:3 1:1

6. 如图所示的电路中,b 点的电位是( )。

(A)2V

(B)0V

(C)3V

(D)−3V

7. 正弦交流电 $i = 10\sin \omega t$ 的瞬时值不可能等于( )A。

(A)10　　(B)0　　(C)1　　(D)15

8. 交流电流表,测量的是( )。

(A)瞬时值　　　　　　(B)有效值

(C)平均值　　　　　　(D)最大值

9. 在正弦交流电路中电压表的读数是 100V,该电压的最大值是( )。

(A)100V　　　　　　(B)$100\sqrt{3}$V

(C)$100\sqrt{2}$V　　　　　　(D)150V

10. 电磁系测量机构的主要结构是( )。

(A)固定的线圈,可动的磁铁

(B)固定的线圈,可动的铁片

(C)可动的磁铁,固定的铁片

(D)可动的线圈,固定的线圈

11. 符号 表示( )仪表。

(A)磁电系　　(B)电磁系　　(C)电动系　　(D)整流系

12. 俗称的"摇表"实际上就是( )。

(A)欧姆表　　　　　　(B)绝缘电阻表

(C)相位表　　　　　　(D)频率表

13. 绝缘电阻表的额定转速为( )r/min。

(A)80　　(B)100　　(C)120　　(D)150

14. 电流表要与被测电路(　　)。

(A)断开　　(B)并联　　(C)串联　　(D)混联

15. 型号为1811的绝缘材料是(　　)。

(A)有溶剂浸渍漆　　　　　(B)电缆胶

(C)硅钢片漆　　　　　　　(D)漆包线漆

16. Y系列电动机B级绝缘,可选作电动机槽绝缘及衬垫绝缘的材料为(　　)。

(A)青稞纸聚酯薄膜复合箔

(B)青稞纸加黄蜡布

(C)6020聚酯薄膜

(D)型号为6630聚酯薄膜聚酯纤维纸复合材料(代号为DMD)

17. 卧式小型异步电动机应选用的轴承的类型名称是(　　)。

(A)深沟球轴承　　　　　　(B)推力滚子轴承

(C)四点接触球轴承　　　　(D)滚针轴承

18. 机座中心高为160mm的三相笼型异步电动机所用轴承型号是6309,其内径是(　　)mm。

(A)9　　(B)45　　(C)90　　(D)180

19. 高温、有水接触及严重水湿的开启式及封闭式电动机用轴承,应选用(　　)润滑脂。

(A)钠基　　　　　　　　　(B)锂基

(C)复合铝基　　　　　　　(D)钙基

20. (　　)的说法是错误的。

(A)变压器是一种静止的电气设备

(B)变压器用来变换电压

(C)变压器可以变换阻抗

(D)变压器可以改变频率

21. 小型干式变压器一般采用(　　)铁心。

(A)芯式　　(B)壳式　　(C)立式　　(D)混合

22. 电压互感器实质是一台(　　)。

(A)电焊变压器　　　　　　　(B)自耦变压器

(C)降压变压器　　　　　　　(D)升压变压器

23. 电流互感器是用来将(　　)。

(A)大电流转换成小电流

(B)高电压转换成低电压

(C)高阻抗转换成低阻抗

(D)电流相位改变

24. 某互感器型号为 JDG—0.5,其中 0.5 代表(　　)。

(A)额定电压为 500V　　　　　(B)额定电压为 50V

(C)准确等级为 0.5 级　　　　　(D)额定电流为 50A

25. 变压器的同心式绕组为了便于绕组与铁心绝缘要把
(　　)。

(A)高压绕组放置里面

(B)低压绕组放置里面

(C)将高压、低压交替放置

(D)上层放置高压绕组,下层放置低压绕组

26. 起重机采用(　　)电动机才能满足其性能的要求。

(A)三相型笼型异步　　　　　(B)绕线式转子异步

(C)单相电容异步　　　　　　(D)并励式直流

27. 直流电动机主磁极的作用是(　　)。

(A)产生主磁场　　　　　　　(B)产生电枢电流

(C)改善换向性能　　　　　　(D)产生换向磁场

28. 交流三相异步电动机的额定电流表示(　　)。

(A)在额定工作时,电源输入电动机绕组的线电流

(B)在额定工作时,电源输入电动机绕组的相电流

(C)电动机输出的线电流

(D)电动机输出的相电流

29. 直流电动机铭牌上标注的温升是指(　　)。

(A)电动机允许发热的限度

(B)电动机发热的温度

(C)电动机使用时的环境温度

(D)电动机铁心的允许上升温度

30. 低压电器,因其用于电路电压为(　　),故称为低压电器。

(A)交流 50Hz 或 60Hz,额定电压 1200V 及以下,直流额定电压 1500V 及以下

(B)交、直流电压 1200V 及以上

(C)交、直流电压 500V 及以下

(D)交、直流电压 3000V 及以下

31. 电气技术中文字符号由(　　)组成。

(A)基本文字符号和一般符号

(B)一般符号和辅助文字符号

(C)一般符号和限定符号

(D)基本文字符号和辅助文字符号

32. 欲控制容量为 3kW 三相异步电动机的通断,若选脱扣器额定电流 $I_r = 6.5A$、型号为 DZ5—20/330 的自动空气开关进行控制,(　　)安装熔断器作为短路保护。

(A)需要　　　　　　　　(B)不需要

(C)可装也可不　　　　　(D)视环境确定是否

33. 低压断路器又称自动空气断路器,其电气图形符号是(　　)。

(A) ⎩　　　　(B) ⎩　　　　(C) ⎩　　　　(D) ⎩

34. (　　)属于主令电器。

(A)刀开关　　　　　　　(B)接触器

(C)熔断器　　　　　　　(D)按钮

35. 中间继电器的基本构造( )。

(A)由电磁机构、触头系统灭弧装置、辅助部件等组成

(B)与接触器基本相同,所不同的是它没有主、辅触头之分且
触头对数多,没有灭弧装置

(C)与接触器完全相同

(D)与热继电器结构相同

36. 电压继电器的线圈在电路中的接法是( )于被测电路
中。

(A)串联 (B)并联 (C)混联 (D)任意联接

37. 电磁离合器的工作原理是( )。

(A)电流的热效应 (B)电流的化学效应

(C)电流的磁效应 (D)机电转换

38. 定子绕组串接电阻降压启动是指在电动机启动时,把电
阻接在电动机定子绕组与电源之间,通过电阻的( )作用来降
低定子绕组上的启动电压。

(A)分压 (B)分流 (C)发热 (D)防性

39. 电磁抱闸按动作类型分为( )种。

(A)2 (B)3 (C)4 (D)5

40. 异步电动机反接制动过程中,由电网供给的电磁功率和
拖动系统供给的机械功率,( )转化为电动机转子的热损耗。

(A)1/4 部分 (B)1/2 部分

(C)3/4 部分 (D)全部

41. 两台电动机 M1 与 M2 为顺序启动、逆序停止,当停止
时,( )。

(A)M1 先停,M2 后停 (B)M2 先停,M1 后停

(C)M1 与 M2 同时停 (D)M1 停,M2 不停

42. 自动往返控制线路需要对电动机实现自动转换的( )
控制才能达到要求。

(A)自锁 (B)点动 (C)联锁 (D)正、反转

43. 在振动较大的场所宜采用(   )。

(A)白炽灯　　　　　　　　　(B)荧光灯

(C)卤钨灯　　　　　　　　　(D)高压汞灯

44. 电气照明按其照明范围分为一般照明、局部照明和(   )。

(A)工作照明　　　　　　　　(B)事故照明

(C)室内照明　　　　　　　　(D)混合照明

45. 瓷瓶配线时,绑扎线宜采用(   )。

(A)裸导线　　(B)铁丝　　(C)铝导线　　(D)绝缘导线

46. 保护接地的主要作用是(   )和减少流经人身的电流。

(A)防止人身触电　　　　　　(B)减少接地电流

(C)降低接地电压　　　　　　(D)短路保护

47. 中性点不接地或经消弧线圈的高压系统的接地电阻值应不超过(   )Ω。

(A)0.5　　(B)4　　(C)10　　(D)30

48. 带电灭火应使用不导电的灭火剂,不得使用(   )灭火剂。

(A)二氧化碳　　　　　　　　(B)1211

(C)干粉灭火剂　　　　　　　(D)泡沫灭火剂

49. 二极管正偏导通时,外电场(   )。

(A)与 PN 结内电场方向相反,扩散运动加强

(B)与 PN 结内电场方向相同,漂移运动加强

(C)与 PN 结内电场方向相同,扩散运动减弱

(D)与 PN 结内电场方向相反,漂移运动减弱

50. 硅二极管正向导通,其管压降为(   )。

(A)0.7V　　(B)0.3V　　(C)1V　　(D)0.1V

51. 硅稳压二极管与整流二极管不同之处在于(   )。

(A)稳压管不具有单向导电性

(B)稳压管可工作在击穿区,整流二极管不允许

(C)整流二极管可工作在击穿区,稳压管不能

(D)稳压管击穿时端电压稳定,整流管则不然

52. 硅稳压管加正向电压时,( )。

(A)立即导通   (B)超过 0.3V 导通

(C)超过死区电压导通   (D)超过 1V 导通

53. 硅稳压管稳压电路中,若稳压管稳定电压为 10V,则负载电压( )。

(A)等于 10V   (B)小于 10V

(C)大于 10V   (D)无法确定

54. 毛坯工件通过找正后划线,可使加工表面与不加工表面之间保持( )均匀。

(A)尺寸   (B)形状   (C)尺寸和形状   (D)误差

55. 硬头手锤用碳素工具钢制成,并经淬硬处理,其规格用( )表示。

(A)长度   (B)厚度   (C)重量   (D)体积

56. 锉削硬材料时应选用( )锉刀。

(A)单锉齿   (B)粗齿   (C)细齿   (D)圆

57. 钻头直径大于 13mm 时,柄部一般做成( )。

(A)柱柄   (B)方柄   (C)锥柄   (D)柱柄或锥柄

58. 当被连接板材的厚度相同时,铆钉直径应等于板厚的( )倍。

(A)2   (B)3   (C)1.5   (D)1.8

59. 金属薄板最易中间凸起,边缘呈波浪形及翘曲等变形,可采用( )矫正。

(A)延展法   (B)伸张法   (C)弯曲法   (D)锤击法

60. 焊接强电元件要用( )W 以上的电烙铁。

(A)25   (B)45   (C)75   (D)100

二、判断题(第 61~80 题。将判断结果填入括号中。正确的填"√",错误的填"×"。每题 2.0 分,满分 40 分)

（　　）61. 在电气制图中 TM 表示新符号控制变压器。

（　　）62. 单元接线图是表示单元内部连接情况的。

（　　）63. 两个不同的线圈，通一相同的变化电流，产生自感电动势大的线圈，电感量大。

（　　）64. 电工钳、电工刀、螺丝刀是常用电工基本工具。

（　　）65. 用电压表测量电压时，当无法确定被测电压的大约数值时，应先选用电压表的最大量程测试后，再换成合适的量程。

（　　）66. 一般低熔点铅锡合金，宜做小型交流电动机的短路保护。

（　　）67. 冷轧取向硅钢片主要用于小型叠片铁心。

（　　）68. 单相异步电动机用电抗器调速时，电抗器应与电动机绕组串接。

（　　）69. 直流电动机可以无级调速。

（　　）70. 低压开关、接触器、继电器、主令电器、电磁铁等都属于低压控制电器。

（　　）71. 速度继电器的文字符号是 SR。

（　　）72. 操作频率表示开关电器在每半个小时内可能实现的最高操作循环次数。

（　　）73. 白炽灯属于热辐射光源。

（　　）74. 卤钨灯属于热辐射光源。

（　　）75. 钢索配线适用于较高的厂房照明配线。

（　　）76. 瓷夹板、瓷柱、瓷瓶明配线水平敷设时，绝缘导线至地面的距离，室内不得低于 2m。

（　　）77. 低压电器一般应水平安放在不易受振动的地方。

（　　）78. 在实际工作中，NPN 型三极管和 PNP 型三极管可直接替换。

（　　）79. 单管共发射极放大电路，输入信号和输出信号相位相同。

（　　）80. 锯齿的角度是前角为 $0°$，后角为 $40°$，楔角为 $50°$。

6.2 初级维修电工职业技能鉴定操作技能考核模拟试卷

1. 初级维修电工操作技能考核题

题1 进行 CJ10—20 型交流接触器的拆装及试运行。

考核要求：

(1)按工艺要求，正确拆卸、组装交流接触器。通电运行时，吸合后无噪声；通、断电时动作正常，技术特性符合要求。

(2)考核注意事项：

①满分 10 分，考试时间 10min；

②正确使用工具和仪表；

③安全文明操作。

题2 安装和调试三相异步电动机自耦变压器降压启动控制电路(图 6.1)。

考核要求：

(1)按图纸的要求进行正确熟练的安装。元件在配线板上布置要合理，安装要正确紧固，布线要求横平竖直，应尽量避免交叉跨越，接线紧固美观。正确使用工具和仪表。

(2)按钮盒不固定在板上，电源和电动机配线、按钮接线要接到端子排上，要注明引出端子标号。

(3)注意事项：

①满分 30 分，考试时间 240min；

②安全文明操作。

题3 检修 M7120 型磨床的电气线路故障。在其电气线路上，设隐蔽故障3处，其中主回路1处，控制回路2处。考生向考评员询问故障现象时，故障现象可以告诉考生，考生必须单独排除故障。

考核要求：

(1)从设故障开始，考评员不得进行提示。

(2)根据故障现象，在电气控制线路上分析故障可能产生的

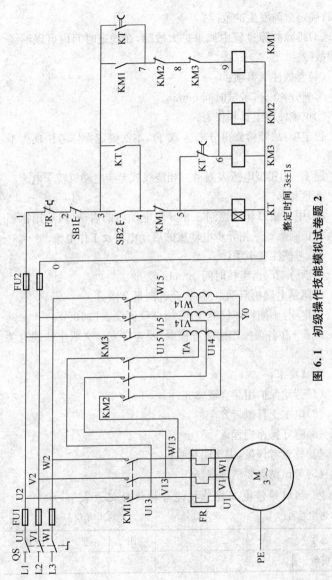

图 6.1 初级操作技能模拟试卷题 2

整定时间 3s±1s

原因,确定故障发生的范围。

(3)排除故障过程中如果扩大故障,在规定时间内可以继续排除故障。

(4)考核注意事项:

①满分 40 分,考试时间 60min。

②正确使用工具和仪表。

否定项:故障检修得分未达 20 分,本次鉴定操作考核视为不合格。

题 4　用钳型电流表测量三相绕线式异步电动机转子电流。

考核要求:

(1)用三相刀开关控制三相异步电动机的启动,然后用钳形电流表正确测量三相异步电动机的启动电流及工作电流。

(2)考核注意事项:

①满分 10 分,考核时间 10min;

②测量电动机启动电流时,允许测量 2 次。

否定项:不能损坏仪器仪表,损坏仪器仪表扣 10 分。

题 5　在各项操作技能考核中,要遵守安全文明生产的有关规定。

考核要求:

(1)劳动保护用品穿戴整齐;

(2)电工工具佩带齐全;

(3)遵守操作规程;

(4)尊重考评员,讲文明礼貌;

(5)考试结束要清理现场。

2. 初级维修电工操作技能考核评分记录表

考生姓名:　　　　准考证号:　　　　工作单位:

题号	一	二	三	四	五	合计
成绩						

题 1　常用低压电器的拆卸、组装。

序号	主要内容	考核要求	评分标准	配分	扣分	得分
1	拆卸和组装	按工艺要求,正确拆卸、组装常用低压电器	1. 拆卸、组装步骤不正确,每一步扣1分; 2. 损坏或丢失零件,每只扣2分	5		
2	通电试验	通电运行时,通、断动作正常,吸合后无噪声	1. 组装不合格,扣5分; 2. 电源接错,扣1分; 3. 通、断动作不正常,扣2分; 4. 吸合后有噪声,扣2分	5		
备注			合　　计			
			考评员签字　　　年　　月　　日			

题 2　用硬线进行继电-接触式基本控制线路的安装与调试。

序号	主要内容	考核要求	评分标准	配分	扣分	得分
1	元件安装	1. 按图纸的要求,正确利用工具和仪表,熟练地安装电气元器件; 2. 元件在配线板上布置要合理,安装要准确紧固; 3. 按钮盒不固定在板上	1. 元件布置不整齐、不匀称、不合理,每只扣1分; 2. 元件安装不牢固,安装元件时漏装螺钉,每只扣1分; 3. 损坏元件每只扣2分	5		
2	布线	1. 布接线要求横平竖直,接线紧固美观; 2. 电源和电动机配线、按钮接线要接到端子排上,要注明引出端子标号; 3. 导线不能乱线敷设	1. 电动机运行正常,但未按电路图接线,扣1分; 2. 布线不横平竖直,主、控制电路每根扣0.5分; 3. 接点松动,接头露铜过长、反圈、压绝缘层,标记线号不清楚、遗漏或误标,每处扣0.5分; 4. 损伤导线绝缘或线芯,每根扣0.5分; 5. 导线乱线敷设扣10分	10		

序号	主要内容	考核要求	评分标准	配分	扣分	得分
3	通电试验	在保证人身和设备安全的前提下,通电试验一次成功	1. 时间继电器或热继电器整定值错误,各扣2分; 2. 主、控电路配错熔体,每个扣1分; 3. 一次试车不成功扣5分,二次试车不成功扣10分,三次试车不成功扣15分	15		
备注			合　计			
			考评员 签字			
			年　　　月　　　日			

题3　机床设备电气线路的检修。

序号	主要内容	考核要求	评分标准	配分	扣分	得分
1	调查研究	对每个故障现象进行调查研究	排除故障前不进行调查研究扣1分	1		
2	故障分析	在电气控制线路上分析故障可能的原因,思路正确	错标或标不出故障范围,每个故障点扣2分	6		
			不能标出最小的故障范围,每个故障点扣1分	3		
3	故障排除	正确使用工具和仪表,找出故障点并排除故障	实际排除故障中思路不清楚,每个故障点扣2分	6		
			每少查出一处故障点扣2分	6		
			每少排除一处故障点扣3分	9		
			排除故障方法不正确,每处扣3分	9		

续表

序号	主要内容	考核要求	评分标准	配分	扣分	得分
4	其他	操作有误,要从此项总分中扣分	1. 排除故障时产生新的故障后不能自行修复,每个扣 10 分;已经修复,每个扣 5 分; 2. 损坏电动机扣 10 分			
备注			合　　计			
			考评员 签字　　　年　　　月　　　日			

题 4　钳形电流表的选择、使用及维护。

序号	主要内容	考核要求	评分标准	配分	扣分	得分
1	测量准备	测量准备工作准确到位	钳型电流表测量挡位选择不正确扣 2 分	2		
2	测量过程	测量过程准确无误	测量过程中,操作步骤每错 1 处扣 1 分	4		
3	测量结果	测量结果在允许误差范围之内	测量结果有较大误差或错误扣 3 分	3		
4	维护保养	对使用的仪器、仪表进行简单的维护保养	维护保养有误扣 1 分	1		
备注			合　　计			
			考评员 签字　　　年　　　月　　　日			

题 5　正确遵守各种安全规定。

序号	主要内容	考核要求	评分标准	配分	扣分	得分
1	安全文明生产	1. 劳动保护用品穿戴整齐; 2. 电工工具佩带齐全; 3. 遵守操作规程; 4. 尊重考评员,讲文明礼貌; 5. 考试结束要清理现场	1. 各项考试中,违反安全文明生产考核要求的任何一项扣 2 分,扣完为止; 2. 考生在不同的技能试题考核中,违反安全文明生产考核要求同一项内容的,要累计扣分; 3. 当考评员发现考生有重大事故隐患时,要立即予以制止,并每次从考生安全文明生产总分中扣 5 分	10		

序号	主要内容	考核要求	评分标准		配分	扣分	得分
备注			合　　计				
			考评员签字	年　　月　　日			

6.3　中级维修电工职业技能鉴定理论知识模拟试卷

一、选择题(第 1～60 题。选择正确的答案,将相应的字母填入题内的括号中。每题 1.0 分,满分 60 分)

1. 应用戴维南定理求含源二端网络的输入等效电阻的方法,是将网络内各电动势(　　)。

(A)串联　　(B)并联　　(C)开路　　(D)短接

2. 在正弦交流电的解析式 $i = I_m \sin(\omega t + \varphi)$ 中,φ 表示(　　)。

(A)频率　　(B)相位　　(C)初相位　　(D)相位差

3. 阻值为 4Ω 的电阻和容抗为 3Ω 的电容串联,总复数阻抗为(　　)。

(A)$Z = 3 + 4j$　　　　　　(B)$Z = 3 - 4j$

(C)$Z = 4 + 3j$　　　　　　(D)$Z = 4 - 3j$

4. 额定电压都为 220V 的 40W,60W 和 100W 三只灯泡串联在 220V 的电源中,它们的发热量由大到小排列为(　　)。

(A)100W,60W,40W　　　　(B)40W,60W,100W

(C)100W,40W,60W　　　　(D)60W,100W,40W

5. 三相对称负载 Y 形联结的电路中,$I_{线}$ 与 $I_{相}$ 之间的关系是(　　)。

(A)$I_{线} = \sqrt{3} I_{相}$　　　　　　(B)$I_{线} = 3 I_{相}$

(C)$I_{线} = \dfrac{1}{3} I_{相}$　　　　　　(D)$I_{线} = I_{相}$

6. 用普通示波器观测频率为 1000Hz 的被测信号,需在荧光屏上显示出 5 个完整的周期波形,则扫描频率应为(   )Hz。

(A)200   (B)2000   (C)1000   (D)5000

7. 用单臂直流电桥测量一估算值为 12Ω 的电阻,比率臂应选×(   )。

(A)1   (B)0.1   (C)0.01   (D)0.001

8. 示波管的光点太亮时,应调节(   )。

(A)聚焦旋钮   (B)辉度旋钮

(C)Y轴增幅旋钮   (D)X轴增幅旋钮

9. 示波器荧光屏上亮点不能太亮,否则(   )。

(A)保险丝将熔断

(B)指示灯将烧坏

(C)有损示波管使用寿命

(D)影响使用者的安全

10. 为了提高中、小型电力变压器铁心的导磁性能,减少铁损耗,其铁心多采用(   )制成。

(A)0.35mm 厚,彼此绝缘的硅钢片叠装

(B)整块钢材

(C)2mm 厚彼此绝缘的硅钢片叠装

(D)0.5mm 厚,彼此不需绝缘的硅钢片叠装

11. 变压器负载运行时,副边感应电动势的相位应滞后于原边电源电压的相位,且(   )180°。

(A)大于   (B)等于   (C)小于   (D)小于等于

12. 当变压器带容性负载运行时,副边端电压随负载电流的增大而(   )。

(A)升高   (B)不变   (C)降低很多   (D)降低很少

13. 三相变压器并联运行时,要求并联运行的三相变压器变比(   ),否则不能并联运行。

(A)必须绝对相等   (B)的误差不超过±0.5%

(C)的误差不超过±5% (D)的误差不超过±10%

14. 为了适应电焊工艺的要求,交流电焊变压器的铁心应( )。

(A)有较大且可调的空气隙

(B)有很小不变的空气隙

(C)有很小且可调的空气隙

(D)没有空气隙

15. 整流式直流电焊机是通过( )来调节焊接电流的大小。

(A)改变他励绕组的匝数

(B)改变并励绕组的匝数

(C)整流装置

(D)调节装置

16. 进行变压器耐压试验时,试验电压升到要求数值后,应保持( ),无放电或击穿现象为试验合格。

(A)30s (B)60s (C)90s (D)120s

17. 按功率转换关系,同步电机可分( )类。

(A)1 (B)2 (C)3 (D)4

18. 在水轮发电机中,如果 $n=100r/min$,则发电机应为( )对磁极。

(A)10 (B)30 (C)50 (D)100

19. 在直流电机中,为了改善换向,需要装置换向极,其换向极绕组应与( )。

(A)主磁极绕组串联 (B)主磁极绕组并联

(C)电枢绕组串联 (D)电枢绕组并联

20. 直流串励电动机的机械特性是( )。

(A)一条直线 (B)双曲线

(C)抛物线 (D)圆弧线

21. 直流测速发电机在负载电阻较小、转速较高时,输出电压随转速升高而（　　）。

（A)增大　　（B)减小　　（C)不变　　（D)线性上升

22. 特种电机中,（　　）作为执行元件使用。

（A)测速发电机　　　　　　（B)伺服电动机

（C)自整角机　　　　　　　（D)旋转变压器

23. 直流伺服电动机实质上就是一台（　　）直流电动机。

（A)他励式　　（B)串励式　　（C)并励式　　（D)复励式

24. 直流伺服电动机的结构、原理与一般（　　）基本相同。

（A)直流发电机　　　　　　（B)直流电动机

（C)同步电动机　　　　　　（D)异步电动机

25. 电磁转差离合器中,在励磁绕组中通入（　　）进行励磁。

（A)直流电流　　　　　　　（B)非正弦交流电流

（C)脉冲电流　　　　　　　（D)正弦交流电

26. 交磁电机扩大机直轴电枢反应磁通的方向为（　　）。

（A)与控制磁通方向相同

（B)与控制磁通方向相反

（C)垂直于控制磁通

（D)不确定

27. 线绕式电动机的定子做耐压试验时,转子绕组应（　　）。

（A)开路　　（B)短路　　（C)接地　　（D)严禁接地

28. 检测不透过超声波的物质应选择工作原理为（　　）型的
接近开关。

（A)超声波　　（B)高频振荡　　（C)光电　　（D)永磁

29. 高压断路器可以（　　）。

（A)切断空载电流

（B)控制分断或接通正常负荷电流

（C)切换正常负荷又可以切除故障,同时还具有控制和保护
　　双重任务

（D)接通或断开电路空载电流,但严禁带负荷拉闸

30. 电压互感器可采用户内或户外式电压互感器,通常电压在(   )kV 以下的制成户内式。

(A)10　　(B)20　　(C)35　　(D)6

31. 户外多油断路器 DW7—10 检修后做交流耐压试验时合闸状态试验合格,分闸状态在升压过程中却出现"噼啪"声,电路跳闸击穿的原因是(   )。

(A)支柱绝缘子破损　　　　(B)油质含有水分

(C)拉杆绝缘受潮　　　　　(D)油箱有脏污

32. 额定电压为 10kV 的 JDZ—10 型电压互感器,在进行交流耐压试验时,产品合格,但在试验后被击穿。其击穿原因是(   )。

(A)绝缘受潮

(B)互感器表面脏污

(C)环氧树脂浇注质量不合格

(D)试验结束,试验者忘记降压就拉闸断电

33. CJ20 系列交流接触器是全国统一设计的新型接触器,容器为 6.3~25A 的采用(   )灭弧罩的形式。

(A)纵缝灭弧室　　　　　　(B)栅片式

(C)陶土　　　　　　　　　(D)不带

34. 接触器有多个主触头,动作要保持一致。检修时根据检修标准,接通后各触头相差距离应在(   )之内。

(A)1mm　　(B)2mm　　(C)0.5mm　　(D)3mm

35. 改变直流电动机励磁绕组的极性是为了改变(   )。

(A)电压的大小　　　　　　(B)电流的大小

(C)磁场方向　　　　　　　(D)电动机转向

36. 异步电动机采用起动补偿器启动时,其三相定子绕组的接法(   )。

(A)只能采用△形接法

(B)只能采用 Y 形接法

(C)只能采用 Y 形/△形接法

(D)△形接法及 Y 形接法都可以

37. 起重机的升、降控制线路属于( )控制线路。

(A)点动　　(B)自锁　　(C)正、反转　　(D)顺序

38. 对于要求制动准确、平稳的场合,应采用( )。

(A)反接制动　　　　　　(B)能耗制动

(C)电容制动　　　　　　(D)再生发电制动

39. 三相绕线转子异步电动机的调速控制可采用( )的方法。

(A)改变电源频率

(B)改变定子绕组磁极对数

(C)转子回路串联频敏变阻器

(D)转子回路串联可调电阻

40. 直流电动机除极小容量外,不允许( )起动。

(A)降压　　　　　　　　(B)全压

(C)电枢回路串电阻　　　　(D)降压电枢电压

41. 直流电动机反接制动时,当电动机转速接近于零时,就应立即切断电源,防止( )。

(A)电流增大　　　　　　(B)电动机过载

(C)发生短路　　　　　　(D)电动机反向转动

42. 同步电动机的起动方法多采用( )起动方法。

(A)降压　　(B)同步　　(C)异步　　(D)Y-△

43. 若交磁扩大机的控制回路其他电阻较小时,可将几个控制绕组( )使用。

(A)串联　　(B)并联　　(C)混联　　(D)短接

44. 直流发电机-直流电动机自动调速系统的调速常用的方式有( )种。

(A)2　　(B)3　　(C)4　　(D)5

45. 根据实物测绘机床电气设备的电气控制原理图时,同一电器的各元件( )。

（A）要画在 1 处　　　　　　　（B）要画在 2 处

（C）要画在 3 处　　　　　　　（D）根据需要画在多处

46. T610 镗床主轴电动机点动时，定子绕组接成（　　）。

（A）Y 形　　　（B）△形　　　（C）双星形　　　（D）无要求

47. X62W 万能铣床的进给操作手柄的功能是（　　）。

（A）只操纵电器　　　　　　　（B）只操纵机械

（C）操纵机械和电器　　　　　　（D）操纵冲动开关

48. 共发射极放大电路如图所示，现在处于饱和状态，欲恢复放大状态，通常采用的方法是（　　）。

（A）增大 R_B

（B）减小 R_B

（C）减小 R_C

（D）改变 U_{GB}

49. 多级放大电路总放大倍数是各级放大倍数的（　　）。

（A）和　　　（B）差　　　（C）积　　　（D）商

50. 乙类推挽功率放大器，易产生的失真是（　　）。

（A）饱和失真　　　　　　　　（B）截止失真

（C）交越失真　　　　　　　　（D）线性失真

51. 直接耦合放大电路产生零点飘移的主要原因是（　　）的变化。

（A）温度　　　（B）湿度　　　（C）电压　　　（D）电流

52. 半导体整流电源中使用的整流二极管应选用（　　）。

（A）变容二极管　　　　　　　（B）稳压二极管

（C）点接触型二极管　　　　　　（D）面接触型二极管

53. 开关晶体管正常的工作状态是（　　）。

（A）截止　　　（B）放大　　　（C）饱和　　　（D）截止或饱和

54. 普通晶闸管管心具有（　　）PN 结。

（A）1 个　　　（B）2 个　　　（C）3 个　　　（D）4 个

55. 晶闸管具有（　　）。

(A)单向导电性 　　　　　(B)可控单向导电性
(C)电流放大功能 　　　　(D)负阻效应

56. 晶体管触发电路与单结晶体管触发电路相比,其输出的触发功率(　　)。

(A)较大 　　(B)较小 　　(C)一样 　　(D)最小

57. 电焊钳的功用是夹紧焊条和(　　)。

(A)传导电流 　　　　　(B)减小电阻
(C)降低发热量 　　　　(D)保证接触良好

58. 每次排除常用电气设备的电气故障后,应及时总结经验,并(　　)。

(A)做好维修记录 　　　(B)清理现场
(C)通电试验 　　　　　(D)移交操作者使用

59. 电气设备用高压电动机,其定子绕组绝缘电阻为(　　　)时,方可使用。

(A)0.5MΩ 　　(B)0.38MΩ 　　(C)1MΩ/kV 　　(D)1MΩ

60. 为了提高设备的功率因数,常在感性负载的两端(　　)。

(A)串联适当的电容器 　　(B)并联适当的电容器
(C)串联适当的电感 　　　(D)并联适当的电感

二、判断题(第61～80题。将判断结果填入括号中。正确的填"√",错误的填"×"。每题2.0分,满分40分)

(　　)**61.** 如图所示,正弦交流电的瞬时值表示式为:

$i=10\sin(\omega t+45°)$

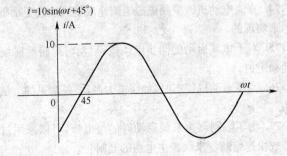

（　）62. 发现电桥的电池电压不足时应及时更换,否则将影响电桥的灵敏度。

（　）63. 直流弧焊发电机与交流电焊机相比,结构较复杂。

（　）64. 由于直流电焊机应用的是直流电源,因此是目前使用最广泛的一种电焊机。

（　）65. 如果变压器绕组之间绝缘装置不适当,可通过耐压试验检查出来。

（　）66. 只要在三相交流异步电动机的每相定子绕组中都通入交流电流,便可产生定子旋转磁场。

（　）67. 并励直流电机的励磁绕组匝数多,导线截面较大。

（　）68. 交流测速发电机的励磁绕组必须接在频率和大小都不变的交流励磁电压上。

（　）69. 交流电动机在耐压试验中绝缘被击穿的原因之一可能是试验电压超过额定电压两倍。

（　）70. 高压隔离开关,实质上就是能耐高电压的闸刀开关,没有专门的灭弧装置,所以只有微弱的灭弧能力。

（　）71. 继电器触头容量很小,一般 5A 以下的属于小电流电器。

（　）72. 要使三相异步电动机反转,只要改变定子绕组任意两相绕组的相序即可。

（　）73. 直流电动机启动时,必须限制启动电流。

（　）74. 直流电动机改变励磁磁通调速法是通过改变励磁电流的大小来实现的。

（　）75. 对于重载启动的同步电动机,启动时应将励磁绕组电压调到额定值。

（　）76. 同步电动机停车时,如需电力制动,最常见的方法是反接制动。

（　）77. 为了限制调速系统启动时的过电流,可以采用过电流继电器或快速熔断器来保护主电路的晶闸管。

（　）**78.** M7475B 平面磨床的线路中，当零压继电器 KA1 不工作时，就不能启动砂轮电动机。

（　）**79.** 自激振荡器是一个需外加输入信号的选频放大器。

（　）**80.** 非门电路只有一个输入端和一个输出端。

6.4　中级维修电工职业技能鉴定操作技能考核模拟试卷

1. 中级维修电工操作技能考核题

题 1　安装和调试双速交流异步电动机自动变速控制电路（图 6.2）。

考核要求：

(1)按图纸的要求进行正确熟练的安装。元件在配线板上布置要合理，安装要正确、紧固，配线要求紧固、美观，导线要进行线槽。正确使用工具和仪表。

(2)按钮盒不固定在板上，电源和电动机配线、按钮接线要接到端子排上，进出线槽的导线要有端子标号，引出端要用别径压端子。

(3)考核注意事项：

①满分 40 分，考试时间 210min；

②安全文明操作；

③在考核过程中，考评员要进行监护，注意安全。

题 2　检修 T68 镗床的电气线路故障。在 T68 镗床上，设隐蔽故障 3 处，其中主回路 1 处，控制回路 2 处。考生向考评员询问故障现象时，考评员可以将故障现象告诉考生，考生必须单独排除故障。

考核要求：

(1)从设故障开始，考评员不得进行提示。

(2)根据故障现象，在电气控制线路图上分析故障可能产生的原因，确定故障发生的范围。

(3)排除故障过程中如果扩大故障，在规定时间内可以继续

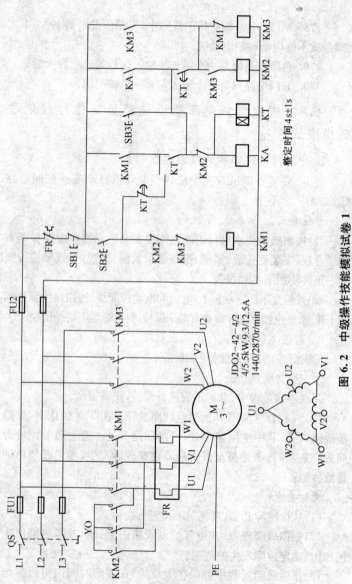

图 6.2 中级操作技能模拟试卷 1

排除故障。

(4)正确使用工具和仪表。

(5)考核注意事项:

①满分 40 分,考试时间 60min;

②在考核过程中,要注意安全。

否定项:故障检修得分未达 20 分,本次鉴定操作考核视为不合格。

题 3　用示波器观察交流电压波形。

考核要求:

(1)用示波器观察机内试验电压的波形,要求屏幕上显示 1 个稳定的波形,并将被测波形调至高为 6cm,宽为 8cm。

(2)考核注意事项:满分 10 分,考核时间 20min。

否定项:不能损坏仪器仪表,损坏仪器仪表扣 10 分。

题 4　在各项技能考核中,要遵守安全文明生产的有关规定。

考核要求:

(1)劳动保护用品穿戴整齐。

(2)电工工具佩带齐全。

(3)遵守操作规程。

(4)尊重考评员,讲文明礼貌。

(5)考试结束要清理现场。

(6)遵守考场纪律,不能出现重大事故。

(7)考核注意事项:

①本项目满分 10 分;

②安全文明生产贯穿于整个技能鉴定的全过程;

③考生在不同的技能试题考核中,违反安全文明生产考核要求同一项内容的,要累计扣分。

否定项:出现严重违反考场纪律或发生重大事故,本次技能考核视为不合格。

2. 中级维修电工操作技能考核评分记录表

考生姓名：　　　　　　准考证号：　　　　　　工作单位：

题号	一	二	三	四	五	合计
成绩						

题 1　安装和调试双速交流异步电动机自动变速控制电路。

序号	主要内容	考核要求	评分标准	配分	扣分	得分
1	元件安装	1. 按图纸的要求，正确使用工具和仪表，熟练地安装电气元器件；2. 元件在配电板上布置要合理，安装要准确、紧固；3. 按钮盒不固定在板上	1. 元件布置不整齐、不匀称、不合理，每只扣 1 分；2. 元件安装不牢固，安装元件时漏装螺钉，每只扣 1 分；3. 损坏元件，每只扣 2 分	5		
2	布线	1. 接线要求美观、紧固，无毛刺，导线要进行线槽；2. 电源和电动机配线、按钮接线要接到端子排上，进出线槽的导线要有端子标号，引出端要用别径压端子	1. 电动机运行正常，如不按电路图接线，扣 1 分；2. 布线不进行线槽，不美观，主电路、控制电路每根扣 0.5 分；3. 接点松动，露铜过长，反圈，压绝缘层，标记线号不清楚，遗漏或误标，引出端无别径压端子每处扣 0.5 分；4. 损伤导线绝缘或线芯，每根扣 0.5 分	15		
3	通电试验	在保证人身和设备安全的前提下，对鉴定所(站)指定控制线路进行通电试验，要求通电试验一次成功	1. 时间继电器及热继电器整定值错误各扣 2 分；2. 主、控电路配错熔体，每个扣 1 分；3. 一次试车不成功扣 5 分，二次试车不成功扣 10 分，三次试车不成功扣 15 分	20		
			合　　计			
备注			考评员签字　　　年　　月　　日			

题 2 检修 T68 镗床的电气线路故障。

序号	主要内容	考核要求	评分标准	配分	扣分	得分
1	调查研究	对每个故障现象进行调查研究	排除故障前不进行调查研究扣 1 分	1		
2	故障分析	在电气控制线路上分析故障可能的原因,思路正确	错标或标不出故障范围,每个故障点扣 2 分	6		
			不能标出最小的故障范围,每个故障点扣 1 分	3		
3	故障排除	正确使用工具和仪表,找出故障点并排除故障	实际排除故障中思路不清楚,每个故障点扣 2 分	6		
			每少查出一个故障点扣 2 分	6		
			每少排除一个故障点扣 3 分	9		
			排除故障方法不正确,每处扣 3 分	9		
4	其他	操作有误,要从此项总分中扣分	1. 排除故障时产生新的故障后不能自行修复,每个扣 10 分;已经修复,每个扣 5 分 2. 损坏电动机扣 10 分			
备注			合　计			
			考评员签字　　　年　　月　　日			

题 3 用示波器观察交流电压波形。

序号	主要内容	考核要求	评分标准	配分	扣分	得分
1	测量准备	测量准备工作齐全到位	开机准备工作不熟练,扣 2 分	2		
2	测量过程	测量过程准确无误	测量过程中,操作步骤每错一次扣 1 分	4		

续表

序号	主要内容	考核要求	评分标准	配分	扣分	得分
3	测量结果	测量结果在允许误差范围之内	测量结果有较大误差或错误扣 3 分	3		
4	维护保养	对使用的仪器仪表进行简单的维护保养	维护保养有误扣 1 分	1		
备注		合　　计				
		考评员签字　　　　年　　月　　日				

题 4　在各项技能考核中,要遵守安全文明生产的有关规定。

序号	主要内容	考核要求	评分标准	配分	扣分	得分
1	安全文明生产	1. 劳动保护用品穿戴整齐; 2. 电工工具佩带齐全; 3. 遵守操作规程; 4. 尊重考评员,讲文明礼貌; 5. 考试结束要清理现场	1. 各项考试中,违反安全文明生产考核要求的任何一项扣 2 分,扣完为止; 2. 考生在不同的技能试题考试中,违反安全文明生产考核要求同一项内容的,要累计扣分; 3. 当考评员发现考生有重大事故隐患时,要立即予以制止,并每次从考生安全文明生产总分中扣 5 分	10		
备注		合计				
		考评员签字　　　　年　　月　　日				

6.5　模拟试卷答案

6.5.1　初级维修电工职业技能鉴定理论知识模拟试卷答案

一、选择题

1. B　**2.** A　**3.** D　**4.** A　**5.** C　**6.** B　**7.** D　**8.** B　**9.** C

10. B 11. D 12. B 13. C 14. C 15. B 16. D 17. A 18. B

19. C 20. D 21. B 22. C 23. A 24. A 25. B 26. B 27. A

28. A 29. A 30. A 31. D 32. B 33. A 34. D 35. B 36. B

37. C 38. A 39. A 40. D 41. B 42. D 43. D 44. D 45. D

46. C 47. C 48. D 49. A 50. A 51. B 52. C 53. A 54. A

55. C 56. C 57. C 58. D 59. A 60. B

二、判断题

61. × 62. √ 63. √ 64. √ 65. √ 66. √ 67. ×

68. √ 69. √ 70. × 71. √ 72. × 73. √ 74. √

75. √ 76. √ 77. × 78. × 79. × 80. √

6.5.2 中级维修电工职业技能鉴定理论知识模拟试卷答案

一、选择题

1. D 2. C 3. D 4. B 5. D 6. A 7. C 8. B 9. C

10. A 11. A 12. A 13. B 14. A 15. D 16. B 17. C 18. B

19. C 20. B 21. B 22. B 23. A 24. B 25. A 26. B 27. C

28. A 29. C 30. B 31. B 32. D 33. D 34. C 35. D 36. D

37. C 38. B 39. D 40. B 41. D 42. C 43. B 44. A 45. D

46. A 47. C 48. A 49. C 50. C 51. A 52. D 53. D 54. C

55. B 56. A 57. A 58. A 59. C 60. B

二、判断题

61. × 62. √ 63. √ 64. × 65. √ 66. × 67. ×

68. √ 69. × 70. √ 71. √ 72. √ 73. √ 74. √

75. × 76. × 77. × 78. √ 79. × 80. √

金盾版图书，科学实用，
通俗易懂，物美价廉，欢迎选购

车工职业技能鉴定考试题解（初、中级）	14.00 元
钳工职业技能鉴定考试题解（初、中级）	11.00 元
焊工职业技能鉴定考试题解（初、中级）	15.00 元
现代车削加工技术	20.00 元
机械识图	35.00 元
机械工人基础技术	42.00 元
钳工基本技能	33.00 元
铣工基本技能	26.00 元
冷作钣金工基本技能	33.00 元
电焊工基本技能	39.00 元
电工基本技能	26.00 元
维修电工基本技能	28.00 元
车工初级技能	15.00 元
钳工初级技能	18.00 元
冷作钣金工初级技能	19.00 元
电焊工初级技能	17.00 元
钳工技术手册	26.00 元
铣工技术手册	35.00 元
冷作钣金工技术手册	39.00 元
小企业技工手册	22.50 元
怎样识读机械图样	17.00 元
机械加工基础	11.50 元
车工	32.00 元
车工基本技术（修订版）	18.00 元
冷作工基本技术	22.00 元
钳工技术	27.00 元
钳工	34.00 元
铣工基本技术	38.00 元
机修钳工基本技术	16.00 元
模具钳工基本技术	14.50 元
磨工基本技术	17.00 元
刨工基本技术	8.50 元
钣金工基本技术（修订版）	15.00 元
维修电工基本技术	12.00 元
铸造工基本技术	18.50 元
钢筋工基本技术（修订版）	12.00 元
电焊工入门与技巧	38.00 元
砌筑工入门与技巧	14.00 元
钢筋工入门与技巧	15.00 元
混凝土工入门与技巧	8.00 元
摩托车修理入门与技巧	14.00 元
新编焊工实用手册	57.00 元
电焊工基本技术（第二次修订版）	23.50 元
实用五金手册	32.00 元
实用工具手册	18.00 元
实用电焊技术	40.00 元
气焊工基本技术（修订版）	16.00 元
特种焊接工基本技术	7.50 元
电工实用技术	46.00 元
工业助剂手册	68.00 元
精细化工原材料手册	60.00 元
催化剂手册	70.00 元
新编国产汽车电路图册	47.00 元
新编汽车电控自动变速器故障诊断与检修	30.00 元
国产轿车自动变速器维修手册	29.00 元
北京福田系列汽车使用与检修	19.00 元
汽车故障诊断检修496例	15.50 元

新编解放系列载货汽车使
用与检修　　　　　　15.00 元
新编东风系列载货汽车使
用与检修　　　　　　17.00 元
新编汽车修理工自学读本 33.50 元
中级汽车修理工职业资格
考试指南　　　　　　18.00 元
汽车维修指南　　　　32.00 元
汽车传感器使用与检修 13.00 元
轿车选购与用户手册　39.00 元
汽车驾驶常识图解
（修订版）　　　　　12.50 元
新编轿车驾驶速成图解教
材　　　　　　　　　17.00 元
新编汽车电控燃油喷射系
统结构与检修　　　　25.00 元
东风柴油汽车结构与使用
维修　　　　　　　　29.00 元
机动车机修人员从业资格
考试必读　　　　　　27.00 元
机动车电器维修人员从业
资格考试必读　　　　23.00 元
机动车车身修复人员从业
资格考试必读　　　　20.00 元
机动车涂装人员从业资格
考试必读　　　　　　16.00 元
机动车技术评估（含检测）
人员从业资格考试必读 16.00 元
汽车驾驶员技术图解　27.00 元
国产大众系列轿车维修手册
　　　　　　　　　　60.00 元
汽车涂装工等级考试必读 15.00 元
汽车维修电工等级考试必读
　　　　　　　　　　30.00 元
汽车涂装美容技术问答 17.00 元
夏利系列轿车故障诊断排

除实例　　　　　　　14.50 元
汽车电子控制技术自学读
本　　　　　　　　　25.00 元
汽车电控系统故障诊断检
修实例　　　　　　　33.00 元
威驰轿车维修技术问答 25.00 元
斯太尔重型载货汽车维修
手册　　　　　　　　23.50 元
新编国产微型客车使用与
维修　　　　　　　　24.00 元
赛欧轿车结构与使用维修 29.00 元
新编桑塔纳系列轿车结构
与使用维修　　　　　30.00 元
广州本田雅阁轿车结构与
使用维修　　　　　　29.00 元
新编夏利系列轿车使用与
检修　　　　　　　　17.50 元
汽车故障检修技术
（第二次修订版）　　30.00 元
汽车保养与故障排除 600 问
（第二次修订版）　　29.00 元
汽车空调使用维修 700 问 22.00 元
汽车电器故障的判断与排
除（修订版）　　　　10.00 元
汽车声响与故障判断排除 14.00 元
汽车发动机检修图解　18.00 元
汽车故障简易判断方法
250 例（第二次修订版） 16.00 元
汽车电工自学读本
（修订版）　　　　　25.00 元
汽车电工基本技术　　25.00 元
汽车表面修复技术　　23.00 元
汽车维修检验工自学读本 19.00 元
轿车新型设备故障诊断与
排除　　　　　　　　17.00 元
汽车钣金工基本技术　16.50 元

汽车漆装修理基本技术	9.00 元	（第二版）	13.50 元
汽车维修检验工自学读本	19.00 元	奥迪轿车结构与使用维修	7.90 元
新型汽车修理方法 222 例	12.00 元	广州本田雅阁轿车结构与	
轿车新型设备结构与使用		使用维修	29.00 元
维修	11.50 元	丰田汽车结构与使用维修	11.50 元
机动车辆保险与事故车辆		日产汽车结构与使用维修	10.00 元
损失鉴定	10.00 元	昌河汽车结构与使用维修	8.00 元
波罗（POLO）轿车使用维修		斯太尔 91 系列汽车结构与	
手册	29.00 元	使用维修	12.50 元
宝来轿车使用维修手册	27.00 元	南京依维柯轻型汽车结构	
轿车技术图册	29.00 元	与使用维修	9.90 元
世界汽车博览手册	21.00 元	图解捷达轿车用户手册	8.00 元
汽车自动变速器维修技术		捷达轿车结构与使用维修	9.50 元
问答	17.50 元	标致轿车结构与使用维修	9.80 元
新型柴油汽车维修 800 问	20.00 元	桑塔纳轿车结构与使用维	
解放柴油汽车维修手册	17.50 元	修（第二版）	8.50 元
图解桑塔纳系列轿车使用		奥拓微型轿车结构与使用	
与检修	19.00 元	维修	9.30 元
汽车电控燃油喷射系统结		天津华利微型汽车结构与	
构与检修	8.40 元	使用维修	10.50 元
微型汽车使用与维修		天津夏利轿车结构与使用	
（第二版）	16.00 元	维修	11.80 元
轻型汽车使用与维修		上海别克轿车结构与维修	16.50 元
（第二版）	11.00 元	新编汽车驾驶员 1000 个	
解放、东风汽车使用保养		怎么办	29.00 元
指南	7.00 元	初级汽车修理工自学读本	
解放 CA1091 型汽车结构		（修订版）	32.00 元
与使用维修	19.00 元	中级汽车修理工自学读本	
柴油汽车使用与维修		（修订版）	34.00 元

以上图书由全国各地新华书店经销。凡向本社邮购图书或音像制品，可通过邮局汇款，在汇单"附言"栏填写所购书目，邮购图书均可享受9折优惠。购书 30 元（按打折后实款计算）以上的免收邮挂费，购书不足30 元的按邮局资费标准收取 3 元挂号费，邮寄费由我社承担。邮购地址：北京市丰台区晓月中路 29 号，邮政编码：100072，联系人：金友，电话：(010)83210681、83210682、83219215、83219217(传真)。